高電圧工学

花岡 良一 著

High Voltage Engineering

森北出版株式会社

● 本書の補足情報・正誤表を公開する場合があります．当社 Web サイト（下記）で本書を検索し，書籍ページをご確認ください．
　　　　　　　　　　　https://www.morikita.co.jp/

● 本書の内容に関するご質問は下記のメールアドレスまでお願いします．なお，電話でのご質問には応じかねますので，あらかじめご了承ください．
　　　　　　　　　　　editor@morikita.co.jp

● 本書により得られた情報の使用から生じるいかなる損害についても，当社および本書の著者は責任を負わないものとします．

[JCOPY]〈(一社)出版者著作権管理機構　委託出版物〉
本書の無断複製は，著作権法上での例外を除き禁じられています．複製される場合は，そのつど事前に上記機構（電話 03-5244-5088, FAX 03-5244-5089, e-mail: info@jcopy.or.jp）の許諾を得てください．

はしがき

　人類が長年にわたって発見してきた数多くの「現象の原理」，すなわち科学（science）は，その応用技術（technology）を発展させ，現代の高度な工業化社会の基盤となっている．従来，人類はさまざまな自然現象に出会い，疑問をもち，その真髄を探ろうとする好奇心から自然科学が生まれ，さまざまな法則の発見につながってきた．電気電子工学の分野においてもこれらの原理は深く浸透し，近年，異常な速さで発展し続けている．その中の一分野である高電圧工学も，いまや工学分野の随所に幅広く実用されるようになり，その知識は工学系一般の技術者にとってきわめて重要なものとなっている．高電圧工学で扱われる領域はきわめて広く，物理学，電気磁気学，電気回路理論などの基礎的な学問から，計測，エレクトロニクス，物理化学，材料化学，計算機シミュレーションなどの知識が必要である．これまでの技術開発は，高電圧電力系統や利用機器の電気絶縁設計を中心に進められてきたが，近年ではこれらに加えて種々の応用部門，たとえば，プラズマ応用機器，レーザ応用機器，医療用機器，静電気応用機器，電子顕微鏡，家庭用電化製品などのさらに広範囲な領域で技術開発が行われている．このため，より一層に高電圧工学の知識が重要となっている．

　一般に，高電圧環境下で生じる現象には，「放電現象」が介在する場合がきわめて多い．しかし，放電現象は，「高い電圧だけで起こるのではなく，**"高い電界強度"** によって起こる現象である」ということを念頭におくべきである．この意味で本書の内容には放電現象のイメージをできるだけ思い描くことのできるよう，基本的な事項の参考図や写真をなるべく多く取り入れるようにした．

　本書は，工学分野に携わる大学，工業高等専門学校，短期大学の学生，および高電圧現場の技術者のみならず，エレクトロニクスや半導体などを扱う弱電分野の技術者が放電現象の基礎的な知識として是非修得してもらいたい内容をまとめた入門書である．また，教科書としても役立つように演習問題をできるだけ多く導入した．各章の概説には学習目標を記し，読者が何を重点的に理解すればよいかを絞れるようにした．

　しかし，筆者の力不足と紙数との関連，入門書としての性格から行き届かない点もいくつかあることは自覚している．たとえば，複雑な電極構造の電界数値計算法や放電進展過程の計算機シミュレーション法などは実用上の電気絶縁設計に重要である．また，プラズマ工学の詳細は核融合機器などの開発に重要であるが，一部を除いてこれらはほかの専門書や学術論文誌に譲ることとした．本書はこれらの高度な理論を理

解し，さらなる高電圧応用を目指す前段階の入門書である．本書を学ぶことによってこの分野に興味を抱く新進気鋭の技術者が少しでも増せば，筆者として望外の喜びである．

　本書を執筆するにあたり，数多くの論文や成書を参考にさせて頂いた．原著者の方々に対し，ここに深甚なる謝意を表したい．なお，より高度な勉学を望まれる読者は，本書の域を超えた詳細な著書，大木著の「高電圧工学（槙書店）」，中野・石橋・原田共著の「高電圧工学（オーム社）」，原・秋山共著の「高電圧パルスパワー工学（森北出版）」，林著の「プラズマ工学（朝倉書店）」，などを参照されたい．また，より豊富なデータや参考文献については，電気学会出版の「放電ハンドブック（上巻・下巻）」や「電気工学ハンドブック」を参照されたい．

　最後に，本書の出版に際して，森北出版株式会社の吉松啓視氏および加藤義之氏には一方ならぬお世話を頂いた．また，工学院大学教授の仲神芳武氏には，企業の電力機器部門における豊富なご経験から本書の校閲にお骨折り頂いた．ここに記して衷心より御礼申し上げる次第である．

2006年　12月

著　　者

目次

第1章 各種電極配置と静電界分布

1.1 電界の基本的概念 1
1.2 各種電極形状と配置による静電界 4
    1.2.1 平等（または準平等）電界分布 5
    1.2.2 不平等電界分布 9
    1.2.3 等角写像法による静電界の決定 16
    1.2.4 電極間に異なる誘電体が存在する場合の電界分布 18
演習問題 23

第2章 放電の基礎現象

2.1 気体の性質 26
    2.1.1 原子の構造モデル 26
    2.1.2 気体の状態 31
2.2 気体粒子の熱運動 34
    2.2.1 粒子の速度分布則 34
    2.2.2 粒子相互の衝突と平均自由行程 36
    2.2.3 電界による荷電粒子の振る舞い 39
    2.2.4 電子のドリフト速度と電界強度，気体圧力の相互関係 40
2.3 荷電粒子の発生と消滅 41
    2.3.1 気体粒子の励起と電離 41
    2.3.2 電子付着と再結合 46
    2.3.3 プラズマ現象 47
    2.3.4 電極表面からの電子放出 47
演習問題 53

第3章 気体中の放電現象

3.1 破壊前駆機構と絶縁破壊機構 55
    3.1.1 破壊前駆機構 55
    3.1.2 絶縁破壊機構 63
3.2 絶縁破壊現象の形態 67
    3.2.1 コロナ放電（部分放電） 67
    3.2.2 グロー放電とアーク放電 71
    3.2.3 大気中の火花放電 75

3.2.4 インパルス電圧による火花放電 ･････････････････････････････ 80
3.3 長ギャップ放電と雷放電現象 ････････････････････････････････････ 85
　　3.3.1 長ギャップ放電 ･･ 85
　　3.3.2 雷放電現象 ･･ 86
3.4 気体-固体複合構造で生じる放電現象 ････････････････････････････ 90
　　3.4.1 沿面放電現象 ･･ 90
　　3.4.2 無声放電(バリア放電) ････････････････････････････････････ 92
　　3.4.3 高周波放電 ･･ 94
3.5 気体状態の相違による火花放電特性 ････････････････････････････ 96
　　3.5.1 真空中の火花放電 ･･････････････････････････････････････ 96
　　3.5.2 高気圧中の火花放電 ････････････････････････････････････ 96
　　3.5.3 気体の種類による火花放電 ･･････････････････････････････ 97
3.6 放電現象の観測法 ･･ 98
　　3.6.1 リヒテンベルグ図形法 ････････････････････････････････････ 98
　　3.6.2 放電発光の光学的観測法 ････････････････････････････････ 99
演習問題 ･･ 101

第4章　液体中と固体中の放電現象

4.1 液体誘電体中の電気伝導と絶縁破壊 ････････････････････････････ 103
　　4.1.1 電気伝導現象 ･･ 104
　　4.1.2 絶縁破壊現象 ･･ 111
　　4.1.3 液体誘電体の絶縁破壊理論 ･･････････････････････････････ 117
4.2 固体誘電体中の電気伝導と絶縁破壊 ････････････････････････････ 119
　　4.2.1 固体誘電体と電気伝導 ･･････････････････････････････････ 119
　　4.2.2 絶縁破壊現象 ･･ 123
　　4.2.3 固体誘電体の代表的な絶縁破壊理論 ･･････････････････････ 131
4.3 液体-固体複合構造で生じる放電現象 ････････････････････････････ 133
　　4.3.1 油中沿面放電現象 ･･････････････････････････････････････ 133
　　4.3.2 絶縁油の流動帯電現象と火花放電 ････････････････････････ 136
演習問題 ･･ 136

第5章　高電圧の発生と高電圧絶縁試験

5.1 高電圧の発生法 ･･ 138
　　5.1.1 交流高電圧の発生 ･･････････････････････････････････････ 138
　　5.1.2 直流高電圧の発生 ･･････････････････････････････････････ 142
　　5.1.3 インパルス高電圧の発生 ････････････････････････････････ 147
5.2 高電圧の測定 ･･ 153
　　5.2.1 交流高電圧の測定 ･･････････････････････････････････････ 153
　　5.2.2 直流高電圧の測定 ･･････････････････････････････････････ 157

5.2.3　インパルス高電圧の測定 …………………………………… 159
5.3　インパルス放電電流の測定 ……………………………………… 162
5.4　高電圧絶縁試験 …………………………………………………… 164
5.4.1　試験条件 ……………………………………………………… 165
5.4.2　絶縁特性試験(非破壊絶縁試験) …………………………… 166
5.4.3　絶縁耐力試験 ………………………………………………… 168
演習問題 …………………………………………………………………… 170

第6章　高電圧の応用

6.1　気体中の応用技術 …………………………………………………… 172
6.1.1　静電気応用 …………………………………………………… 172
6.1.2　無声放電(バリア放電)の応用 ……………………………… 176
6.1.3　変電機器応用 ………………………………………………… 177
6.1.4　荷電粒子ビーム応用 ………………………………………… 179
6.2　液体の応用技術 ……………………………………………………… 180
6.2.1　電気流体力学(EHD)の応用 ………………………………… 180
6.2.2　電気レオロジー(ER)流体の応用 …………………………… 183
6.2.3　その他の応用技術 …………………………………………… 186
演習問題 …………………………………………………………………… 186

付　　録 ……………………………………………………………………… 188
演習問題略解 ………………………………………………………………… 191
参考文献 ……………………………………………………………………… 196
索　　引 ……………………………………………………………………… 199

勉学の対象とする読者

- 全国の電気系，電子系学科に在学の大学，工業高等専門学校，短期大学の学生.
  （高電圧工学は，電気関連学科の学生には必須科目である.）
- 現在，電気工事，高電圧，静電気，電気機器設計などの電気関連分野で実務に携わっている技術者，これから実務に入ろうとする技術者.
- エレクトロニクス回路や半導体などの製造，設計に携わる弱電分野の技術者.
  （数[V]程度の低い電圧でも，ミクロな世界では 10^7 [V/m]以上の高電界が形成される場合が多いので，放電現象の基礎的知識が重要である.）
- 全国の医学部学生，医療診断に携わる人.
  （近年の医学分野では高電圧を用いた医療診断装置が増え，医学関連者はそれらの装置によって診断にあたる機会が多い．高電圧の導入装置を扱う以上，放電現象や電気絶縁の基礎的な知識は修得しておかなければならない.）
- 電気検定試験などの資格試験勉強を始めようとしている人.

本書の特色

- 著者が約15年にわたって講義してきた内容に，著者自身が長年の研究から得た結果も加え，参考図や写真をなるべく多く取り入れて放電現象を正確に理解できるよう工夫した.
- 各章の概説には，それぞれ内容の位置付けと学習目標を記し，読者が何を重点的に勉学し理解すればよいかを絞れるようにした.
- 難解な数式や誤解しやすい文章は極力避け，高校卒業レベルの学力で十分理解できるように心掛けた．また，数式の単位は原則として国際単位系(SI)に準拠するが，電界や圧力の単位[V/cm]，[mmHg]，[atm]などは，放電分野によく使われるので，便宜上そのままとした.
- 本書は基礎から応用までを順を追ってわかりやすく解説したので，この1冊を最初から念入りに読んでいけば，放電現象のメカニズムが理解でき，高電圧工学全般の基礎的な実力を身に付けることができる.
- 重要な術語は太字のゴシック体で示してそれぞれに英語表現を記し，できるだけ専門用語に慣れ，記憶に残るようにした.
- 各章に本文の理解を深めるための例題を折り込み，章末に演習問題をつけた．また，巻末の演習問題略解には「ヒント」を記し，各章を読み返しながらそれぞれの問題を解くことによって実力が向上するようにした.
- さらに詳しい勉学を望む読者のために，巻末には各章の参考文献をつけ，本文中では[1], [2]のように示した.

主な物理定数

物理定数	数値
電子の電荷量	1.602×10^{-19} [C]
電子の静止質量	9.11×10^{-31} [kg]
陽子の静止質量	1.67×10^{-27} [kg]
水素原子の質量	1.67×10^{-27} [kg]
アボガドロ数（1グラム分子の分子数）	6.023×10^{23} [個/mol]
理想気体1グラム分子の標準体積（0 [℃], 1 [atm]）	22.4 [L] $= 22.4 \times 10^{-3}$ [m³/mol]
1グラム分子に対する気体定数	8.31 [J/K mol]
1 [atm], 0 [℃] の気体の分子数密度	2.69×10^{25} [個/m³]
プランク定数	6.625×10^{-34} [J s]
ボルツマン定数	1.3806×10^{-23} [J/K]
1電子ボルト [eV]	1.602×10^{-19} [J]
1 [eV] $= kT$ を満足する温度 T	11600 [K]
真空中の光速	2.997925×10^{8} [m/s]
空気中の音速	331.68 [m/s]
重力加速度（標準）	9.80665 [m/s²]

単位に乗じる倍数と接頭語

倍数	記号	名称	倍数	記号	名称
10^{18}	E	エクサ	10^{-1}	d	デシ
10^{15}	P	ペタ	10^{-2}	c	センチ
10^{12}	T	テラ	10^{-3}	m	ミリ
10^{9}	G	ギガ	10^{-6}	μ	マイクロ
10^{6}	M	メガ	10^{-9}	n	ナノ
10^{3}	k	キロ	10^{-12}	p	ピコ
10^{2}	h	ヘクト	10^{-15}	f	フェムト
10	da	デカ	10^{-18}	a	アト

第1章 各種電極配置と静電界分布

　私たちがよく経験する雷は，想像を絶するほど高い電圧が発生することによって，雷雲と大地の非常に長い空隙が電気的に破壊したとき生じる放電現象である．しかし，放電現象は必ずしも高い電圧だけで生じるのではなく，**「高い電界強度」**にその根源があることをまず認識しなければならない．すなわち，数ボルト程度の低い電圧でも空隙が非常に短ければ，その中の電界強度はきわめて高くなり放電が生じる．そのため，ミクロな世界を扱うエレクトロニクスや半導体の分野などでも放電現象の知識が重要となる．

　ところで，電界の発生には必ず電極が必要である．雷の場合も雷雲と大地は一対の電極と見ることができる．また，電圧を加えた導体と接地導体も一対の電極であるが，このような電極は一般に複雑な形が多いため，電極間の正確な電界強度を解析的に求めることが困難であり，電子計算機による高度な数値計算や直接的測定技術に頼らざるを得ない．

　しかし，放電の基本特性は，電界分布が電気磁気学の知識だけで解析できる単純な電極を用い，電気力線の形状と静電界強度を把握すれば，かなり明確になり，応用面でも役に立つ．

　本章では，放電現象を調べるための主な電極配置を挙げ，それらの特徴や電界分布の解析式を理解する．基礎電気磁気学の「静電界」を復習しておけばより理解が深まる．ここで示す電極配置のいくつかは，各章においても頻繁に用いるので，これらの電界分布を把握することが放電現象の理解につながる．

この章の目標
　それぞれの電極配置で生じる電気力線の形状を知り，電界強度を解析式から計算できるようにする．

1.1　電界の基本的概念

　通常よく耳にする電子，正イオン，負イオンとは，電荷量をもつ素粒子(**電荷**(electric charge))のことを指す．図1.1に示すように，電子は負の電荷量(-1.6×10^{-19}[C])をもつ素粒子である．一価の正イオンは，電子と同量の正電荷量($+1.6\times10^{-19}$[C])をもち，中性原子から一個の電子を失った状態の原子である．また，一価の負イオンは，中性原子が一個の電子を獲得した状態の原子であり，電荷量は電子と同じである．一般に，これらの電荷，またはある電荷量を保有する微粒子は**荷電粒子**(charged particle)とよばれる．荷電粒子の存在によって，引力や斥力のような電気的作用が他の荷電粒子におよぶ空間を**電界**(electric field)，または**電場**という．また，電界内に

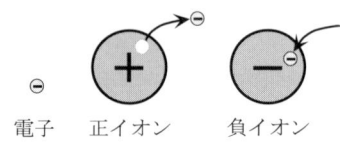

図1.1　荷電粒子

おいた 1 [C] の点電荷(1つの点にある荷電粒子)に作用するベクトル量を，その点の**電界強度**(electric field strength)，または**電界の強さ**と名づけ，記号 E で表す．その単位は [V/m] である．

静電界(electrostatic field)とは，静止した点電荷の離散的，または連続的な分布によって生じる電界である．いま，静電界中に電荷量 q をもつ点電荷をおくと，この点電荷には図 1.2 に示すように次式のような力 F [N] が作用する．

$$F = qE \tag{1.1}$$

この力は**クーロン力**(Coulomb's force)といわれる．ここで，E は大きさと方向をもつベクトル量であるので，F もまた場所によって定まるベクトル量である．この E が点電荷を置いた点の電界強度となる．

一方，図 1.3 に示すように，静電界内で電荷量 q をもつ正の点電荷を，クーロン力に抗してある基準点 A から任意の点 B へ運ぶのに要する仕事(エネルギー)W [J] は，その経路とは無関係に次のように表すことができる．

$$W = -\int_A^B qE\,dr = q(V_B - V_A) = qV \tag{1.2}$$

ここで，V は B 点と A 点の**電位差**(electric potential difference)，または B 点の A 点に対する**電位**(electric potential)という．したがって，基準点 A が無限遠にあるなら，V は B 点の電位ということになる．また，dr は電荷を運ぶ道の微小変位(線素)を表す．仕事 W は，大きさのみをもつスカラー量であるので，V もまたスカラー量である．

式(1.2)からわかるように，電界強度 E は電位 V によって決まる．すなわち，V を

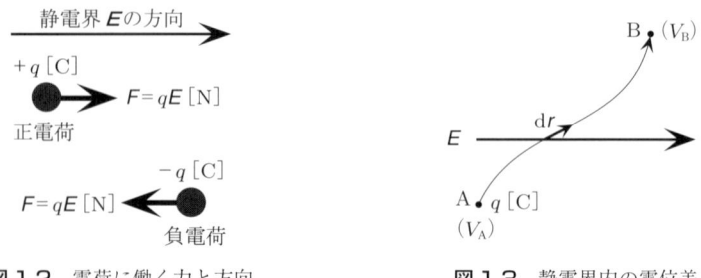

図1.2　電荷に働く力と方向　　　　図1.3　静電界内の電位差

微分した形が E を表す．一般に，電位 V は位置の関数（座標 (x, y, z) で変化する量）であるので，E は V の微分形として次式のように表される．

$$E = -\mathrm{grad}\, V : \quad E_x = -\frac{\partial V}{\partial x}, \quad E_y = -\frac{\partial V}{\partial y}, \quad E_z = -\frac{\partial V}{\partial z} \tag{1.3}$$

さらに，電気磁気学の**ガウスの定理**（Gauss's law）を適用すれば，空間に体積密度（volume density）ρ の正電荷が存在する場合の静電界は，電位 V との関連において次式のように表される．

$$\mathrm{div}(-E) = \mathrm{div}(\mathrm{grad}\, V) = \frac{\partial^2 V}{\partial x^2} + \frac{\partial^2 V}{\partial y^2} + \frac{\partial^2 V}{\partial z^2} = \nabla^2 V = -\frac{\rho}{\varepsilon_0} \tag{1.4}$$

ここで，ε_0 は真空（または空気）の**誘電率**（permittivity，または dielectric constant）といわれる定数であり，$\varepsilon_0 = 8.854 \times 10^{-12}$ [F/m] である．空間が別の媒質で満たされているなら，ε_0 の代わりに媒質特有の誘電率 ε を使用すればよい．ε は ε_0 と関連づけて $\varepsilon = \varepsilon_0 \varepsilon_s$ で表される．ε_s は**比誘電率**（relative permittivity）といわれ，媒質の誘電率が真空の誘電率の何倍かを表す値である．式(1.4)に従えば，もし空間に存在する電荷の体積密度 ρ の分布がわかれば電位が決定され，電界強度の分布を導出することができる．式(1.4)は**ポアソンの方程式**（Poisson's equation）といわれる．

また，電荷が存在しない場合（$\rho = 0$ の場合）の電界強度 E は，次式のように表される．

$$\mathrm{div}(-E) = \mathrm{div}(\mathrm{grad}\, V) = \frac{\partial^2 V}{\partial x^2} + \frac{\partial^2 V}{\partial y^2} + \frac{\partial^2 V}{\partial z^2} = \nabla^2 V = 0 \tag{1.5}$$

この式は**ラプラスの方程式**（Laplace's equation）といわれる．

以上のようにして電界強度 E の数値が解析的に導出された場合，その分布の様子がどのようになっているかを知りたいところである．静電界の様子は**等電位面**（equipotential surface）と**電気力線**（line of electric force）を考えるとよくわかる．

等電位面とは，電界内に一つの面を仮想した場合，その面上にある各点の電位が一定値 V をもつような面をいう．等電位面は

$$V = C \ （一定） \tag{1.6}$$

と示され，定数 C によって異なった面を表す．したがって，等電位面は電界内でいくつも描けるが，それらは互いに交わることはない．

電気力線とは，電界内に一つの仮想曲線を引いた場合，その曲線の各点における接線方向が，それらの点における電界強度 E の方向と一致しているような曲線をいう．電界強度 E と電位 V との間には，式(1.3)（$E = -\mathrm{grad}\, V$）の関係があるので，電気力線は常に等電位面と直交関係を保ち電位の減少する方向に向かう．また，電気力線は電界内で幾本も描けるが，それらは互いに交わることはなく，必ず正電荷から出発して負電荷に終わり，かつ電荷の存在しない空間では連続である．さらに，電界強度 E

の場所で，電気力線がそれと直角な単位断面積を通して E 本，すなわち断面積 dS に対して EdS 本の割合で出入りするものと決めれば，電気力線の密集している場所が電界強度の強い場所になる．

いま，この決まりに基づいて電荷量 q [C] の点電荷を中心とする半径 r [m] の球面上の電界強度を考えてみる．真空(または空気)中で 1 [C] の点電荷から電気力線が $1/\varepsilon_0$ [本] だけ出るものと定めると，電荷量 q [C] の点電荷を中心とした半径 r [m] の球面を貫く電気力線は q/ε_0 [本] である．したがって，球面上での電気力線の密度は単位面積あたり $q/(4\pi\varepsilon_0 r^2)$ [本] となるので，半径 r [m] の球面上の電界強度は $E_r = q/(4\pi\varepsilon_0 r^2)$ [V/m] であり，電気力線の密度と電界強度の値は等しくなる．

しかし，ここで定めた電気力線の密度はあくまでも媒質が真空(または空気)の場合に限られる．もし，媒質が任意の誘電率 ε をもつものであるなら，電気力線の密度は ε の値によって変化する．そこで，電気力線の密度が媒質によって変化しないようにするためには，「1 [C] の点電荷から 1 [本] の電気力線が出る」と定義すればよい．このような電気力線を**電束**(electric flux)という．したがって，真空(または空気)中に 1 [C] の点電荷がある場合，電気力線は $1/\varepsilon_0$ [本] であるのに対して，電束は 1 [本] ということになる．このように同じ電荷に対する電気力線と電束の数は異なるが，両者が作る線の形状は同じである．なお，単位面積あたりを貫く電束を**電束密度**(flux density)といい，記号 D で表す．その単位は $[C/m^2]$ である．また，D は大きさと方向をもつベクトル量である．真空(または空気)中のある点における電界強度 E と電束密度 D の間には次の関係があり，両ベクトルの方向は一致する．

$$D = \varepsilon_0 E \tag{1.7}$$

このような電束を定義することによって，たとえば，異なる二つの媒質の境界面を通して電気力線，または電束が入り込むとき，電気力線の密度は境界面で不連続に変わるが，電束密度は両媒質で同じであり連続となる．

1.2 各種電極形状と配置による静電界

電気回路に**起電力**(electromotive force)を供給する装置を**電源**(electric source)といい，電源の**端子**(terminal)を一般に**電極**(electrode)という．起電力とは，導体内に電位差を生じさせて電流を流そうとする原動力であり，このときの電位差を**電圧**(voltage)という．静電界ではいつも静止した電荷を取り扱うので，導体内部には電荷の移動(電流の流れ)はない．これは，静電界において導体内部の電位がすべて等電位であり，電界強度 $E = 0$ であることを意味し，導体の表面は一つの等電位面となる．また，導体内部には電界がないので，ガウスの定理により導体に与えた電荷はすべて

導体表面にのみ分布する．これらの電荷によって，導体外部には導体表面(等電位面)と直交する電気力線が形成され，電気力線と同方向の電界強度が存在する．したがって，電気力線の形状と電界強度は，電極の形とそれらの配置によって異なる．

1.2.1 平等(または準平等)電界分布
(1) 平行平板電極

無限に広い導体板が，間隔 d(**ギャップ長**(gap spacing))を隔てて対向した電極を**平行平板電極**(parallel plate electrodes)という．いま，両方の電極間に電位差 V がある場合，たとえば，図1.4に示すように一方の電極に電圧 V を与え，他方を接地($V=0$)すると，ギャップ内の電界強度 E は平等となり次式で示される．

$$E = \frac{V}{d} \tag{1.8}$$

しかし，実際の電極は寸法の限られた大きさの導体であるので，平板電極の周辺部では電気力線の集中が起こり，その部分の電界は平等でなくなる．そのため，電極の周囲に丸みを付けて近似的に平等電界を作る必要がある．電極の周囲に付ける丸みの曲線は，ロゴウスキー(W. Rogowski)によって数学的に解析され，これに従って作られる電極を**ロゴウスキー電極**(Rogowski electrodes)とよぶ．実際には，ギャップ長の変化に伴い丸みの寸法も変化させるなどの複雑さから，通常は図1.5のような**近**

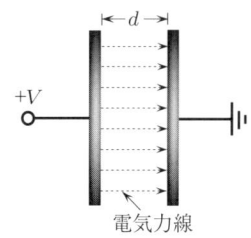

図1.4 平行平板電極

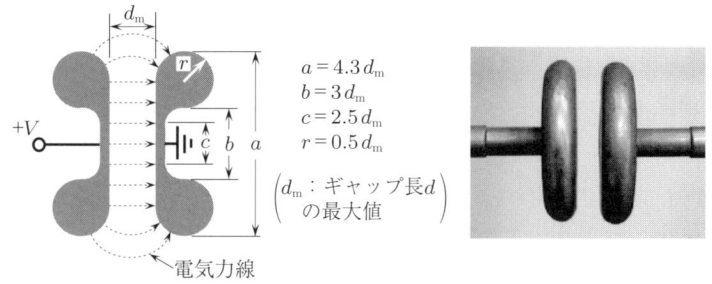

図1.5 近似ロゴウスキー電極

似ロゴウスキー電極が使用される．このような電極配置は，平等電界を作るのにもっとも適した電極である．

(2) 球–球電極と球–平板電極

図1.6(a)に示すように，ギャップ長 d を隔てて二つの導体球が対向した電極を**球–球電極**(sphere-sphere electrodes)といい，ロゴウスキー電極の平坦部を取り除いた形の電極と見なすことができる．また，図(b)のように，一つの導体球と導体平板が対向した電極を**球–平板電極**(sphere-plate electrodes)という．いずれの電極配置も，通常は**球ギャップ**(sphere gap)とよばれ，平行平板電極の代替として放電研究などによく使用される．

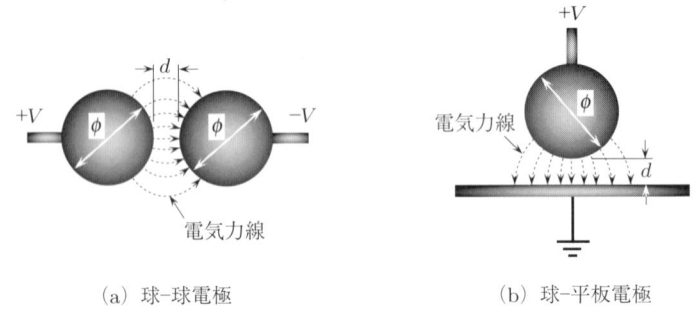

(a) 球–球電極　　　　　(b) 球–平板電極

図1.6　球–球電極と球–平板電極

これらの球ギャップにおいて，ギャップ長 d と球の直径 ϕ の関係が $d<\phi$ を満足するように選べば，ギャップ内に形成される電界は近似的に平等と見なせる．しかし，厳密には平等電界ではないので，電界強度はギャップ内の場所によって異なる．この場合の電界強度 E の導出は，少し厄介であるが電気磁気学の**電気影像法**(method of electric image)を用いて解析することができる．すなわち，球–球電極において，図1.7に示すように半径 a の導体球(I)と無限に広い接地導体面 MN が対向するモデルを考えた場合，ギャップ内の電界は，その MN 面に関して球(I)と対称な位置に球(II)が影像として対立するときの電界として取り扱える．したがって，球(I)に電圧 V を与えれば，影像球(II)の電圧は $-V$ である（球(I)と影像球(II)の電位差は $2V$ である）．また，MN 面は $V=0$ であるので，これらは電界を解析するときの**境界条件**(boundary condition)となる．

電気影像法によるギャップ内の電界分布は，図1.7を見ながら次のようにして導出する．球(I)の中心点 A に $q=4\pi\varepsilon_0 aV$ の電荷をおくと，球(I)の電位は V となるが，MN 面の電位は 0 にならない．この電位を 0 にするためには，面 MN に関する点 A の影像点 B に $-q$ の電荷をおけばよいが，そのために球(I)の電位が V から外れる．

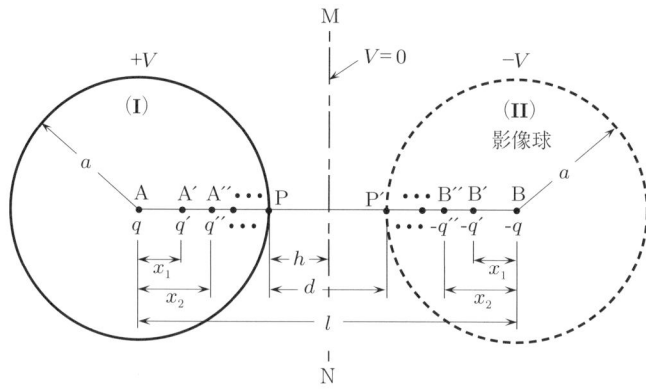

図1.7 球ギャップのモデル

この電位をVにするために球(I)の点A′(点Aからx_1の距離)に再び$q'=aq/d$の電荷をおけばよいが,そのためにまたMN面の電位が0から外れるので,点A′の影像点B′(点Bからx_1の距離)に$-q'$の電荷をおかなければならない.これを繰り返して球(I)の電位がV,かつMN面の電位が0の条件を共に満足するまで,$q, q', q'', \cdots$という無数の電荷を点$A, A', A'', \cdots$の上においていく.これによって各電荷の量と位置が決まるので,任意の点の電界強度は,各々の電荷がその点に作る電界をすべてベクトル合成すれば求まる.

ところで,球ギャップの放電現象で我々がもっとも興味があるのは,ギャップ内で最大の電界を生じる場所と電界強度の値である.図1.6の電気力線をみれば,最大電界は球電極の先端,すなわち,図1.7のP点(またはP′点)で生じ,その点の電界方向は点PとP′点を結ぶ線上であることが推測できる.P点(またはP′点)の最大電界強度E_{max}は,上記の電気影像法から次式のように表される[1].

$$E_{max} = \frac{1}{4\pi\varepsilon_0}\left\{\sum_{n=0}^{\infty}\frac{q_n}{(a-x_n)^2} + \sum_{n=0}^{\infty}\frac{q_n}{(l-a-x_n)^2}\right\} \quad (1.9)$$

$$q_n = q_{n-1}\frac{a}{(l-x_{n-1})} = 4\pi\varepsilon_0 aV\prod_{k=1}^{n}\left(\frac{a}{b-x_{k-1}}\right), \quad x_n = \frac{a^2}{l-x_{n-1}}, \quad n=1,2,3,\cdots, \quad x_0 = 0$$

ここで,記号$\sum_{n=0}^{\infty}$はnが0〜∞までの和(summation)を表し,$\prod_{k=1}^{n}$はkが1〜nまでの積(product)を表す.

最大電界強度E_{max}は式(1.9)から求められるが,これについてはギャップ長d [m]と導体球半径a [m]の比(d/a)の種々の値に対して,通常は平等電界強度に係数ηを乗じた簡単な形で次のように表される[2].

$$E_{max} = \frac{V}{d}\eta \quad [\text{V/m}] \quad (1.10)$$

表 1.1　係数 η の値

d/a	η_1	η_2	d/a	η_1	η_2
0.0	1.000	1.000	2.0	1.770	2.338
0.1	1.034	1.034	3.0	2.214	3.252
0.2	1.068	1.068	4.0	2.677	4.200
0.3	1.102	1.106	5.0	3.151	5.172
0.4	1.137	1.150	6.0	3.632	6.144
0.5	1.173	1.199	7.0	4.117	7.126
0.6	1.208	1.253	8.0	4.604	8.112
0.7	1.245	1.313	9.0	5.095	
0.8	1.283	1.378	10.0	5.586	
0.9	1.321	1.446	100.0	50.51	
1.0	1.359	1.517	1000.0	500.5	
1.5	1.559	1.909			

ここで，係数 η は表1.1のように与えられる．この表において，η_1 は「二つの球が**絶縁**(insulation)されている場合の係数」を表し，η_2 は「一つの球が無限接地平板に接続されている場合の係数」である．表1.1から，$d \ll a$ ではほとんど平等電界強度に等しいことがわかる．

なお，球-平板電極間のギャップにおける電界強度は，図1.7のMN面に導体平面を置いた場合の電界と考えればよい．この場合は導体球(I)と導体平面との間の電位差が $2V$ であり，球(I)表面と導体平面の距離 h は $d/2$ である．したがって，導体球表面の最大電界強度 $E_{\max}$ は，式(1.10)の V を $2V$ に置きかえ，$d=2h$ を代入した場合に相当し，このときの係数 η は表1.1において $d/a=2h/a$ の η_1 と同じ値である．

例題 1.1

直径 100 [mm] の球電極 2 個がギャップ長 $d=50$ [mm] を隔てて対向している．この電極に 20 [kV] の電圧をかけた場合，一球を接地したときおよび両球を絶縁したときの双方について，最大電界強度をそれぞれ計算し，両者の値を比較せよ．

解　一球を接地した場合の最大電界強度 $E_{E_{\max}}$ は，両球中心軸を結ぶ線上の非接地側球表面で生じ，式(1.10)と表1.1の η_2 ($d/a=1.0$ で $\eta_2=1.517$) を用いて次のようになる．

$$E_{E_{\max}} = \frac{V}{d}\eta_2 = \frac{20000}{0.05} \times 1.517 = 6.068 \times 10^5 \quad [\text{V/m}]$$

両球が絶縁された場合の最大電界強度 $E_{I_{\max}}$ は，両球中心軸を結ぶ線上の両球表面で生じ，表1.1の η_1 ($d/a=1.0$ で $\eta_1=1.359$) を用いて次のようになる．

$$E_{I_{\max}} = \frac{V}{d}\eta_1 = \frac{20000}{0.05} \times 1.359 = 5.436 \times 10^5 \quad [\text{V/m}]$$

両者の電界強度を比較すると，$E_{E_{\max}}$ は $E_{I_{\max}}$ の η_2/η_1 倍大きい．この比率はギャップ長 d が増すほど大きくなる．これは接地された球電極以外に大地や近接物体が接地電極として作用し，一球接地の場合の高電圧側表面電界が両球絶縁の場合より強めら

れるためである．

1.2.2 不平等電界分布
(1) 同軸円筒電極と同心球電極

同軸円筒電極 (coaxial cylinder electrodes) とは，無限に長い二つの円筒導体が同軸状に配置された電極である．図1.8に示すように，半径 r_1 の内部円筒と半径 r_2 の外部円筒の間に電位差 V がある場合，たとえば，内部円筒に電圧 V を与え，外部円筒を接地($V=0$)すると，ギャップ内の電気力線は放射方向に発生し，二次元的な形となる．中心軸から任意な距離 $r(r_1 \leq r \leq r_2)$ の電界強度 $E_{(r)}$ は，ガウスの定理から次式で表される．

$$E_{(r)} = \frac{V}{r \ln\left(\dfrac{r_2}{r_1}\right)} \tag{1.11}$$

また，最大電界強度 E_{max} は内部円筒電極の表面($r=r_1$)で生じ，次式になる．

$$E_{max} = \frac{V}{r_1 \ln\left(\dfrac{r_2}{r_1}\right)} \tag{1.12}$$

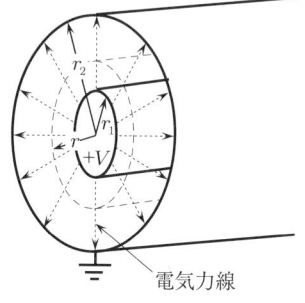
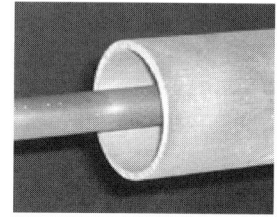

電気力線

図1.8 同軸円筒電極

同心球電極 (concentric sphere electrodes) とは，図1.9に示すように，半径 R_1 の導体球を半径 R_2 の導体球殻が同心状に取り囲んだ配置の電極である．内球と外球殻の間に電位差 V がある場合，たとえば，内球に電圧 V を与え，外球殻を接地($V=0$)すると，ギャップ内の電気力線は三次元的な形で放射方向に発生する．中心から任意の距離 $r(R_1 \leq r \leq R_2)$ の電界強度 $E_{(r)}$ は，ガウスの定理から次式で表される．

$$E_{(r)} = \frac{V}{\dfrac{R_2 - R_1}{R_1 R_2}} \frac{1}{r^2} \tag{1.13}$$

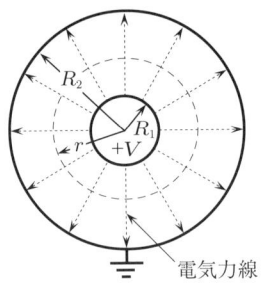
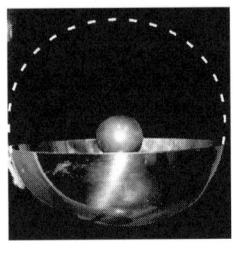

図1.9 同心球電極

また,最大電界強度 E_{max} は内球電極の表面 $(r=R_1)$ で生じ,次式になる.

$$E_{max} = \frac{V}{R_1\left(1-\dfrac{R_1}{R_2}\right)} \tag{1.14}$$

例題 1.2 同軸円筒電極と同心球電極の内部電極と外部電極の半径がそれぞれ等しい $(r_1=R_1,\ r_2=R_2)$ 場合について,ギャップ内の最大電界強度を比較せよ.

解 式(1.12)の分母は式(1.14)の分母よりいつも大きくなるので,最大電界強度は同軸円筒電極より同心球電極配置のほうが高い値に達する.

例題 1.3 長い同軸円筒電極の外部円筒を接地し,内部円筒に電圧 V を加えた場合,ギャップ内の最大電界強度は内部円筒電極の表面で生じる.いま,電圧 V と外部円筒の半径 b を一定値とし,最大電界強度が最小値となる同軸円筒電極を設計するためには,内部円筒の半径 a をどのようにすればよいか.

解 中心軸から任意の距離 $r(a \leq r \leq b)$ の電界強度 $E_{(r)}$ は,内部円筒に単位長さあたり λ の電荷を与え,ガウスの定理から次式のように得られる.

$$E_{(r)} = \frac{\lambda}{2\pi\varepsilon_0 r}$$

$$V = -\int_b^a E_{(r)}\,dr = -\int_b^a \frac{\lambda}{2\pi\varepsilon_0 r}\,dr = -\frac{\lambda}{2\pi\varepsilon_0}\Big[\ln(r)\Big]_b^a = \frac{\lambda}{2\pi\varepsilon_0}\ln\left(\frac{b}{a}\right)$$

$$\lambda = \frac{2\pi\varepsilon_0 V}{\ln\left(\dfrac{b}{a}\right)} \qquad \therefore\ E_{(r)} = \frac{V}{r\ln\left(\dfrac{b}{a}\right)}$$

したがって,ギャップ内の最大電界強度 E_{max} は,

$$E_{max} = \frac{V}{a\ln\left(\dfrac{b}{a}\right)}$$

いま,V と b を一定値とし a を変化させるとき,E_{max} の最小値は分母が最大のとき

に得られるので，分母を a で微分し 0 とおいたときの a の値が，E_{max} 最小における内部円筒半径を表す．すなわち，

$$\frac{d}{da}\left\{a \ln\left(\frac{b}{a}\right)\right\} = \frac{d}{da}\{a\ln(b) - a\ln(a)\} = \ln(b) - \ln(a) - 1 = 0$$

$$\therefore \ln\left(\frac{b}{a}\right) = 1 \qquad \frac{b}{a} = e = 2.718\cdots \qquad a = \frac{b}{e} = (0.367\cdots)b$$

ゆえに，内部円筒の半径 a を $a = (0.367\cdots)b$ とすればよい．

(2) 平行円筒電極と円筒-平板電極

図 1.10(a)に示すように，ギャップ長 d を隔てて無限に長い二つの円筒導体が平行に対向した電極を**平行円筒電極**(parallel cylinder electrodes)という．また，図(b)のように，一つの円筒導体と導体平板が対向した電極を**円筒-平板電極**(cylinder-plate electrodes)という．これらは平行送電線，または送電線と大地面などを模擬した電極配置として電界の解析や放電研究によく用いられる．

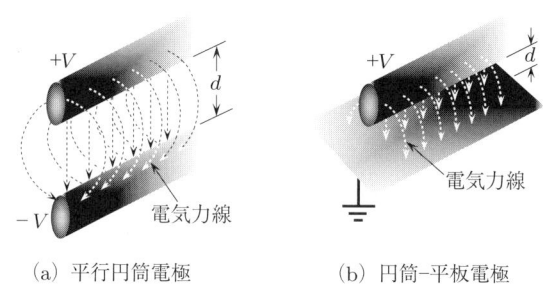

(a) 平行円筒電極 　　　 (b) 円筒-平板電極

図 1.10 平行円筒電極と円筒-平板電極

平行円筒電極間のギャップにおける電界強度 E は，電気影像法とガウスの定理を用いて解析できる．図 1.11 に示すように，半径 r の無限に長い円筒導体(I)と(II)が

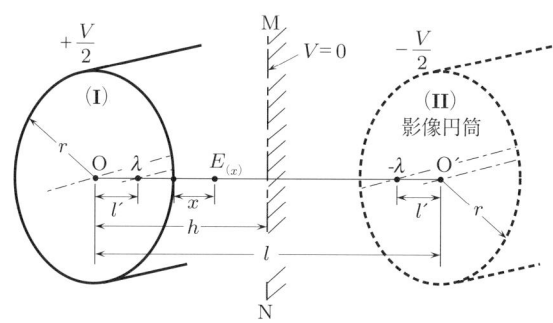

図 1.11 平行円筒電極のモデル

その中心軸距離(OとO´間の距離)lを隔てて対向したモデルを考える．この場合，ギャップ内の電界は無限に広い接地導体面MNに関して，円筒(I)と対称な位置に円筒(II)が影像として対立するときの電界として取り扱える．したがって，二つの円筒導体間に電位差Vを与えれば，円筒(I)の電圧は$V/2$，および影像円筒(II)の電圧は$-V/2$となり，MN面は$V=0$である．

いま，円筒導体の中心軸を含む平面上で，OとO´からの距離l' ($l'=l/2-\sqrt{(l/2)^2-r^2}$)に線密度$\lambda$とその影像である$-\lambda$の線電荷をおくと(図1.11参照)，円筒上の電位を一定に保つことができる．すなわち，ギャップ内の任意の点における電界強度は，この二つの線電荷λと$-\lambda$がその点に作る電界をそれぞれガウスの定理を用いて計算し，ベクトル合成すれば求まる[3]．

このようにして平行円筒電極の中心軸を通る平面上で，円筒(I)の表面から任意の距離xにおける電界強度$E_{(x)}$は，次式のように表される．

$$E_{(x)} = \frac{V}{2} \frac{\sqrt{l^2-4r^2}}{\{(r+x)(l-2r)-x^2\} \ln\left\{\frac{l}{2r}+\sqrt{\left(\frac{l}{2r}\right)^2-1}\right\}} \tag{1.15}$$

最大電界強度$E_{\max}$は，円筒導体の表面($x=0$)で生じるので，式(1.15)から次のようになる．

$$E_{\max} = \frac{V}{2} \frac{\sqrt{\left(\frac{l}{2r}\right)^2-1}}{r\left(\frac{l}{2r}-1\right) \ln\left\{\frac{l}{2r}+\sqrt{\left(\frac{l}{2r}\right)^2-1}\right\}} \tag{1.16}$$

もし，送電線のように円筒間の距離lが円筒半径rに比べて十分大きい($l \gg r$)なら，$E_{\max}$は次式のように近似される．

$$E_{\max} \approx \frac{V}{2} \frac{1}{r \ln\left(\frac{l}{r}\right)} \tag{1.17}$$

また，円筒-平板電極間のギャップにおける電界強度は，図1.11のMN面に導体平面を置いた場合の電界と考えればよい．この場合は円筒導体(I)と導体平面との間の電位差がVであり，円筒(I)の中心軸と平面の距離hは$l/2$である．したがって，円筒導体の表面($x=0$)における最大電界強度$E_{\max}$は，式(1.16)の$V/2$をVに置きかえ，$h=l/2$を代入することによって次のように表される．

$$E_{\max} = V \frac{\sqrt{\left(\frac{h}{r}\right)^2-1}}{r\left(\frac{h}{r}-1\right) \ln\left\{\frac{h}{r}+\sqrt{\left(\frac{h}{r}\right)^2-1}\right\}} \tag{1.18}$$

もし距離 h が円筒半径 r より十分大きい $(h \gg r)$ なら，E_{max} は次式のように近似される．

$$E_{max} \approx V \frac{1}{r \ln\left(\frac{2h}{r}\right)} \tag{1.19}$$

例題 1.4 大気中に，半径 20 [mm] の非常に長い 2 本の円筒電極が中心軸距離 400 [mm] を隔てて置かれた平行円筒電極があり，両電極間に 20 [kV] の電圧を加えた場合の最大電界強度を求めよ．

解 最大電界強度 E_{max} は，電極の中心軸を通る平面上の円筒表面で生じ，式(1.16)に数値を代入して次のように求められる．

$$E_{max} = \frac{20000}{2} \times \frac{\sqrt{\left(\frac{0.4}{2 \times 0.02}\right)^2 - 1}}{0.02 \left(\frac{0.4}{2 \times 0.02} - 1\right) \ln\left\{\frac{0.4}{2 \times 0.02} + \sqrt{\left(\frac{0.4}{2 \times 0.02}\right)^2 - 1}\right\}}$$

$$= 10000 \times \frac{9.95}{0.539} = 184601 = 1.85 \times 10^5 \quad [V/m]$$

(3) 針-針電極と針-平板電極

図 1.12(a) に示すように，ギャップ長 d を隔てて二つの針状電極が対向した構成を**針-針電極**(needle-to-needle electrodes，または point-to-point electrodes)という．また，図(b)のように，一つの針状電極と導体平板が対向した構成を**針-平板電極**(needle-to-plane electrodes，または point-to-plane electrodes)という．しかし，いずれの電極配置も通常は**針端ギャップ**(needle gap)とよばれる．これらの電極はギャップ内に不平等電界を形成する代表的なものであり，突起が存在する場合などを模擬した放電現象の研究によく用いられる．針の先端部分では電気力線の極端な集中が起こり，比較的低い電圧でも局部的に高電界が発生するため，一般に放電現象はまず針先端付近の微小体積内で生じる．

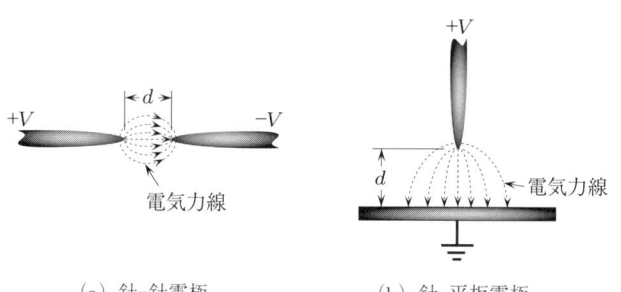

(a) 針-針電極　　(b) 針-平板電極

図 1.12 針-針電極と針-平板電極

このような電極のギャップで生じる電界強度は，針先端の形状によって異なる．したがって，任意の形状の針電極に対する電界強度を数式で表すことは困難であり，その導出には電荷重畳法[4]や表面電荷法[5],[6]などの数値計算法が用いられる．

しかし，針-平板電極において針先端の輪郭形状が図1.13に示す**双曲面**(hyperboloid)として近似できる場合には，電極軸上の針先端表面から任意の距離xにおける電界強度$E_{(x)}$が解析されており[7]，次式のように表される．

$$E_{(x)} = \left[2V \left/ \ln\left\{ \frac{\left(1+\frac{r_0}{d}\right)^{\frac{1}{2}}+1}{\left(1+\frac{r_0}{d}\right)^{\frac{1}{2}}-1} \right\} \right. \right] \frac{d\left(1+\frac{r_0}{d}\right)^{\frac{1}{2}}}{d^2\left(1+\frac{r_0}{d}\right)-(d-x)^2} \tag{1.20}$$

ここで，r_0は**針端曲率半径**(needle tip radius)といわれ，針の尖り具合を表すパラメータである．r_0は双曲面の漸近線(図1.13中の点線)上の距離sとギャップ長dを用いて$r_0 = (s^2/d) - d$のように表される．一般に，放電の研究で使用する針-平板電極は，針端曲率半径がギャップ長よりきわめて小さく，$r_0 \ll d$の条件が成り立つ．この場合の電界強度$E_{(x)}$は，式(1.20)より次式のように近似される．

$$E_{(x)} \approx \frac{2V}{\ln\left(\frac{4d}{r_0}\right)} \frac{d}{d(2x+r_0)-x^2} \tag{1.21}$$

電極軸上の最大電界強度$E_{\max}$は針先端($x=0$)で生じるので，式(1.21)から次式のように表される．

$$E_{\max} \approx \frac{2V}{\ln\left(\frac{4d}{r_0}\right)} \frac{1}{r_0} \tag{1.22}$$

また，最低電界強度$E_{\min}$は平板電極表面($x=d$)で生じるので，次式のようになる．

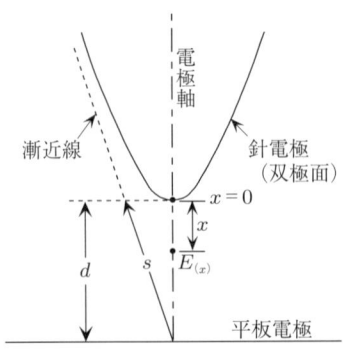

図1.13 針(双曲面)-平板電極モデル

$$E_{\min} \approx \frac{2V}{\ln\left(\dfrac{4d}{r_0}\right)} \frac{1}{d} \tag{1.23}$$

例題 1.5

針先端の輪郭形状が双曲面と見なされる場合の針-平板電極において，針端曲率半径 r_0 がギャップ長 d よりきわめて小さい（$r_0 \ll d$）とき，電極軸上の針先端表面から任意の距離 x における電界強度 $E_{(x)}$ が式(1.21)で近似できることを示せ．

解 式(1.20)を次のように書き直す．

$$
\begin{aligned}
E_{(x)} &= \left[2V \middle/ \ln\left\{\frac{\left(1+\dfrac{r_0}{d}\right)^{\frac{1}{2}}+1}{\left(1+\dfrac{r_0}{d}\right)^{\frac{1}{2}}-1}\right\} \right] \frac{d\left(1+\dfrac{r_0}{d}\right)^{\frac{1}{2}}}{d^2\left(1+\dfrac{r_0}{d}\right)-(d-x)^2} \\
&= \left[2V \middle/ \ln\left\{\frac{\left\{\left(1+\dfrac{r_0}{d}\right)^{\frac{1}{2}}+1\right\}^2}{\left\{\left(1+\dfrac{r_0}{d}\right)^{\frac{1}{2}}-1\right\}\left\{\left(1+\dfrac{r_0}{d}\right)^{\frac{1}{2}}+1\right\}}\right\} \right] \frac{d\left(1+\dfrac{r_0}{d}\right)^{\frac{1}{2}}}{d^2\left(1+\dfrac{r_0}{d}\right)-(d-x)^2} \\
&= \left[2V \middle/ \ln\left\{\frac{d\left\{\left(1+\dfrac{r_0}{d}\right)^{\frac{1}{2}}+1\right\}^2}{r_0}\right\} \right] \frac{d\left(1+\dfrac{r_0}{d}\right)^{\frac{1}{2}}}{d^2+r_0 d - d^2 + 2dx - x^2}
\end{aligned}
$$

ここで，条件（$r_0 \ll d$）より r_0/d は無視できるので，次のように式(1.21)が得られる．

$$E_{(x)} \approx \frac{2V}{\ln\left(\dfrac{4d}{r_0}\right)} \frac{d}{d(2x+r_0)-x^2}$$

例題 1.6

針先端の輪郭形状が双曲面と見なせる針-平板電極の針に 2 [kV] の電圧を加えた．針端曲率半径 $r_0 = 10$ [μm]，ギャップ長 $d = 5$ [mm] の場合に針先端の電界強度 E_t はどれだけか．

解 電極軸上の最大電界強度は針先端で生じる．E_t は式(1.22)に数値を代入して次のように求められる．

$$E_t \approx \frac{2\times 2000}{\ln\left(\dfrac{4\times 5\times 10^{-3}}{10\times 10^{-6}}\right)} \times \frac{1}{10\times 10^{-6}} = \frac{4000}{7.6} \times \frac{1}{10\times 10^{-6}} = 5.263\times 10^7 \quad [\text{V/m}]$$

1.2.3 等角写像法による静電界の決定

静電界分布を解析的に決定する一つの方法として等角写像法がある．これは数学的関数の仮定によって定まる等電位面と電気力線から電界分布を解析する手法であり，電気絶縁設計などの実用面でよく利用される．

(1) 等角写像法

z 方向に一定の断面をもつ長い導体に電圧をかけた場合，この導体が作る空間の電位 V は z 方向には一定であり，x, y 方向にのみ変化する．したがって，電界の解析は，次式のように二次元で示されるラプラスの方程式を解く問題となる．

$$\frac{\partial^2 V}{\partial x^2}+\frac{\partial^2 V}{\partial y^2}=0 \tag{1.24}$$

等角写像法(conformal representation)[3],[8]は，二つの複素数からなる連続で微分可能な**解析関数**(analytical function)によって関係づけられる．いま，二つの複素数 $z = x+jy$ と $w = u+jv$ を考え，これらが解析関数 $w = f_{(z)}$ で結び付けられるとする．ここで，(x, y) と (u, v) はそれぞれ二つの複素平面 z と w の座標を表す．w の実数部 u と虚数部 v はいずれもラプラスの方程式を満足するものである．また，$u =$ 一定と $v =$ 一定の曲線群は複素数の関係から互いに直交するので，一方を等電位線と見なせば，他方は電気力線である．このように w と z の間に $w = f_{(z)}$ という解析関数の関係が存在すれば，図 1.14 に示すように，z-平面上に描いた二線の間の角と，これに対応して w-平面上に描いた二線の間の角は等しくなる．これを等角写像性という．したがって，w-平面上で直交する $u =$ 一定と $v =$ 一定の曲線群を z-平面上に写像すれば，$x =$ 一定と $y =$ 一定の曲線群もまた直交し，等電位線と電気力線の関係を表すことになる．このため，適当な解析関数が仮定できれば，これに相当する電界が解析できる．

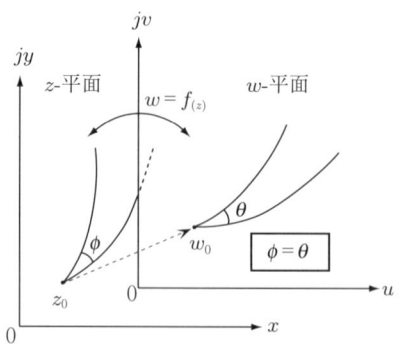

図 1.14 等角写像性
(w_0 点は z_0 点に対応する)

(2) 等角写像法による電界解析手法例

いま，$w=f_{(z)}$の解析関数として$z=A\cos(w)$という関数を考え，これに$z=x+jy$と$w=u+jv$を代入すると，

$$x+jy=A\cos(u+jv) \tag{1.25}$$

となる．式(1.24)に三角関数の公式［$\cos(u+jv)=\cos(u)\cosh(v)-j\sin(u)\sinh(v)$］を代入し，実数部と虚数部を分離すれば，

$$x=A\cos(u)\cosh(v), \quad y=-A\sin(u)\sinh(v) \tag{1.26}$$

を得る．式(1.25)のxとyをそれぞれ二乗し，和または差をとれば次の関係式が得られる．

$$\frac{x^2}{A^2\cosh^2(v)}+\frac{y^2}{A^2\sinh^2(v)}=1 \tag{1.27}$$

$$\frac{x^2}{A^2\cos^2(u)}-\frac{y^2}{A^2\sin^2(u)}=1 \tag{1.28}$$

ここで，vを電位関数V_0として，$A\cosh(V_0)=a$, $A\sinh(V_0)=b$とおくと，式(1.27)は次のように表される．

$$\frac{x^2}{a^2}+\frac{y^2}{b^2}=1 \tag{1.29}$$

式(1.29)は，図1.15に示すように，焦点距離$2A$（FとF'間の距離）をもつ共焦点楕円の標準方程式であり，電位V_0の導体表面と見なせる．したがって，任意の$v=$一定の楕円曲線群は等電位面を表す．また，電気力線はこの楕円曲線と直交した曲線であり，式(1.28)における$u=$一定の双曲線群（図1.15の点線）で示される．これらは楕円筒導体が空間に形成する電界分布を表す．

一方，uを電位関数V_0と見なし，$A\cos(V_0)=a$, $A\sin(V_0)=b$と置くと，式(1.28)

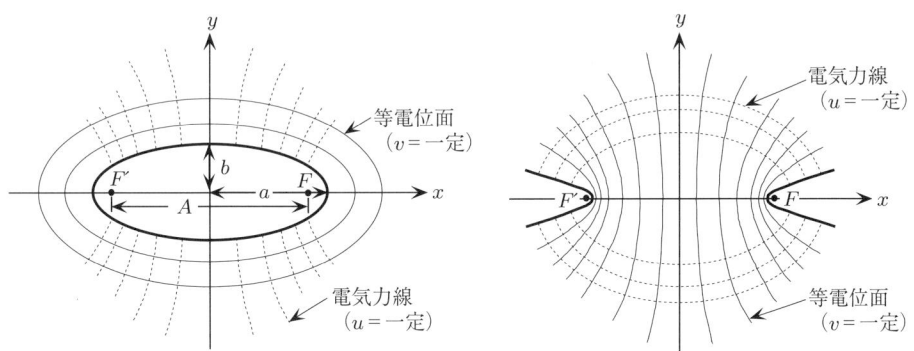

図1.15 楕円筒導体による等電位面と電気力線

図1.16 二本の双曲線導体による等電位面と電気力線

は双曲線の標準方程式となり，これが電位 V_0 の導体表面と見なせる．したがって，この場合は図 1.16 に示すように，任意の $u=$ 一定の双曲線群は等電位面を表し，これと直交した式(1.27)における $v=$ 一定の楕円曲線群が電気力線となる．これらは，二本の双曲線導体が対向した電極の電界分布を表す．

等角写像法による電界分布の解析は，上記の例のほか種々の電極について試みられている[8]．たとえば，解析関数として $z=w+e^w$ を仮定すれば，平行板コンデンサの端部における電界分布が解析でき，実用面においても広く利用されている[1]．

1.2.4 電極間に異なる誘電体が存在する場合の電界分布

実際の高電圧装置における電気絶縁には，各種の**絶縁物**（insulator）が複合的に用いられる場合が多い．絶縁物は別名**誘電体**（dielectrics）ともいわれ，種類に応じた誘電率をもっている．電極間に誘電率の異なる複数の誘電体が存在すると，それらの境界面では誘電率の差による電気力線の歪みや集中が起こり，高電界による諸現象に影響する．このような場合の電界解析は高電圧機器などの絶縁設計を行う際に重要となる．

(1) 二層誘電体を含む平行平板電極の電界分布

平行平板電極のギャップが厚さ d_1, d_2，誘電率 ε_1, ε_2 をもつ誘電体(I)と(II)で満たされた図 1.17 のモデルを考える．ただし，各誘電体層の導電率は十分小さい（抵抗率は十分大きい）ものとする．これは二層の誘電体を含んだ平行板キャパシタなどを模擬しており，種々の応用に対する基本的な配置である．平板電極間に電位差 V を与えたとき，誘電体(I)と(II)に加わる電界強度 E_1 と E_2 は次のように求められる．

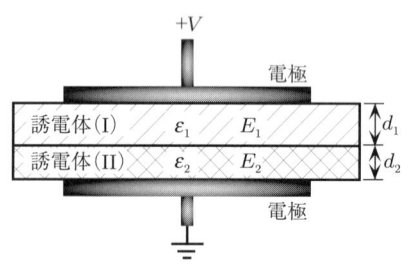

図 1.17 二層誘電体で満たされた平行平板電極

誘電体(I)と(II)を貫く電束密度 $D_1=\varepsilon_1 E_1$ と $D_2=\varepsilon_2 E_2$ は，1.1 節で述べたように連続的で等しいので，次式が成り立つ．

$$\varepsilon_1 E_1 = \varepsilon_2 E_2 \tag{1.30}$$

また，電極間の電位差 V は次のように表される．

$$V = E_1 d_1 + E_2 d_2 \tag{1.31}$$

式(1.30)を式(1.31)に代入すると次式を得る．

$$\left.\begin{aligned}
E_1 &= \frac{\dfrac{1}{\varepsilon_1}}{\left(\dfrac{1}{\varepsilon_1}\right)d_1 + \left(\dfrac{1}{\varepsilon_2}\right)d_2} V = \frac{\varepsilon_2}{\varepsilon_1 d_2 + \varepsilon_2 d_1} V \\
E_2 &= \frac{\dfrac{1}{\varepsilon_2}}{\left(\dfrac{1}{\varepsilon_1}\right)d_1 + \left(\dfrac{1}{\varepsilon_2}\right)d_2} V = \frac{\varepsilon_1}{\varepsilon_1 d_2 + \varepsilon_2 d_1} V
\end{aligned}\right\} \tag{1.32}$$

したがって，各層の電位差は次のようになる．

$$\left.\begin{aligned}
V_1 &= E_1 d_1 = \frac{\dfrac{d_1}{\varepsilon_1}}{\left(\dfrac{1}{\varepsilon_1}\right)d_1 + \left(\dfrac{1}{\varepsilon_2}\right)d_2} V = \frac{d_1 \varepsilon_2}{\varepsilon_1 d_2 + \varepsilon_2 d_1} V \\
V_2 &= E_2 d_2 = \frac{\dfrac{d_2}{\varepsilon_2}}{\left(\dfrac{1}{\varepsilon_1}\right)d_1 + \left(\dfrac{1}{\varepsilon_2}\right)d_2} V = \frac{d_2 \varepsilon_1}{\varepsilon_1 d_2 + \varepsilon_2 d_1} V
\end{aligned}\right\} \tag{1.33}$$

もし，誘電体層(I)と(II)の導電率 σ_1 と σ_2 が無視できない場合には，式(1.32)と式(1.33)の中の ε_1 と ε_2 を σ_1 と σ_2 に置き換えた式で表される．

例題 1.7 大気中にギャップ長 $d=10$ [mm] の平行平板電極がある．いま，接地側平板電極に密着して厚さ $d_I=4$ [mm]，比誘電率 $\varepsilon_I=3.0$ の固体誘電体を取り付け，電極に 5 [kV] の電圧を加えたとする．このときの空気層と固体誘電体層に加わる電界強度をそれぞれ求め，比較せよ．

解 空気層と固体誘電体層の電界強度をそれぞれ E_A，E_I とする．空気層の厚さは $d_A=6$ [mm]，空気の比誘電率は $\varepsilon_A=1.0$ であるので，式(1.32)より電界強度は次のようになる．

$$E_A = \frac{\varepsilon_I}{\varepsilon_A d_I + \varepsilon_I d_A} V = \frac{3.0}{1.0 \times 0.004 + 3.0 \times 0.006} \times 5000 = 6.82 \times 10^5 \quad [\text{V/m}]$$

$$E_I = \frac{\varepsilon_A}{\varepsilon_A d_I + \varepsilon_I d_A} V = \frac{1.0}{1.0 \times 0.004 + 3.0 \times 0.006} \times 5000 = 2.27 \times 10^5 \quad [\text{V/m}]$$

これより比誘電率の小さい空気層に大きな電界が加わることがわかる．すなわち，電極間に誘電率の異なる誘電体が存在する場合，誘電率の小さいほうに大きな電界が加わる．

例題 1.8

平行平板電極間が厚さ $d_1, d_2, d_3, \cdots, d_n$,誘電率 $\varepsilon_1, \varepsilon_2, \varepsilon_3, \cdots, \varepsilon_n$ をもつ n 層の誘電体で満たされ,平板電極間に電位差 V が与えられたとする.任意の i 番目の誘電体に加わる電界強度 E_i,電位差 V_i を数式で示せ.ただし,各誘電体層の抵抗率は十分大きいものとする.

解 電束密度 D は連続的で等しいので,次式が成り立つ.

$$\varepsilon_1 E_1 = \varepsilon_2 E_2 = \cdots = \varepsilon_n E_n$$

また,電極間の電位差 V は,

$$V = V_1 + V_2 + \cdots + V_n = E_1 d_1 + E_2 d_2 + \cdots + E_n d_n$$

両式より i 番目の誘電体に加わる電界強度 E_i は次のように表される.

$$E_1 = \frac{\dfrac{1}{\varepsilon_1}}{\left(\dfrac{1}{\varepsilon_1}\right)d_1 + \left(\dfrac{1}{\varepsilon_2}\right)d_2 + \cdots + \left(\dfrac{1}{\varepsilon_n}\right)d_n} V$$

$$E_2 = \frac{\dfrac{1}{\varepsilon_2}}{\left(\dfrac{1}{\varepsilon_1}\right)d_1 + \left(\dfrac{1}{\varepsilon_2}\right)d_2 + \cdots + \left(\dfrac{1}{\varepsilon_n}\right)d_n} V$$

$$\vdots$$

$$E_i = \frac{\dfrac{1}{\varepsilon_i}}{\left(\dfrac{1}{\varepsilon_1}\right)d_1 + \left(\dfrac{1}{\varepsilon_2}\right)d_2 + \cdots + \left(\dfrac{1}{\varepsilon_n}\right)d_n} V$$

したがって,i 番目の誘電体に加わる電位差 V_i は次のように表される.

$$V_1 = \frac{\dfrac{d_1}{\varepsilon_1}}{\left(\dfrac{1}{\varepsilon_1}\right)d_1 + \left(\dfrac{1}{\varepsilon_2}\right)d_2 + \cdots + \left(\dfrac{1}{\varepsilon_n}\right)d_n} V$$

$$V_2 = \frac{\dfrac{d_2}{\varepsilon_2}}{\left(\dfrac{1}{\varepsilon_1}\right)d_1 + \left(\dfrac{1}{\varepsilon_2}\right)d_2 + \cdots + \left(\dfrac{1}{\varepsilon_n}\right)d_n} V$$

$$\vdots$$

$$V_i = \frac{\dfrac{d_i}{\varepsilon_i}}{\left(\dfrac{1}{\varepsilon_1}\right)d_1 + \left(\dfrac{1}{\varepsilon_2}\right)d_2 + \cdots + \left(\dfrac{1}{\varepsilon_n}\right)d_n} V$$

(2) 二層誘電体を含む同軸円筒電極の電界分布

図 1.18 に示すように,同軸円筒電極のギャップが誘電率 $\varepsilon_1, \varepsilon_2$ をもつ誘電体(I)と(II)によって満たされたモデルを考える.ただし,各誘電体層の抵抗率は十分大きい

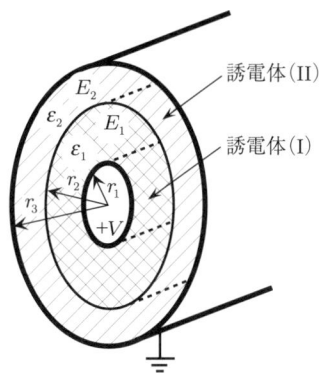

図1.18 二層誘電体で満たされた同軸円筒電極

ものとする．これは二層の誘電体を含んだ同軸ケーブルや同軸キャパシタを模擬している．円筒電極間に電位差Vを与えたとき，誘電体(I)と(II)に加わる電界強度$E_{1(r)}$と$E_{2(r)}$は次のように求められる．

いま，内円筒電極に単位長さあたりλ [C/m]の電荷を与えたとする．そのとき，誘電体(I)と(II)を貫く電束は内円筒表面から放射状にかつ連続的に発生し，任意の半径rの点の電束密度は$D=\lambda/(2\pi r)$であるので，$E_{1(r)}$と$E_{2(r)}$は次式のように表せる．

$$E_{1(r)} = \frac{D}{\varepsilon_1} = \frac{\lambda}{2\pi\varepsilon_1 r} \qquad (r_1 \leq r < r_2)$$
$$E_{2(r)} = \frac{D}{\varepsilon_2} = \frac{\lambda}{2\pi\varepsilon_2 r} \qquad (r_2 \leq r < r_3) \tag{1.34}$$

また，円筒電極間の電位差Vは，次式のように表される．

$$V = \int_{r_1}^{r_2} E_1 dr + \int_{r_2}^{r_3} E_2 dr = \frac{\lambda}{2\pi}\left\{\frac{1}{\varepsilon_1}\ln\left(\frac{r_2}{r_1}\right) + \frac{1}{\varepsilon_2}\ln\left(\frac{r_3}{r_2}\right)\right\} \tag{1.35}$$

式(1.35)からλを導き，式(1.34)のλに代入すれば，$E_{1(r)}$と$E_{2(r)}$は次式のようになる．

$$\left.\begin{array}{l} E_{1(r)} = \dfrac{V}{\varepsilon_1 r\left\{\dfrac{1}{\varepsilon_1}\ln\left(\dfrac{r_2}{r_1}\right) + \dfrac{1}{\varepsilon_2}\ln\left(\dfrac{r_3}{r_2}\right)\right\}} \qquad (r_1 \leq r < r_2) \\[2em] E_{2(r)} = \dfrac{V}{\varepsilon_2 r\left\{\dfrac{1}{\varepsilon_1}\ln\left(\dfrac{r_2}{r_1}\right) + \dfrac{1}{\varepsilon_2}\ln\left(\dfrac{r_3}{r_2}\right)\right\}} \qquad (r_2 \leq r < r_3) \end{array}\right\} \tag{1.36}$$

上記の例では，誘電体が二層の場合を扱ったが，同じ方法で多層誘電体の場合についても，各誘電体層が分担する電界強度を導出することは容易である．

例題 1.9

図Aに示すように，同軸円筒電極のギャップが誘電率 $\varepsilon_1, \varepsilon_2, \varepsilon_3, \cdots, \varepsilon_n$ をもつ多種類の誘電体で満たされ，円筒電極間に電位差 V が与えられた場合，各誘電体層に加わる電界強度の一般式を導け．ただし，各誘電体層の抵抗率は十分大きいものとする．

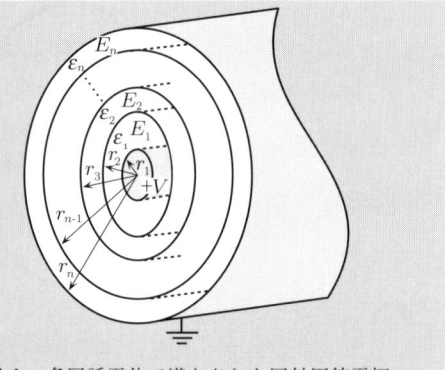

図A 多層誘電体で満たされた同軸円筒電極

解 任意の半径 r の点での電束密度は $D = \lambda/(2\pi r)$ であるので，各誘電体層の電界強度は次のようになる．

$$E_{1(r)} = \frac{D}{\varepsilon_1} = \frac{\lambda}{2\pi \varepsilon_1 r} \qquad (r_1 \leq r < r_2)$$

$$E_{2(r)} = \frac{D}{\varepsilon_2} = \frac{\lambda}{2\pi \varepsilon_2 r} \qquad (r_2 \leq r < r_3)$$

$$\vdots$$

$$E_{n(r)} = \frac{D}{\varepsilon_n} = \frac{\lambda}{2\pi \varepsilon_n r} \qquad (r_n \leq r < r_{n+1})$$

また，円筒電極間の電位差 V は，

$$V = \int_{r_1}^{r_2} E_1 \, dr + \int_{r_2}^{r_3} E_2 \, dr + \cdots + \int_{r_n}^{r_{n+1}} E_n \, dr$$

$$= \frac{\lambda}{2\pi} \left\{ \frac{1}{\varepsilon_1} \ln\left(\frac{r_2}{r_1}\right) + \frac{1}{\varepsilon_2} \ln\left(\frac{r_3}{r_2}\right) + \cdots + \frac{1}{\varepsilon_n} \ln\left(\frac{r_{n+1}}{r_n}\right) \right\}$$

$$= \frac{\lambda}{2\pi} \sum_{1}^{n} \frac{1}{\varepsilon_n} \ln\left(\frac{r_{n+1}}{r_n}\right)$$

したがって，各誘電体層の電界強度は，印加電圧 V を用いて次のように表される．

$$E_{1(r)} = \frac{V}{\varepsilon_1 r \sum_{1}^{n} \frac{1}{\varepsilon_n} \ln\left(\frac{r_{n+1}}{r_n}\right)} \qquad (r_1 \leq r < r_2)$$

$$E_{2(r)} = \frac{V}{\varepsilon_2 r \sum_{1}^{n} \frac{1}{\varepsilon_n} \ln\left(\frac{r_{n+1}}{r_n}\right)} \qquad (r_2 \leq r < r_3)$$

$$\vdots$$

$$E_{n(r)} = \frac{V}{\varepsilon_n r \sum_{1}^{n} \frac{1}{\varepsilon_n} \ln\left(\frac{r_{n+1}}{r_n}\right)} \qquad (r_n \leq r < r_{n+1})$$

演習問題

1.1 平行平板電極は平等電界を作る代表的なものであるが，実際の電極は端部があるので，そこでは電気力線の集中が起こり電界は平等でなくなる．電極周辺部で電気力線の集中を避けるためには，どのような電極にすればよいか．

1.2 大気中に半径 100 [mm] の球電極 2 個を対向させた球ギャップを置き，ギャップ長を 150 [mm] として，これに 10 [kV] の電圧を加えた．一つの球電極が接地されている場合の最大電界強度を求めよ．また，両方の球電極が絶縁された場合の最大電界強度は，一つの球電極を接地した場合の何倍になるか(図 a 参照)．

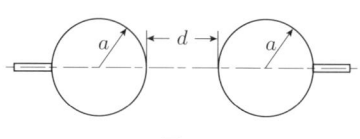

図 a

1.3 大気中に，半径 100 [mm] の球電極と接地平板電極を対向した球ギャップを置いた．ギャップ長を 40 [mm] として，これに 5 [kV] の電圧を加えた場合の最大電界強度を求めよ．また，最大電界は電極のどの点で発生するか(図 b 参照)．

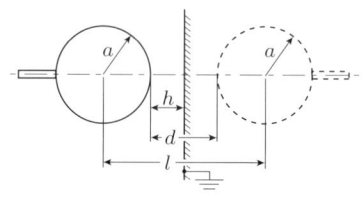

図 b

1.4 内部電極の半径が 20 [mm]，外部電極の半径が 100 [mm] の同軸円筒電極と同心球電極がある．外部電極を接地し，内部電極に 5 [kV] の電圧を加えた．両電極における内部電極表面と外部電極表面の電界強度を求めよ(図 c 参照)．

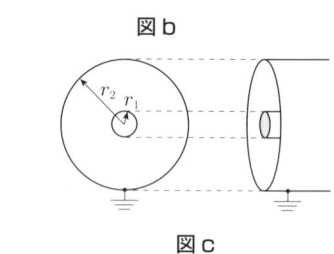

図 c

1.5 同軸円筒電極と同心球電極のギャップ内で生じる最大電界強度が等しくなる条件を求めよ．ただし，同軸円筒電極の内部円筒半径を r_1，外部円筒半径を r_2，また同心球電極の内球半径を R_1，外球半径を R_2 とし，$r_1 \ll r_2$, $R_1 \ll R_2$ が成り立つものとする．

1.6 大気中に直径 100 [mm] の非常に長い 2 本の円筒電極が中心軸距離 1 [m] を隔てて置かれた平行円筒電極があり，両電極間に 50 [kV] の電圧を加えた．電極軸間を垂直に結ぶ直線上の中央における電界強度を求めよ(図 d 参照)．

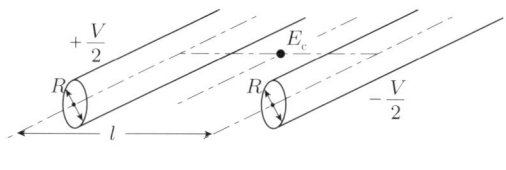

図 d

1.7 大気中に半径20 [mm]の非常に長い円筒電極と接地導体平板を対向した円筒-平板電極を置き，円筒電極に10 [kV]の電圧を加えた．円筒中心軸と平板表面を垂直に結ぶ距離が400 [mm]の場合における最大電界強度を求めよ．また，円筒中心軸と平板表面を垂直に結ぶ線上で，平板表面の電界強度はどれだけか（図e参照）．

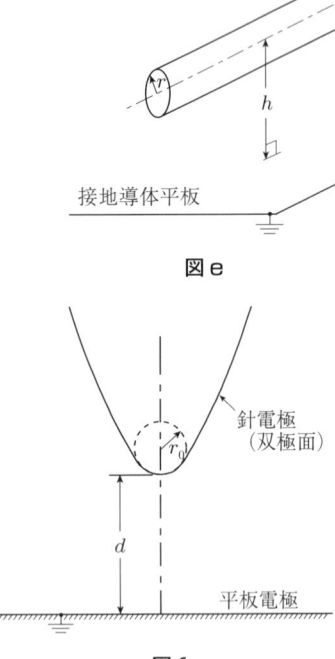

接地導体平板

図e

1.8 針先端の輪郭形状が双曲面と見なせる針-平板電極があり，針端曲率半径 r_0 は 50 [μm]，ギャップ長 d は 10 [mm] である．平板電極を接地し，針電極に1 [kV]の電圧を加えた．電極軸を通る直線上のギャップ内における最大電界強度 $E_{\max}$ と最小電界強度 $E_{\min}$ を計算し，$E_{\max}$ と $E_{\min}$ の比率を求めよ（図f参照）．

針電極
（双曲面）

平板電極

図f

1.9 平行平板電極のギャップ d が厚さ d_1, d_2, d_3, 比誘電率 ε_1, ε_2, ε_3 をもつ三つの固体誘電体[I], [II], [III]で満たされている．平板電極間に電位差 $V = 30$ [kV]を与えた場合，各誘電体にそれぞれ加わる電界強度 E_1, E_2, E_3, 電位差 V_1, V_2, V_3 を求めよ（図g参照）．ただし，各誘電体の厚さと比誘電率は，[I]：$d_1 = 2$ [mm]，$\varepsilon_1 = 2$，[II]：$d_2 = 1$ [mm]，$\varepsilon_2 = 4$，[III]：$d_3 = 3$ [mm]，$\varepsilon_3 = 5$ である．また，各誘電体層の抵抗率は十分大きいものとする．

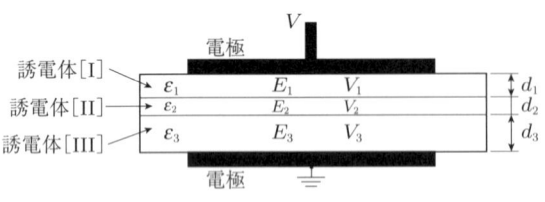

図g

1.10 内部導体の半径 a，外部導体の半径 c の同軸ケーブルがある．そのギャップには半径 b を境にして内部導体表面から誘電率 ε_1 と ε_2 をもつ誘電体(I)と(II)が満たされている．誘電体(I)と(II)が電気的に耐える電界強度をそれぞれ E_1, E_2 とすれば，このケーブルに加えることができる電圧の最大値はどれだけか（図h参照）．

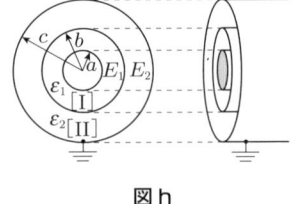

図h

1.11 内部円筒の直径が 10 [mm] の同軸円筒電極があり,外部円筒は接地されている.また,ギャップ間は内部円筒表面から同心状に異なる固体誘電体[I], [II], [III]で順次満たされ,内部円筒電極に電圧 $V=5$ [kV] を加えた.内円筒中心から放射距離 $r=6$ [mm], 7.5 [mm], 9.5 [mm] の点における電界強度を求めよ(図 i 参照).ただし,各誘電体の厚さと比誘電率は,それぞれ,[I]: $d_1=2$ [mm], $\varepsilon_1=2$, [II]: $d_2=1$ [mm], $\varepsilon_2=4$, [III]: $d_3=3$ [mm], $\varepsilon_3=5$ である.また,各誘電体層の抵抗率は十分大きいものとする.

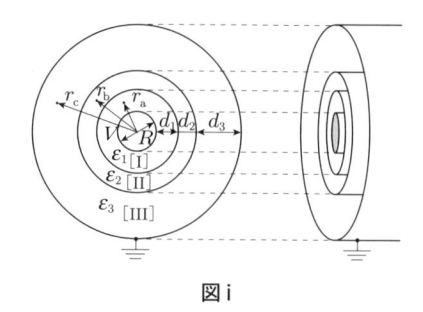

図 i

第2章 放電の基礎現象

　一般に，温度や圧力によって，物質は固体，液体，気体のいずれかの状態をとる．これを**物質の三状態**(three states of mater)という．たとえば，氷(固体)を温めると水(液体)になり，さらに加熱すると水蒸気(気体)になる．しかし，この気体をさらに加熱すると正と負の荷電粒子群からなる**プラズマ**(plasma)とよばれる状態に変化する．それゆえ，プラズマは「物質の第四の状態」ともいえる．これらの物質は，いずれも100種類程度の元素が組み合わされて構成されるが，元素の種類や状態の変化などによって，物理的・電気的特性が異なる．

　放電(electric discharge)とは，基本的に荷電粒子(電子，正イオン，負イオン)が電界の作用によって運動し，絶縁性の物質が導電性をもつ現象である．荷電粒子は物質中で運動するとき中性の原子(または分子)との衝突を繰り返すので，物質の状態によって放電現象も異なる．したがって，放電現象を理解するための初期段階として，物質の存在状態を知り，その中で荷電粒子がどのように発生し，それが原子や分子と衝突したとき何が起こるかを理解しなければならない．

この章の目標
　物質の三状態のうち気体中で起こる基礎的な現象と放電とのつながりを理解する．このために，まず原子の構造とその性質を知り，気体の状態と原子の熱運動，粒子相互(原子と原子，または電子と原子)の衝突について理解する．次に，荷電粒子の発生と消滅のメカニズムについて理解する．

2.1 気体の性質

一般に，気体は次のような特徴をもつ[1]．
(ⅰ)　密度が小さい：単位体積あたりの分子数がかなり小さい．
(ⅱ)　圧縮性に富む：分子間の平均距離が広い範囲で変わることができる．
(ⅲ)　剛性がない：分子の配置はたやすく変化する．
(ⅳ)　粘性が小さい：分子は長い距離を単独で飛行でき，運動に対する抵抗が非常に小さい．

しかし，これらの状態は，気体の「温度」や「圧力」によって変化する．

2.1.1 原子の構造模型

　実在するすべての物質は，種々の**原子**(atom)またはそれらの化学結合による**分子**(molecule)から構成されている．原子は物質の性質を特徴づける元素であり，気体も

またそれを構成する種々の原子や分子から成り立っている．原子の構造は**原子核**（atomic nucleus）とよばれる粒子とその周りを回転する**核外電子**（extranuclear electron）からなると考えられる．原子核は正の電荷量 Ze をもっている．Z は**原子番号**（atomic number）を表す正の整数であり，e は電子1個がもつ電荷量の絶対値（1.6×10^{-19}[C]）である．また，核外電子の数は原子番号 Z と同じであり，電子1個の電荷量は $-e$ であるので，核外電子の全電荷量は $-Ze$ となる．したがって，原子全体としては原子核の正電荷量と核外電子の全電荷量とが打ち消し合い，原子は電気的に中性である．

種々の原子の中で構造がもっとも単純なものは，原子番号 $Z=1$ の水素原子（H）であり，原子核の電荷量は $+e$ である．これをとくに**プロトン**（proton）（または**陽子**）といい，電子の質量の約 1840 倍である．また，核外電子の数は1個であり，電荷量は $-e$ である．水素原子を模型で示すと，図 2.1 のようになる（他の原子についても同様に類推することができる）．このような原子模型に対する原子の性質として，ボーア（N. Bohr）は，1913 年に以下のような三つの法則を提唱した[(2)]．

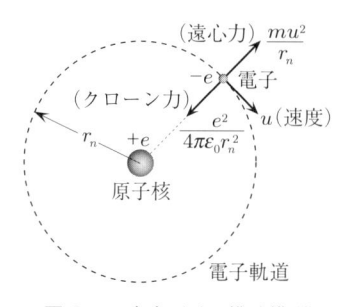

図 2.1 水素原子の構造模型

（ⅰ）核外電子は特定の軌道上を定常的に運行し続け，この状態で電子は外部に電磁波（または光）を放出したり吸収したりしない．

　核外電子がある半径 r_n の軌道上を一定速度 u で運行するとき，たとえば図 2.1 の水素原子模型において，原子核の電荷量 $+e$ と電子の電荷量 $-e$ との間にはクーロン力 $F_1 = e^2/(4\pi\varepsilon_0 r_n^2)$（$\varepsilon_0$：真空の誘電率（$8.854 \times 10^{-12}$[F/m]））が引力として作用するが，これと反対向きに遠心力 $F_2 = mu^2/r_n$（m：電子の質量（9.11×10^{-31}[kg]））が同時に作用する．電子は次式のようにこれら二つの力 F_1 と F_2 が釣り合う半径 r_n を保って運行し続ける．

$$\frac{e^2}{4\pi\varepsilon_0 r_n^2} = \frac{mu^2}{r_n} \tag{2.1}$$

（ⅱ）電子の運動量 p をその定常軌道に沿って一周した積分値は，**プランク定数**

(Planck constant)h($h=6.625\times10^{-34}$[J s])のn倍となる．これをボーアの**量子化条件**(quantum condition)という．nは軌道を決める定数であり，**主量子数**(principal quantum number)といわれ，正の整数である．量子化条件は電子軌道の線素を$\mathrm{d}l$として次のように表せる．

$$\oint p\,\mathrm{d}l=nh \qquad (n=1,2,3,\cdots) \tag{2.2}$$

(iii) 電子が一つの軌道から他の軌道に移るとき，エネルギーの変化を伴う．大きいエネルギー軌道から小さいエネルギー軌道に移る場合は，過剰エネルギーΔW[J]が単色光として放出され，逆の場合は吸収される．これをボーアの**振動数条件**(frequency condition)という．この場合，光の振動数νとΔWの間には次の関係がある．

$$\Delta W=\nu h \tag{2.3}$$

以上の法則から以下のことが考察できる．

式(2.2)を水素原子模型(図2.1)のような円軌道にあてはめると，電子がもつ運動量は次のようになる．

$$\oint p\,\mathrm{d}l=mu\oint\mathrm{d}l=mu\,2\pi r_n=nh \qquad (n=1,2,3,\cdots) \tag{2.4}$$

したがって，電子の速度uは，$u=nh/(2\pi r_n m)$となる．これを式(2.1)へ代入しuを消去すれば，主量子数nにおける電子軌道の半径r_nは次式のように表される．

$$r_n=n^2\frac{h^2\varepsilon_0}{\pi me^2}=n^2 a_0 \tag{2.5}$$

式(2.5)より，原子のもつ核外電子の軌道は，主量子数によって離散的に定まることがわかる．ここで，$a_0=h^2\varepsilon_0/(\pi me^2)=0.53\times10^{-10}$[m]は，$n=1$(水素原子に相当する)における電子軌道の半径を表し，**ボーア半径**(Bohr radius)といわれる．

一方，主量子数nの安定軌道上にある電子の全エネルギーE_nは，運動エネルギー($mu^2/2$)と位置エネルギー($-e^2/(4\pi\varepsilon_0 r_n)$)の和で与えられ，式(2.1)と式(2.5)を導入すれば次式のように得られる．

$$E_n=-\frac{e^2}{8\pi\varepsilon_0 r_n}=-\frac{e^2}{8\pi\varepsilon_0 a_0}\frac{1}{n^2}=-\frac{me^4}{8\varepsilon_0^2 h^2}\frac{1}{n^2}=-V_i\frac{1}{n^2} \tag{2.6}$$

ここで，$V_i(=me^4/(8\varepsilon_0^2 h^2)=2.18\times10^{-18}$[J])は，原子がもつもっとも内側の軌道($n=1$)にある電子を無限に遠ざけて**自由電子**(free electron)(何物にも束縛されない電子)とするのに要するエネルギーを表し，**電離エネルギー**(ionization energy)または**電離電圧**(ionization voltage)といわれる．式(2.6)は量子化条件によって定まる軌道上の電子が，その軌道に応じた電子エネルギーの値をもつことを示しており，**エネルギー準位**(energy level)とよばれる．また，$n=1$におけるもっともエネルギーの低い電子状態を**基底状態**(ground state)といい，それ以外($n>1$)の状態を**励起状態**(excited state)という．さらに，基底状態にある電子を任意の励起状態に移すのに要するエネルギーは，**励起エネルギー**(excitation energy)または**励起電圧**(excitation voltage)といわれる．いま，核外電子が取りうる安定軌道の半径(式(2.5))と電子のエネルギー準位(式(2.6))を図示すると，図2.2のようになる．

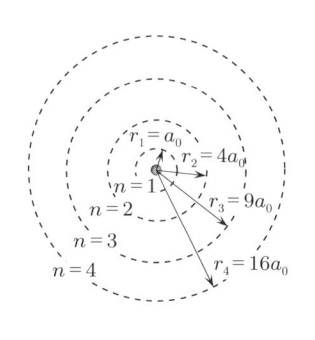

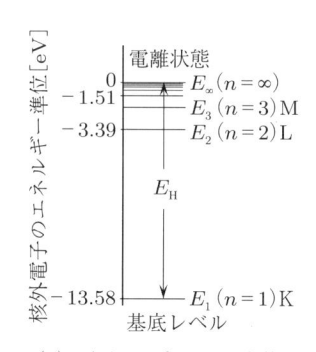

(a) 核外電子の安定軌道　　(b) 電子のエネルギー準位

図2.2 核外電子の安定軌道と電子のエネルギー準位

一般に，エネルギーの単位は**ジュール[J]**であるが，図2.2(b)において，電子のエネルギー準位を[eV]単位で表している．これは，原子や分子などのエネルギーを表す単位としてよく用いられ，**電子ボルト**(electron volt)とよばれる．1 [eV]とは「電子が1 [V]の電位差によって加速された場合に得るエネルギー」をいい，**1 [eV]＝1.6×10^{-19}[J]**である．なお，エネルギー準位が0以上の電子は自由電子である．自由電子はいかなるエネルギーも保有することができ，エネルギー準位は連続的である．

以上のような電子の円軌道模型は，原子の構造を理解しやすく，もっとも基本的なものであり，核外電子の軌道状態は主量子数nによってほぼ決まるといえる．しかし，このような円軌道は水素やヘリウムのように1個の電子軌道($n=1$)をもつ原子において成り立つが，2個以上の軌道($n≧2$)をもつ原子に対してその性質を完全に説明するには不十分である．一般に，複数軌道を回転する電子は原子核を焦点とした楕円を描き，三次元的に運動している．そのため，核外電子の状態を単に主量子数のみで定めることはできない．量子力学の理論によれば，核外電子の一つの状態を完全に決定するには，主量子数n以外にl(**方位量子数**(azimuthal quantum number))，j(**スピン量子数**(spin quantum number))，m(**磁気量子数**(magnetic quantum number))という三つの量子数が必要となる．いま，主量子数nが任意に与えられた場合，これら三つの量子数がとり得る電子状態は次のようである．

　l：$0, 1, 2, 3, \cdots, n-1$というn個の値をとることができる．
　j：$j=l+1/2$と$j=l-1/2$という2個の値をとることができる．ただし，$n=0$の

場合に限り，$j=1/2$ のみが可能である．

m：一つの j の値に対して，$-j, -j+1, \cdots, -1/2, 1/2, \cdots, j-1, j$ という $2j+1$ 個の値をとることが可能である．

したがって，たとえば，$n=3$ の場合に電子がとり得る状態は，表2.1 に示すように 18 通りとなる．

表2.1 主量子数 $n=3$ の場合における l, j, m のとり得る値

n	3				
l	0	1		2	
j	1/2	1/2	3/2	3/2	5/2
m	$-1/2, 1/2$	$-1/2, 1/2$	$-3/2, -1/2, 1/2, 3/2$	$-3/2, -1/2, 1/2, 3/2$	$-5/2, -3/2, -1/2, 1/2, 3/2, 5/2$

このように電子がとりうる状態は，四つの量子数 (n, l, j, m) によって決定される．一般に，核外電子は原子全体のエネルギーがもっとも小さい状態となるように，配列しようとする．しかし，電子の配列に関して，**パウリの排他律**(Pauli's exclusion principle)といわれる重要な法則が存在する．これは「四つの量子数によって指定された核外電子の状態のうち，同一状態にある電子はただ1個のみである」という法則である．その結果，電子はエネルギーのもっとも低い軌道から高い軌道へと順次満たされていく．比較的単純な原子について，核外電子の状態を示すと表2.2 のようになる．

例題 2.1
水素原子模型において，任意の軌道 $n=i$ に励起した核外電子が基底準位 $(n=1)$ に遷移するとき，放出する光の振動数 $\nu_{i\text{-}1}$，波長 $\lambda_{i\text{-}1}$ を求めよ．

解 励起電子がある準位 $n=i$ から基底準位 $(n=1)$ に遷移するとき放出する光(電磁波)の振動数 $\nu_{i\text{-}1}$ と波長 $\lambda_{i\text{-}1}$ は，ボーアの振動数条件(式(2.3))，電子の全エネルギー(式(2.6))より，

$$\Delta W_{i\text{-}1} = h\nu_{i\text{-}1} = E_i - E_1 = -\frac{m e^4}{8\varepsilon_0^2 h^2}\left(\frac{1}{i^2}-1\right)$$

$$\approx -2.18\times 10^{-18}\left(\frac{1}{i^2}-1\right) \quad [\text{J}]$$

$$= -13.625\left(\frac{1}{i^2}-1\right) \quad [\text{eV}]$$

となる．ゆえに，

$$\nu_{i\text{-}1} \approx \frac{-2.18\times 10^{-18}}{h}\left(\frac{1}{i^2}-1\right) = \frac{-2.18\times 10^{-18}}{6.625\times 10^{-34}}\left(\frac{1}{i^2}-1\right) = -3.29\times 10^{15}\left(\frac{1}{i^2}-1\right) \quad [1/\text{s}]$$

$$\lambda_{i\text{-}1} \approx \frac{c}{\nu_{i\text{-}1}} = \frac{3\times 10^8}{-3.29\times 10^{15}}\left(\frac{1}{i^2}-1\right)^{-1} = -9.12\times 10^{-8}\left(\frac{1}{i^2}-1\right)^{-1} \quad [\text{m}]$$

である．ただし，c は真空中の光の速度 $(c = 3\times 10^8 \, [\text{m/s}])$ を表す．

表2.2 比較的単純な原子における核外電子の状態

原子番号	元素	K $n=1$	L $n=2$		M $n=3$			N $n=4$	
		$l=0(1s)$	$l=0(2s)$	$l=1(2p)$	$l=0(3s)$	$l=1(3p)$	$l=2(3d)$	$l=0(4s)$	$l=1(4p)$
1	H	1							
2	He	2							
3	Li	2	1						
4	Be	2	2						
5	B	2	2	1					
6	C	2	2	2					
7	N	2	2	3					
8	O	2	2	4					
9	F	2	2	5					
10	Ne	2	2	6					
11	Na	2	2	6	1				
12	Mg	2	2	6	2				
13	Al	2	2	6	2	1			
14	Si	2	2	6	2	2			
15	P	2	2	6	2	3			
16	S	2	2	6	2	4			
17	Cl	2	2	6	2	5			
18	A	2	2	6	2	6			
19	K	2	2	6	2	6		1	
20	Ca	2	2	6	2	6		2	
21	Sc	2	2	6	2	6	1	2	
22	Ti	2	2	6	2	6	2	2	
23	V	2	2	6	2	6	3	2	
24	Cr	2	2	6	2	6	4	2	
25	Mn	2	2	6	2	6	5	2	
26	Fe	2	2	6	2	6	6	2	
27	Co	2	2	6	2	6	7	2	
28	Ni	2	2	6	2	6	8	2	
29	Cu	2	2	6	2	6	10	1	
30	Zn	2	2	6	2	6	10	2	
31	Ga	2	2	6	2	6	10	2	1
32	Ge	2	2	6	2	6	10	2	2
33	As	2	2	6	2	6	10	2	3
34	Se	2	2	6	2	6	10	2	4
35	Br	2	2	6	2	6	10	2	5
36	Kr	2	2	6	2	6	10	2	6
⋮	⋮								

2.1.2 気体の状態

(1) 気体の状態方程式

　気体の種類は，それを構成する元素によって異なる．たとえば，「ヘリウム(He)，ネオン(Ne)，アルゴン(Ar)，クリプトン(Kr)，キセノン(Xe)などの単一原子からなる気体(これらは，とくに**不活性気体**(inert gas)，または**希ガス**(rare gas)とよばれ

る)」、「水素(H_2)、窒素(N_2)、酸素(O_2)などの2原子分子からなる気体」、「炭酸ガス(CO_2)や六フッ化イオウ(SF_6)など2種類以上の原子が化学結合した分子からなる気体」のように、その種類はきわめて多い。また、乾燥した空気はN_2とO_2の混合気体であり、地上におけるそれらの比率は通常、重量比[wt%][a]で$N_2 : O_2 = 77$[wt%] : 23[wt%]（体積比[vol%][b]では$N_2 : O_2 = 79$[vol%] : 21[vol%]）である。これらの気体中に存在する無数の分子は空間的な配列にまったくとらわれず、互いに衝突し合いながら自由に動き回っている。分子間の平均距離は液体や固体に比べてはるかに大きく、各分子の相互作用もほとんどないので、気体は流動性に富み広い範囲で伸縮可能である[1]。

分子間の相互作用がまったくないような**理想気体**(ideal gas)において、気体の**状態方程式**(equation of state)は、圧力、温度、体積に関連して次のように表される。

$$PV = \frac{M}{m}RT \tag{2.7}$$

ここで、Pは気体の圧力[N/m^2]、Vは気体が占める体積[m^3]、Mは気体の質量[kg]、mは気体分子の分子量[kg/mol]（気体1モル[mol]の質量）、Rは気体の種類に無関係な定数(**気体定数**(gas constant)とよばれ、$R = 8.31$ [J/(K mol)])、Tは絶対温度[K]である。なお、ここに示したモル[mol]とは、物質の質量を表す単位であり[グラム分子]と同じである。すなわち、質量をグラム単位で表した値がその物質の分子量に等しくなる量をいい、分子の1 [mol]は1 [グラム分子]に相当する。

一方、すべての気体は「同じ温度と圧力の下で、同じ体積中に同数の分子を含む」という法則がある。これを**アボガドロの法則**(Avogadro's law)(1811年)という。すなわち、標準状態(0 [℃]、1気圧)における気体1 [mol]の体積は22.4 [L](22.4×10^{-3} [m^3])であり、その中に含まれる分子数は気体の種類によらず次のような一定値N_Aをもつ。

$$N_A = 6.023 \times 10^{23} \quad [\text{個/mol}] \tag{2.8}$$

これを**アボガドロ定数**(Avogadro constant)という。ここで、気体定数を$R = kN_A$のように表すなら、定数kは分子1個あたりの気体定数を意味する。kを**ボルツマン定数**(Boltzmann constant)といい、その値は$k = R/N_A = 1.3806 \times 10^{-23}$ [J/K]である。

いま、気体の分子数密度をn_d [個/m^3]とすると、M [kg]の気体中に含まれる総分子数Nは、$N = (M/m)N_A$ [個]であるので、

---

a) [wt%]: 気体の占める割合を重量で計測し、百分率で表した単位。
b) [vol%]: 気体の占める割合を体積で計測し、百分率で表した単位。

$$n_\mathrm{d} = \frac{N}{V} = \frac{MN_\mathrm{A}}{mV} \quad [\text{個}/\mathrm{m}^3] \tag{2.9}$$

となる．式(2.9)と $R = kN_\mathrm{A}$ の関係を式(2.7)に代入すると，状態方程式は次式のように変形される．

$$P = n_\mathrm{d} kT \quad [\mathrm{N/m}^2] \tag{2.10}$$

式(2.10)は，熱平衡状態にある気体中の圧力がどの部分でも一定値となることを示しており，式中に分子数密度が含まれる．このため，気体中の放電現象を考える場合に都合がよい．すなわち，気体中に荷電粒子が存在し，それらが中性分子と衝突する場合，気体の温度と圧力によって決まる分子数密度 n_d が，放電の状況を知る上で重要となる．

(2) 圧力の単位

圧力 P の単位にはいくつかの表し方があり，それらは場合に応じて使用されるので，圧力の単位換算ができるようにしなければならない．

国際単位系(The international system of units：SI 単位系)で表される圧力の単位は，パスカル[Pa]（または[N/m²]）であるが，その他の単位との間には次の関係がある．

$$1 [\mathrm{Pa}] = 1 [\mathrm{N/m}^2] = 10 [\mathrm{dyne/cm}^2]$$

また，大気中では気圧[atm]，ミリバール[mbar]，低圧気体中では水銀柱ミリメートル[mmHg]などが用いられ，これらの間には次の関係がある．

$$1 [\mathrm{atm}] = 1013.25 [\mathrm{mbar}] = 760 [\mathrm{mmHg}] = 101325 [\mathrm{Pa}] (\approx 0.1 [\mathrm{MPa}])$$

例題 2.2 式(2.10)の状態方程式において，圧力 P の単位を[mmHg]で表す式を導け．また，圧力 1 [mmHg] と 10^{-8} [mmHg]（高真空）の状態で温度 20 [℃]（293 [K]）における気体の分子数密度 n_d を求めよ．

解 圧力単位の換算より，$1 [\mathrm{mmHg}] = \frac{101325}{760} [\mathrm{Pa}] = 133.32 [\mathrm{Pa}] = 133.32 [\mathrm{N/m}^2]$ の関係があるので，式(2.10)に代入すれば，[mmHg]に換算した圧力 P' が求まる．

$$P' = \frac{P}{133.32} = \frac{n_\mathrm{d} kT}{133.32} = \frac{1.3806 \times 10^{-23}}{133.32} n_\mathrm{d} T = 1.0355 \times 10^{-25} n_\mathrm{d} T \quad [\mathrm{mmHg}]$$

したがって，$P' = 1 [\mathrm{mmHg}]$，$T = 293 [\mathrm{K}]$ の場合の分子数密度は，

$$n_\mathrm{d} = \frac{1}{1.0355 \times 10^{-25} \times 293} = 3.296 \times 10^{22} \quad [\text{個}/\mathrm{m}^3]$$

$P' = 10^{-8} [\mathrm{mmHg}]$，$T = 293 [\mathrm{K}]$ の場合の分子数密度は，

$$n_\mathrm{d} = \frac{10^{-8}}{1.0355 \times 10^{-25} \times 293} = 3.296 \times 10^{14} \quad [\text{個}/\mathrm{m}^3]$$

となる．

2.2 気体粒子の熱運動

気体分子は周囲の熱からエネルギーを得てランダムに動き回り，ある速度をもって互いに衝突を繰り返している．

2.2.1 粒子の速度分布則

気体中の分子は，熱エネルギーをもち，勝手な速度で無秩序な運動をしながら飛び回り，偶然の衝突においてのみ運動方向や速度の大きさを変えている．このような気体分子の振る舞いは，**速度分布**(velocity distribution)を表す関数として古典統計力学的な手法から導かれる．熱平衡状態にある気体分子は，各々が瞬時ごとに異なった速度で**熱運動**(thermal motion)しているが，総分子数に対して，ある値付近の速度をもつ分子数はほぼ一定の割合で存在すると考えられる．すなわち，n 個の分子のうち，速度が u と $u+du$ というきわめて接近した値の間にある分子数 dn_u と総分子数 n との比は，du に比例するものと考えられ，$dn_u/n = F_{(u)}\,du$ のように書くことができる．ここで，$F_{(u)}$ はマクスウェル(J. C. Maxwell)によって理論的に導かれた関数であり，次式のように表される．

$$F_{(u)} = 4\pi \left(\frac{m_g}{2\pi kT}\right)^{\frac{3}{2}} u^2 \exp\left(-\frac{m_g u^2}{2kT}\right) \tag{2.11}$$

ここで，m_g は気体分子の質量[kg]，T は気体の絶対温度[K]，k はボルツマン定数を表す．この式は，**マクスウェルの速度分布関数**(Maxwell's distribution function)といわれる．式(2.11)の分布関数を図示すると，図 2.3 のようになり，熱平衡状態にある気体分子の速度はある幅をもって分布することがわかる．温度が上昇すると高い速度をもつ分子の割合は非常に多くなる．

なお，図 2.3 において $F_{(u)}$ が最大となる速度 u_p は，ある速度をもつ分子の存在確

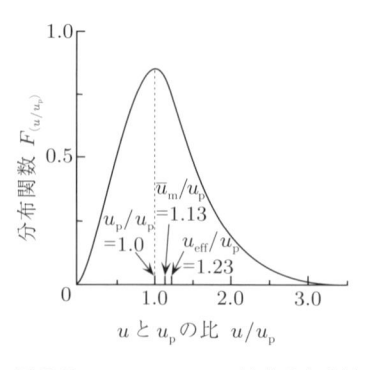

図 2.3 マクスウェルの速度分布曲線

率がもっとも大きい速度であり，**最大確率速度**(most probable velocity)といわれ，次式のように示される(3)．

$$u_\mathrm{p} = \sqrt{\frac{2kT}{m_\mathrm{g}}} \tag{2.12}$$

また，分子の**平均速度**(mean velocity)$\bar{u}_\mathrm{m}$ は，「積分平均の定義」から次式のように示される．

$$\bar{u}_\mathrm{m} = \frac{2}{\sqrt{\pi}} u_\mathrm{p} = \sqrt{\frac{8kT}{\pi m_\mathrm{g}}} \tag{2.13}$$

さらに，「速度の二乗平均の平方根」として定義される速度は，**実効速度**(effective velocity)u_eff といわれ，次のように示される．

$$u_\mathrm{eff} = \sqrt{\frac{3}{2}} u_\mathrm{p} = \sqrt{\frac{3kT}{m_\mathrm{g}}} \tag{2.14}$$

例題 2.3

1 [atm]，20 [℃]で熱平衡状態にある窒素(N_2)ガスについて次の問いに答えよ．ただし，N_2 ガスの分子量は $m = 28$ [g/mol]である．
(1) 分子数密度 n_d を求めよ．
(2) 最大確率速度 u_p，平均速度 $\bar{u}_\mathrm{m}$，実効速度 u_eff を求めよ．
(3) 分子の運動エネルギーを[eV]単位で求めよ．

解 (1) 1[atm] = 101325 [N/m^2]，20 [℃] = 293 [K]，$k = 1.3806 \times 10^{-23}$ [J/K]（ボルツマン定数）を気体の状態方程式(式(2.10))に代入して，

$$n_\mathrm{d} = \frac{P}{kT} = \frac{101325}{1.3806 \times 10^{-23} \times 293} = 2.505 \times 10^{25} \quad [\text{個/m}^3]$$

(2) N_2 ガス分子の質量 m_g = (N_2 ガスの分子量 m)/(アボガドロ定数 N_A)
$$= 28 / 6.023 \times 10^{23} = 4.65 \times 10^{-23} \quad [\text{g/個}]$$
$$= 4.65 \times 10^{-26} \quad [\text{kg/個}]$$

したがって，

最大確率速度　$u_\mathrm{p} = \sqrt{\dfrac{2kT}{m_\mathrm{g}}} = \sqrt{\dfrac{2 \times 1.3806 \times 10^{-23} \times 293}{4.65 \times 10^{-26}}} = 417.1$　[m/s]

平均速度　$\bar{u}_\mathrm{m} = \sqrt{\dfrac{8kT}{\pi m_\mathrm{g}}} = \sqrt{\dfrac{8 \times 1.3806 \times 10^{-23} \times 293}{\pi \times 4.65 \times 10^{-26}}} = 470.7$　[m/s]

実効速度　$u_\mathrm{eff} = \sqrt{\dfrac{3kT}{m_\mathrm{g}}} = \sqrt{\dfrac{3 \times 1.3806 \times 10^{-23} \times 293}{4.65 \times 10^{-26}}} = 510.9$　[m/s]

となる．
(3) 気体分子の運動エネルギー W は，$W = \dfrac{1}{2} m_\mathrm{g} u_\mathrm{eff}^2 = \dfrac{3}{2} kT$ [J]である．したがって，W を[eV]単位で表すと，

$$W = \frac{3}{2} kT \times \frac{1}{1.6 \times 10^{-19}} = 0.0379 \quad [\text{eV}]$$

となる．

2.2.2 粒子相互の衝突と平均自由行程

気体中の放電現象は，粒子相互の衝突やその頻度に深く関与する．気体中の分子は，前述したマクスウェルの速度分布関数に従うような熱運動によって，互いにランダムな衝突を繰り返している．また，気体中に荷電粒子(電子やイオン)が存在すると，これらの荷電粒子と気体分子との間にも衝突が起こる．実際の原子や分子は，2.1.1 項でも述べたように複雑な構造をしているが，放電現象に関連して粒子の衝突を考える場合には，通常これらの粒子を球形の剛体と見なして取り扱う[3]．

最初，図 2.4(a) に示すように，半径 r_1 の球形粒子 A と半径 r_2 の球形粒子 B が衝突する場合を考える．粒子 A と粒子 B の衝突は，粒子 B の中心から半径 (r_1+r_2) の球面内に粒子 A が飛来したときに生じる．言い換えれば，両者が衝突するためには，図 (b) に示すように，粒子 A の中心点 O_A が半径 (r_1+r_2) の仮想球面に接触する必要がある．すなわち，衝突とは O_A という点が粒子 B の接触可能な断面積 σ (半径 (r_1+r_2) の円の面積) の中に飛び込むことであると考えてよい．この断面積 σ を粒子 B の粒子 A に対する**衝突断面積**(collision cross section)といい，次式で与えられる．

$$\sigma = \pi (r_1+r_2)^2 \quad [\mathrm{m}^2] \tag{2.15}$$

ここで，粒子 A と粒子 B が同じ半径 r_g をもつ気体分子であれば，$\sigma = 4\pi r_g^2$ となる．また，一方が気体分子で他方が電子の場合は，電子の半径 r_e (10^{-15}[m]程度)が気体分子の半径 r_g ($1\sim 2\times 10^{-10}$[m]程度)に比べて無視できるので，$\sigma = \pi r_g^2$ となる．

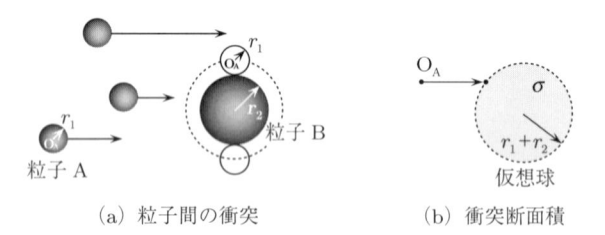

(a) 粒子間の衝突　　(b) 衝突断面積

図 2.4　球形粒子の衝突モデル

次に，静止した球形粒子 B (半径 r_2)が数密度 n_B をもって多数存在する空間内をある特定の球形粒子 A (半径 r_1)が速度 u で飛行する場合，単位時間あたり何回の衝突を繰り返すかを考えよう．ここで，粒子 A が粒子 B に衝突した際のエネルギー授受はないものと仮定すると，衝突による粒子 A の速度はその方向のみが変わり大きさは変化しない．また，衝突断面積の考え方から，図 2.5 に示すように，すべての粒子 B を大きさのない点とみなし，粒子 A を半径 (r_1+r_2) の球体として空間を飛行するものと考えれば，その衝突断面積に入り込む粒子 B の点が衝突の回数を表すことになる．

このように考えれば，粒子 A が 1 秒間に通過する空間の体積は $\pi(r_1+r_2)^2 u = \sigma u$

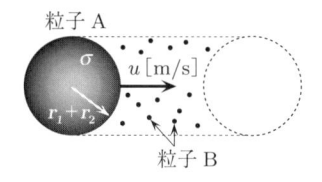

図 2.5 衝突頻度

[m³/s]であるので，この体積内に含まれる粒子 B の点の数が毎秒あたり粒子 A と衝突した回数 ν となる．この ν は**衝突頻度**(collision frequency)といわれ，次式のように表される．

$$\nu = \sigma u n_B \quad [個/s] \tag{2.16}$$

しかし，実際の気体中では粒子 B に相当する分子が熱運動しているので，式(2.16)の速度 u は粒子 A と粒子 B の相対速度とし，さらに衝突による相対速度の変化も考慮した平均相対速度として見なす必要がある．この場合，粒子 A と粒子 B の平均熱運動速度を $\bar{u}_A$，$\bar{u}_B$ とすれば，u は平均相対速度として次式で与えられる．

$$u = \sqrt{\bar{u}_A^2 + \bar{u}_B^2} \tag{2.17}$$

したがって，粒子 A と粒子 B が同一の気体分子の場合には，$\bar{u}_A = \bar{u}_B = \bar{u}$ として，$u = \sqrt{2}\,\bar{u}$ となる．また，粒子 A が電子，粒子 B が気体分子であるなら，$\bar{u}_A \gg \bar{u}_B$ であるので $u \approx \bar{u}_A$ となる．

いま，熱運動している気体粒子群(粒子 B)の中の一粒子(粒子 A)に着目すると，粒子 A が粒子 B と相次ぐ衝突を繰り返すときに走る距離は，図 2.6 に示すように，長いものもあれば短いものもあり，その値は一定ではない．粒子が衝突から衝突の間に走行する距離を**自由行程**(free path)といい，それらの統計的平均値 l を**平均自由行程**(mean free path)いう[4]．平均自由行程 l，衝突頻度 ν，平均熱運動速度 $\bar{u}$ の間には次式の関係が成り立つ．

$$l = \frac{\bar{u}}{\nu} \quad [m/個] \tag{2.18}$$

もし，粒子 A と粒子 B が同一気体の分子であるなら，気体分子の平均自由行程 l_g は，式(2.15)～(2.17)を式(2.18)に導入して次のように与えられる．

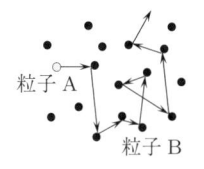

図 2.6 粒子の衝突運動

$$l_\mathrm{g} = \frac{1}{4\sqrt{2}\pi r_\mathrm{g}^2 n_\mathrm{g}} \tag{2.19}$$

ただし，r_g は気体分子の半径，n_g は気体分子の数密度を表す．また，電子が気体分子中を動く場合，すなわち，粒子 A が電子，粒子 B が気体分子である場合には，電子の平均自由行程 l_e は同様にして次のように与えられる．

$$l_\mathrm{e} = \frac{1}{\pi r_\mathrm{g}^2 n_\mathrm{g}} \tag{2.20}$$

式(2.19)と式(2.20)を比較すると，$l_\mathrm{e} = 4\sqrt{2}\,l_\mathrm{g}$ の関係があることがわかる．さらに，l_g と l_e はいずれも分子の数密度 n_g に反比例するので，この n_g に気体の状態方程式(式(2.10))を導入すると，両者は気体の T/P に比例することがわかる．すなわち，粒子の平均自由行程 l は，**気体の圧力一定の下で「温度 T の上昇と共に増加」**し，**温度一定の下で「圧力 P の上昇と共に減少」**する．

表2.3 は 0 [℃]，1 [mmHg] (133.3 [Pa]) の各種気体中における分子と電子の平均自由行程 (l_g, l_e) の値を示す．

表2.3 気体中における分子および電子の平均自由行程
(0 [℃], 1[mmHg] (133.3[Pa]))

気体	分子 l_g[μm]	電子 l_e[μm]
He	134	770
Ne	95	540
Ar	48	270
H_2	84	480
N_2	45	260
O_2	49	280
空気	46	260
Hg	16	93

例題 2.4

0 [℃]，1 [mmHg] の窒素(N_2)ガス中における電子の平均自由行程 l_e を求めよ．ただし，N_2 ガス分子の半径は，$r_\mathrm{g} = 1.9 \times 10^{-10}$ [m] とする．

解 0 [℃]，1 [mmHg] における N_2 ガスの分子数密度 n_d は，例題 2.2 を参照して次のようになる．

$$n_\mathrm{d} = \frac{1}{1.0355 \times 10^{-25} \times 273} = 3.537 \times 10^{22} \quad [\text{個}/\mathrm{m}^3]$$

式(2.20)より，電子の平均自由行程 l_e は，

$$l_\mathrm{e} = \frac{1}{\pi \times (1.9 \times 10^{-10})^2 \times 3.537 \times 10^{22}} = 2.492 \times 10^{-4}\ [\mathrm{m}] \approx 250\ [\mathrm{\mu m}]$$

となる．

2.2.3 電界による荷電粒子の振る舞い

ランダムな熱運動をしている気体分子中に荷電粒子が存在し，そこに電界 E が加わると，荷電粒子は電荷をもっているために，電界からクーロン力 F（式(1.1)）を受けて移動していく．このように荷電粒子が電界の作用によって移動することを**ドリフト**(drift)という．「電子」または「負イオン」のように負電荷量をもつ荷電粒子は電界と反対方向にドリフトし，正電荷量をもつ「正イオン」は電界と同方向にドリフトして，気体の中性分子と多数回の衝突を繰り返す．その際，荷電粒子は自由行程中に電界から得たエネルギーを衝突によって失う過程を繰り返しながら，やがてある定常速度 u_d でドリフトする．この速度は**ドリフト速度**(drift velocity)といわれ，電界強度 E に比例した形で次のように与えられる[4]．

$$u_d = \mu E \tag{2.21}$$

ただし，μ は単位電界強度あたりのドリフト速度を意味する比例定数であり，**移動度**(mobility)といわれ，その単位は $[m^2/(V \cdot s)]$ である．

いま，電界の作用によって，気体分子と衝突しながらドリフトする荷電粒子の運動について考えてみる．ここで，荷電粒子が電界から得た自己の**運動量**(momentum)は，気体分子との衝突によって完全に失われるものと仮定する．これは電子が気体分子と衝突する場合に相当する．すなわち，気体分子の質量は電子のそれよりも非常に大きいため，電子が衝突しても気体分子はほとんど動かず，電子は壁に衝突したかのように跳ね返る．図2.7(a)は，電界が加わった気体中を一個の電子がドリフトする様子を示す．また，図(b)は，電子が気体分子に衝突した際の運動量の変化を示す．

(a) 電子のドリフト　　(b) 衝突による運動量の変化

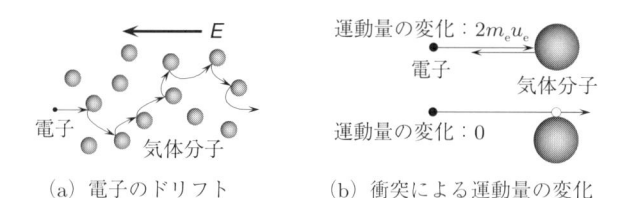

図2.7 電界が加わった気体中における電子の運動と衝突による運動量の変化

一個の電子（質量：m_e）が速度 u_e で気体分子と衝突するとき，電子の運動量の変化は，正面衝突に対して $2m_e u_e$，気体分子をかすめる通過に対して0である．それゆえ，気体分子の表面全体にわたって飛来する電子の運動量は，平均して $m_e u_e$ だけ変化することになる．また，電子の衝突頻度を ν_e とすると，運動量の変化は単位時間あたり $m_e u_e \nu_e$ となる．したがって，飛来する電子群の数密度が n_e であれば，衝突によっ

て電子群に働く単位体積あたりの力 f_e(すなわち,電子の運動を妨げようとする力)は,その方向も考慮してベクトル的に次式で表される.

$$f_e = -m_e n_e \nu_e u_e \tag{2.22}$$

一方,電子群は,電界と反対方向に電界から次式の力 F_e を受けて加速される.

$$F_e = -n_e e E \tag{2.23}$$

ただし,e は一個の電子の電荷量を表す.定常状態ではこれらの二つの力が平衡しているので $f_e = F_e$ であり,大きさのみを考慮すれば次式のようになる.

$$eE = m_e \nu_e u_e \tag{2.24}$$

なお,電子の平均熱運動速度を $\bar{u}_e$,平均自由行程を l_e とし,式(2.18)の関係を用いると $\nu_e = \bar{u}_e/l_e$ であるので,式(2.24)より次の関係が得られる.

$$u_e = \frac{eE}{m_e \nu_e} = \frac{e l_e E}{m_e \bar{u}_e} \tag{2.25}$$

また,式(2.21)より電子の移動度 μ_e は次のように表される.

$$\mu_e = \frac{e l_e}{m_e \bar{u}_e} \tag{2.26}$$

2.2.4 電子のドリフト速度と電界強度,気体圧力の相互関係

気体を封入した容器内に平行平板電極を配置して,陰極から電子群を入射し,それらが陽極に到達するまでの時間を測定する.これによって,電子のドリフト速度 u_e が実測できる.この方法は**飛行時間法**(time-of-flight method)といわれ,荷電粒子の移動度を測定するときなどによく用いられる.この方法によって,封入気体の圧力 P をパラメータとし,u_e の実測値と電極間の電界強度 E の関係をグラフで表すと,種々の圧力値で定まる幾本もの曲線となる.ところが,電界強度 E の代わりに E/P を用いて u_e をグラフ化すると,気体の種類によって定まる一本の曲線にまとめられる.

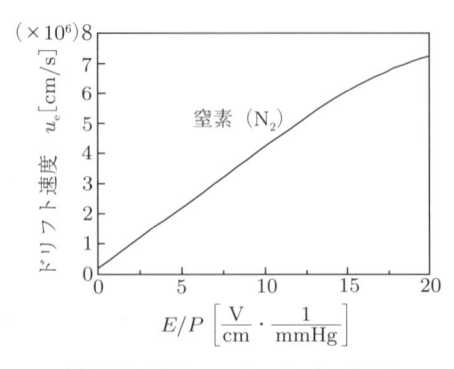

図 2.8 電子の u_e と E/P との関係

このような関係を**相似則**(law of similarity)という[3].

一般に，気体中に存在する荷電粒子の運動に関わる複数の特性曲線は，気体の圧力 P に応じて座標軸を伸縮させると一本にまとまることが多い．図 2.8 は電子の u_e と E/P の関係を示した代表例である．

例題 2.5
気体中に存在する電子のドリフト速度 u_e と E/P の関係が，相似則によって一本の曲線にまとまる理由を説明せよ．

解 式 (2.25) 中の項 $(el_e E)$ は，電子が平均自由行程 l_e だけ電界方向に移動するときの電界から得るエネルギーを表している．また，一定温度の気体中において電子の平均自由行程 l_e は，気体の圧力 P に反比例する (2.2.2 項参照) ので，$l_e E \propto E/P$ の関係が成り立つ．さらに，式 (2.26) の電子の移動度 μ_e も圧力 P に反比例するので，式 (2.21) の関係より電子のドリフト速度 u_e は E/P の関数となる．すなわち，E や P の値に関わらず E/P が一定であれば，電子が電界から得るエネルギーは不変であり，電子の平均熱運動速度 $\bar{u}_e$ も変わらず，式 (2.25) の u_e は E/P によって決まることになる．

2.3 荷電粒子の発生と消滅

気体中の中性分子は常にランダムな熱運動をしているが，普通はその中にわずかな荷電粒子が混在している．たとえば，大気中では，宇宙線や放射線などにより，毎秒 10 [個/cm^3] 程度の電子が発生している．このような通常の気体は，そのほとんどが良好な絶縁物 (誘電体) と見なすことができる．しかし，そこに電界を加えてその強度を徐々に上昇すると，何らかの原因で発生した荷電粒子 (主に電子) が，衝突現象などを介する**原子分子過程** (atomic and molecular process) により増殖して気体の導電性が高まる．

2.3.1 気体粒子の励起と電離

気体原子に外部から何らかのエネルギーを与えると，その状態が変化して「励起」や「電離」といわれる現象が起こり，電子と正イオンが発生する．これらは放電に付随して生じる．

(1) 励起現象と電離現象

2.1.1 項ですでに述べたように，原子は，原子核とその周囲の軌道を回転する核外電子から構成されている．核外電子は，パウリの排他律に従ってエネルギーのもっとも低い準位から高い準位へと順次満たされ，原子全体のエネルギーが最小の安定状態をとっている．このような原子に外部からエネルギーを与えると，核外電子はそのエネルギーを受けて，高いエネルギー準位の軌道へ移る．これが**励起** (excitation) といわれる現象である[3],[4]．このような励起状態にある原子は，不安定な状態である．

また，通常はきわめて短時間（10^{-8}秒程度）で，より低いエネルギー準位または基底状態に戻る．そのとき，過剰エネルギーを単色光の光エネルギー（式(2.3)）のνhとして放射する．なお，原子を励起するのに必要なエネルギーが励起エネルギー（励起電圧）であり，通常[eV]単位で表す．

以上のように，励起状態の寿命はきわめて短いのが普通であるが，原子の種類によっては，その寿命を長く持続できるエネルギー準位をもつものもある．これを**準安定準位**(metastable level)または**準安定電圧**(metastable voltage)といい，電子がこの準位にある状態を**準安定状態**(metastable state)という．また，準安定状態にある原子は**準安定原子**(metastable atom)とよばれる．励起したとき，準安定原子は外部から得たエネルギーを保有しているので，これが他の粒子または電極面と衝突すると，そのエネルギーを相手に与え，自身はより安定な状態の原子に戻る．

原子が励起電圧よりもさらに大きなエネルギーを外部から受けると，励起状態が進行し，やがて，電子は原子核周囲の軌道から離れて自由電子となり飛び出す．これが**電離**(ionization)といわれる現象である[3],[4]．電離した状態の原子または分子は，正の電荷を帯びることになり，**正イオン**(positive ion)となる．したがって，電離現象が起こると電子と正イオンの両者が同時に発生し，電離の連続的な繰り返しによって電子は「雪崩（なだれ）」のように増殖する．このような電子の増殖作用を**電子なだれ**(electron avalanche)とよんでいる．なお，原子を電離するのに必要なエネルギーが電離エネルギー（電離電圧）であり，通常[eV]単位で表す．

表2.4は，原子の最低励起電圧，電離電圧，準安定電圧の例である．励起電圧や電離電圧の大きさは，原子の核外電子配列やそのエネルギー準位によって決まるが，He，Ne，Arなどの不活性ガスは比較的大きなエネルギーを必要とする．

表2.4 原子の最低励起電圧，電離電圧，準安定電圧の例

原子		最低励起電圧[eV]	電離電圧[eV]	準安定電圧[eV]	
不活性ガス	He	21.2	24.6	19.8	21.0
	Ne	16.5	21.6	16.6	16.7
	Ar	11.6	15.8	11.5	11.7
	Kr	10.0	14.0	9.8	10.5
	Xe	8.5	12.1	8.3	9.4
通常ガス	N	10.3	14.5	2.4	3.6
	N_2	6.3	15.5	6.2	—
	O	9.2	13.6	2.0	4.2
	O_2	~5.0	12.2	1.0	1.8
	Cl	9.2	13.0	0.1	8.6
金属蒸気	Hg	4.9	10.4	4.7	5.5
	Li	1.9	5.4	—	—
	Na	2.1	5.1	—	—
	Cs	1.4	3.9	—	—

(2) 電離現象の形態

原子または分子の電離に必要なエネルギーは,種々の方法で与えられる.その主なものは,荷電粒子の運動エネルギーによる衝突電離,熱エネルギーを得た粒子の衝突による熱電離,光エネルギーの吸収による光電離である[4].

(A) 衝突電離 電界中の荷電粒子(電子またはイオン)はクーロン力を受けて加速され,それらの自由行程を飛翔する間に運動エネルギーを得て,気体粒子(原子または分子)に衝突する.このとき荷電粒子の運動エネルギーが気体粒子の電離エネルギー(電離電圧)を越えれば,気体粒子は電離して正イオンとなりうる.これを**衝突電離**(ionization by collision)という.ところで,通常の放電現象に現れるエネルギーの範囲において,イオンの運動エネルギーが衝突電離を起こす確率はきわめて低いため,実際には電子による衝突電離が主役を演じる.

電子が電界によって得る運動エネルギー W_e [J] は,次式で与えられる.

$$W_e = \frac{m_e u_e^2}{2} \tag{2.27}$$

ただし,m_e は電子の質量,u_e は電子の運動速度を表す.この W_e の値が次式で示されるように,気体の電離エネルギー(電離電圧)V_i [eV] ($= eV_i$ [J],ただし,e は電子の電荷量)を越えれば電離が起こり始める.

$$\frac{m_e u_e^2}{2} \geq eV_i \tag{2.28}$$

しかし,衝突電離は式(2.28)の条件が満足されても必ず生じるものではなく,ある確率をもって生じる.これを**電離確率**(ionization probability)といい,「電子が一回衝突するときに,気体の原子または分子が電離される確率」を意味する.図2.9は,電

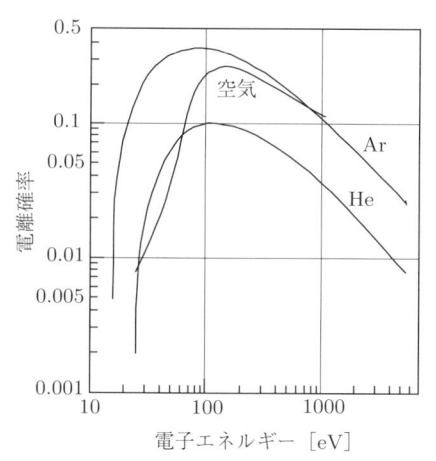

図2.9 電子エネルギーと電離確率の関係

子エネルギーと電離確率の代表的な関係を示す．電離確率は，電子のエネルギーが大きすぎるとかえって低下する．これは電子の速度が大きくなりすぎると，衝突時の粒子に力を及ぼす時間が短縮され，運動量の変化が小さくなってエネルギーの供給が制限されるためである．

一方，衝突電離の特殊な場合として**ペニング効果**(Penning effect)といわれる現象がある．これは，混合している二種類の気体AとBにおいて，気体Aが準安定原子からなり，かつその準安定電圧 V_m [eV] が気体Bの原子の電離電圧 V_i [eV] よりも高い場合に生じる．すなわち準安定状態にある気体Aが気体Bに衝突すると気体Bの電離が促進されて放電が起こりやすくなる現象である．ペニング効果を生じさせる混合気体としては，気体A：ネオン(Ne)，気体B：アルゴン(Ar)の場合，あるいは気体A：アルゴン(Ar)，気体B：水銀(Hg)の場合などがある．

たとえば，Ne と Ar の混合気体における衝突電離の過程を模擬的に示すと，図2.10のようになる．図(a)に示すように，Ne と Ar の電離は，各原子に電子が衝突することによって起こりうるが，そのときの電子は，表2.4に示した電離電圧 V_i(Ne：21.6 [eV]，Ar：15.8 [eV]) 以上の運動エネルギーを保有していなければならない．しかし，図(b)に示すような二段階の過程をとれば，以下のように，より低いエネルギーで電離が達成できる．すなわち，

（ⅰ）**第一段階**：多数の Ne に電子が衝突して，準安定電圧 V_m = 16.6, 16.7 [eV]（表2.4）を保有する準安定原子 Ne* が生成される．

（ⅱ）**第二段階**：この Ne* が Ar に衝突すると，Ne* の保有エネルギーが Ar に与えられる．このとき Ne* は準安定電圧 V_m = 16.6, 16.7 [eV] を保有しており，Ar の電離電圧は V_i = 15.8 [eV] であるので（表2.4），Ne* の衝突によって Ar の電離が大いに促進される．

このような Ne と Ar の衝突電離現象はプラズマディスプレイに利用されている．一般に，二種類の気体を混合した場合，

$$\text{一方の気体の準安定電圧 } V_m \text{ [eV]} \quad > \quad \text{他方の気体の電離電圧 } V_i \text{ [eV]}$$

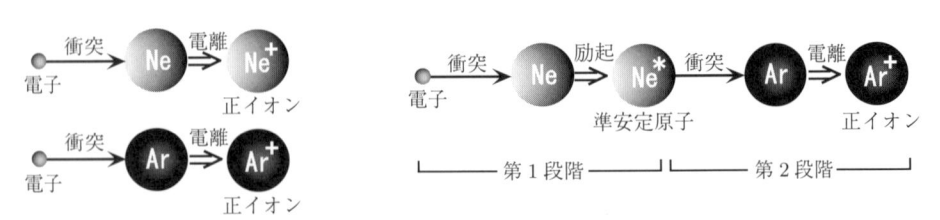

(a) 衝突電離　　　　　　　　　　　(b) 二段階の過程

図2.10　準安定原子による衝突電離

という条件が成り立てば，上記のような二段階の電離が盛んになる．それゆえ，さきに示した Ar と Hg の混合気体においても，同様の衝突電離が行われ，これは蛍光ランプに利用されている（Ar と少量の Hg が用いられる）．すなわち，

$$\text{Ar の準安定電圧}(V_m = 11.5 \text{ [eV]}) > \text{Hg の電離電圧}(V_i = 10.4 \text{ [eV]})$$

であるので，準安定原子 Ar* の衝突によって Hg の電離が促進され，放電が容易になる．これによって，蛍光ランプの点灯に要する電圧を低下させることができる．なお，蛍光ランプにおいて封入される Hg は，発光に寄与する気体であり，Ar は点灯を容易にするための気体として用いられている．

例題 2.6 窒素原子(N)を電離するために必要な電子の最小運動速度はどれだけか．

解 式(2.28)より，窒素原子(N)を電離するためには，$\frac{1}{2}m_e u_e^2 \geq eV_i$ [J] が成り立たねばならない．窒素原子(N)の電離電圧 V_i は表2.4 より $V_i = 14.5$[eV]であるので，電離エネルギーは，$eV_i = 1.6 \times 10^{-19} \times 14.5 = 2.32 \times 10^{-18}$[J]である．また，電子の質量は，$m_e = 9.11 \times 10^{-31}$[kg]である．したがって，電離に必要な電子の最小運動速度は，

$$u_e = \sqrt{\frac{2eV_i}{m_e}} = \sqrt{\frac{2 \times 2.32 \times 10^{-18}}{9.11 \times 10^{-31}}} = 2.26 \times 10^6 \quad \text{[m/s]}$$

である．

(B) 熱電離 気体が数千度以上の高温状態（たとえば，大気中で炭素を電極として発生する**アーク放電**(arc discharge)の内部（約 6000 [℃]）など）になると，中性分子やイオンなど，質量の大きい粒子でも激しく熱運動するため，中性分子どうしの衝突や中性分子とイオンの衝突によって電離が生じるようになる．これを**熱電離**(thermal ionization)という．

熱運動している気体粒子一個がもつ運動エネルギーの平均値は，式(2.14)の実効速度 u_{eff} を用いると次のように表される．

$$\frac{m_g u_{\text{eff}}^2}{2} = \frac{3kT}{2} \tag{2.29}$$

ここで，m_g は気体粒子の質量[kg]，k はボルツマン定数，T は気体の絶対温度[K]を表す．同じ運動エネルギーを保有した粒子どうしが衝突する際には，式(2.29)の2倍のエネルギーが作用するので，これが気体粒子の電離エネルギーを超えていれば電離が起こる．この関係によると気体粒子の熱電離に必要なエネルギーは気体の温度が数千度以上で得られることになる．しかし，気体粒子の速度分布はマクスウェルの速度分布関数に従う．このため，気体の中には実効速度以上の粒子も多く存在し，それらはより高い運動エネルギーを保有するので，温度がこれより低くても熱電離現象は生じる．

（C）光電離 気体中の原子または分子が，それらの電離電圧を越えるエネルギーをもった光子を吸収して電離する現象を，**光電離**(photoionization)という．振動数 ν の光は，$\nu h[\mathrm{J}]$（h：プランク定数($h=6.625\times10^{-34}[\mathrm{J\ s}]$)）のエネルギーをもって伝搬する光子の運動であり，その波長を λ とすると，$c=\lambda\nu$（c：真空中の光の速度($c=3\times10^8[\mathrm{m/s}]$)）の関係があるので，次式が成り立つ．

$$\nu h = \frac{hc}{\lambda} = \frac{1.99\times10^{-25}}{\lambda} \tag{2.30}$$

したがって，式(2.30)で示されるエネルギーの値が気体粒子の電離エネルギー以上であれば，光電離現象は起こりうる．

例題 2.7 窒素分子(N_2)の励起と電離に必要な光の波長 λ_e と λ_i を計算し，光電離が可能なことを示せ．

解 表2.4より，N_2 の最低励起電圧は $V_e=6.3\,[\mathrm{eV}]$，電離電圧は $V_i=15.5\,[\mathrm{eV}]$ であるので，励起と電離に必要な光の波長 λ_e と λ_i は，式(2.30)よりそれぞれ次のようになる．

$\lambda_e = 1.99\times10^{-25}/eV_e = 1.99\times10^{-25}/(1.6\times10^{-19}\times6.3) = 197.4\ \ [\mathrm{nm}]$
$\lambda_i = 1.99\times10^{-25}/eV_i = 1.99\times10^{-25}/(1.6\times10^{-19}\times15.5) = 80.2\ \ [\mathrm{nm}]$

これらの波長はいずれも紫外線の領域(400〜10[nm])に属する．このことから，N_2 分子（一般に気体粒子）は紫外線やX線などの照射によって光電離することがわかる．

2.3.2 電子付着と再結合

電子が中性の原子（または分子）に結びつくと，これらは電子の負電荷を帯びるので，**負イオン**(negative ion)となる．この現象を**電子付着**(electron attachment)という．電子付着の現象は，純粋な N_2，H_2 ガスや He，Ne，Ar などの不活性気体では起こりにくい．これに対して不活性気体より最外殻電子が一個少ない**ハロゲン**(halogen)（フッ素(F)，塩素(Cl)，臭素(Br)，ヨウ素(I)，アスタチン(At)）やその化合物（たとえば，六フッ化イオウ(SF_6)など），あるいは酸素，空気，水蒸気などでは起こりやすく，1価の負イオンになりやすい．このように電子付着が起こりやすい気体を**電気的負性気体**(electro-negative gas)という．また，これらの原子や分子は，「大きな**電子親和力**(electron affinity)」をもつという[4]．

一方，正と負の荷電粒子が結合して中性粒子に戻る（荷電粒子が消滅する）現象を**再結合**(recombination)という[4]．再結合には，「正イオンと電子が結合する場合」と「正イオンと負イオンが結合する場合」とがあるが，一般に後者の再結合が非常に起こりやすい．これは，負イオンの速度が電子よりもきわめて遅いため，正イオンが負イオンと出会って相互に作用する機会が非常に多いことによる．とくに，不純物粒子が気体中に混在する場合などには，この再結合が起こりやすい．

以上のように，電子付着によって生じた負イオンは，質量が大きく電子のように加

速されないため，他の中性分子を電離する能力はもたない．また，負イオンは正イオンとの再結合によって中和し，荷電粒子の消滅につながる．

2.3.3 プラズマ現象

自由に運動する正と負の荷電粒子が共存し，かつ全体としては電気的にほぼ中性が保たれた物質の状態を**プラズマ**(plasma)といい，**導電率**(conductivity)が高い状態（電流が流れやすい状態）である[5]．

プラズマの語源は，米国の科学者ラングミュア(I. Langmuir)が，1928年に希薄気体放電管の研究で発光領域にその概念を用いたのが始まりである．ラングミュアは，プラズマの一部に電気的中性の条件を破るような電子の過不足を作ると，それが中性に戻ろうとして振動することを明らかにした．この振動を**プラズマ振動**(plasma oscillation)という．

通常の気体放電で得られるプラズマは，主に衝突電離によって引き起こされ，多数の電子や正イオン，中性粒子の混在からなる．このようなプラズマは**弱電離プラズマ**(weekly ionized plasma)といわれ，その**電離度**(degree of ionization)(n_i/n_0：気体分子数 n_0 に対する電離した分子数 n_i の比）は，約 10^{-3} 以下である．また，気体粒子のほとんどが電離した状態のプラズマは，**完全電離プラズマ**(fully ionized plasma)といわれる．なお，普通の中性気体を数万ケルビン以上の温度で加熱すると，気体分子は熱電離によって電子と正イオンに分かれる．これらは全体としてほぼ中性を保つので，これもプラズマになる．

我々の住む地球上で天然に発生するプラズマ現象といえば，雷放電によるプラズマであるが，その持続時間は非常に短いので，年間を通じてプラズマの存在確率はきわめて低い．しかし，地上 100 [km] 以上では，ほとんどの物質がプラズマ状態となっている．たとえば，電離層[c]，オーロラ[d] などはプラズマである．また，太陽は大きな高温プラズマの塊であり，その内部では核融合反応によって光や熱の膨大なエネルギーが作り出され，同時に**太陽風**(solar plasma)といわれる多量のプラズマを惑星間空間に放出している．このことから，宇宙はほとんどがプラズマ状態であると考えられている．

2.3.4 電極表面からの電子放出

これまで述べてきたように，気体中で発生する荷電粒子は放電現象をつかさどる根

---

c) 電離層：大気の熱圏下部で電子やイオンがもっとも多く存在する領域であり，電波ビームを反射することでよく知られる．
d) オーロラ：地球の磁気緯度の高い地方でしばしば天空に見られる神秘的な発光現象．

源といえるが，そのなかでも電子の振る舞いが主な役割を演じている．一般に，気体中で最初に発生する電子，いわゆる**初期電子**(initial electron)の発生は，中性粒子の電離作用ばかりでない．電極(陰極)表面からの**電子放出**(electron emission)によっても起こる[3]．

電極(陰極)から電子を放出させるためには，電極の金属内部に存在する電子にエネルギーを与えなければならない．金属表面から一個の電子を放出させるために必要なエネルギーの最小値は，**仕事関数**(work function)といわれ，その単位は励起電圧や電離電圧と同様に，ϕ [eV]($=e\phi$ [J])として表す．すなわち，仕事関数 ϕ は金属と媒体の境界面で電子の放出を妨げているエネルギー障壁であり，その値は金属の種類によって異なる．表2.5は，各種金属について真空中へ電子を放出するための仕事関数を示す．

表2.5 各種金属の仕事関数

金属	ϕ[eV](熱電子放出による)	ϕ[eV](光電子放出による)
Au	3.90–4.92	4.00–4.90
Ag	3.56–4.74	3.08–4.81
Al	2.98–4.43	4.36–4.39
Pt	5.29–5.42	6.35
Cu	4.07–4.80	3.85–4.38
Cs	1.38–1.90	1.81–1.94
C	4.34–4.81	4.39–4.70
Fe	3.91–4.70	3.89–4.77
Li	2.28–2.42	2.10–2.90
Ni	4.06–5.24	4.61–5.24
W	4.35–4.60	4.35–4.69

温度 $T=0$ [K]における金属内部の電子は，**フェルミ準位**(Fermi level)[e]といわれるエネルギー帯までつまっている．通常，その中の電子を金属外に放出するためには，仕事関数を乗り越えるだけのエネルギーを電子に与える必要がある．電子放出は，そのエネルギーを金属(陰極)に与える方法によって次のように分類される．

(1) 光電子放出

金属(陰極)に振動数 ν の光を照射したとき，陰極から電子が放出される現象を**光電子放出**(photoelectric emission)，または**外部光電効果**(external photoelectric effect)という．また，このとき放出する電子を**光電子**(photo electron)という．光電子

---

e) フェルミ準位：量子力学では，固体内部はある幅をもったエネルギー準位(エネルギー帯)で満たされていると考えられている．固体内の電子エネルギー E の分布はフェルミーディラック統計から，関数 $f_{(E,T)}=1/\{e^{(E-\zeta)/kT}+1\}$ で与えられる．絶対温度 $T=0$ [K]では，$E<\zeta$ なら，$f_{(E,0)}=1$，$E>\zeta$ なら $f_{(E,0)}=0$ となり，ζ を境にして1から0に急変する．つまり，電子の詰まったエネルギー準位と空の準位に分かれ，その境界のエネルギー ζ がフェルミ準位である．

放出は，入射光子のもつエネルギーνh [J]が金属の仕事関数$e\phi$ [J]より大きい($\nu h \geq e\phi$)ときに起こる．これは，アインシュタイン(A. Einstein)が電子放出に光子の概念を導入して初めて説明できた現象である．光子のエネルギーが仕事関数を超えるとき，その過剰エネルギーが電子の運動エネルギーに変換されることから，光電子放出に対して次式の関係が成り立つ．

$$\frac{1}{2}m_e u_e^2 = \nu h - e\phi \tag{2.31}$$

ただし，m_eは電子の質量，u_eは電子の速度を表す．一般に，光電子は紫外線領域を含む短波長の光を照射することによって放出される．陰極から放出した光電子は，ギャップ内の電界によって加速され，中性分子との衝突を繰り返しながら陽極に向かって移動する．その際，励起現象や電離現象が起こりうる．励起状態の粒子がボーアの振動数条件式(式(2.3))に従って放出する光子もまた短波長の光に属するので，これが陰極に照射された場合でも光電子は放出される．

(2) 粒子の衝突による電子放出

加速された電子が固体表面に衝突し，これによって固体から新しく電子が放出される現象を**二次電子放出**(secondary electron emission)という．また，衝突する電子を一次電子，放出する電子を二次電子と称する．二次電子放出は正イオン(または準安定原子)が金属(陰極)に衝突した場合にも起こり，気体放電ではむしろこちらのほうが重要である．

正イオンが陰極に衝突した場合には，運動エネルギーW_i [J]と電離エネルギーに相当する位置エネルギーeV_i [J]の両者が金属に与えられ，金属内部から2個の電子を放出させる．すなわち，正イオンと結合してこれを中和する電子と外部に放出する二次電子である．このため，衝突する正イオンが仕事関数の2倍より大きいエネルギーを保有すれば，二次電子の放出が可能となるので，次式の関係が必要である．

$$W_i + eV_i \geq 2e\phi \tag{2.32}$$

(3) 熱電子放出

金属を加熱したとき，金属内部の電子が外部に放出される現象を**熱電子放出**(thermionic emission of electron)という．高温度の金属内部における電子は，格子熱振動によるエネルギーを受け，そのエネルギーの値が金属の仕事関数$e\phi$ [J]を超えたとき，金属表面から外部に放出できるようになる．熱電子放出の理論は，1914年にリチャードソン(O. W. Richardson)により初期の研究が行われ，その後，ダッシュマン(S. Dushmann)らの研究によって，次式のような**リチャードソン–ダッシュマンの式**として知られる電子流密度Jの理論式が導出された．

$$J = AT^2 \exp\left(-\frac{e\phi}{kT}\right) \tag{2.33}$$

ここで，T は絶対温度[K]，k はボルツマン定数を表す．また，係数 A はダッシュマン定数といわれ，$A = 1.20 \times 10^6 \ [\mathrm{A/(m^2 \ K^2)}]$ である．

熱電子放出に必要な金属温度は，1500～2500 [K]の範囲であるが，実験から得られる電子流密度の値は理論値よりも一般に低い．この相違は電子が放出に必要なエネルギーを保有していても，金属表面の原子や表面の不純物などによって，金属内部に引き戻される電子もあるためとされている．

(4) 電界放出

(A) ショットキー効果 熱電子放出を生じる金属(陰極)面に電界が加わると，実効的な仕事関数が低下して電子流密度が増加する．これはショットキー(W. Schottky)[6]によって発見された現象であり，**ショットキー効果**(Schottky effect)といわれる．ショットキーは，陰極から放出する電子の影像ポテンシャルエネルギーと，外部電界によるポテンシャルエネルギーとの合成によって生じる仕事関数の低下を理論的に考察し，電子流密度 J が次式で与えられることを示した．

$$J = AT^2 \exp\left(-\frac{e\phi}{kT}\right) \exp\left\{\frac{e}{kT}\left(\frac{eE}{4\pi\varepsilon_0}\right)^{\frac{1}{2}}\right\} \tag{2.34}$$

これを**ショットキーの式**という．ここで，e は電子の電荷量，E は電界強度，ε_0 は真空の誘電率を表す．

例題 2.8
ショットキー効果による陰極からの電子流密度 J が，リチャードソン-ダッシュマンの式(式(2.33))から式(2.34)のように表されることを示せ．

[解] 電極間に電界が印加された場合，陰極面付近におけるポテンシャルエネルギーの分布は図Aのようになる．これらは以下のように説明される．

いま，陰極表面から電子が放出した場合，電子は陰極面との間で影像力(クーロン力)を受けて陰極方向へ引き付けられる．この力 F_e は，電子と陰極表面との間の距離を x として次のように表される．

$$F_e = \frac{e^2}{4\pi\varepsilon_0(2x)^2} = \frac{e^2}{16\pi\varepsilon_0 x^2}$$

これより，距離 x にある電子のポテンシャルエネルギー W_e は次式のように表される．

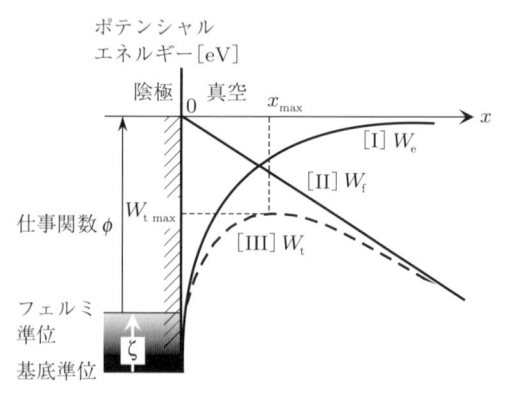

図A 電界による陰極表面近傍のポテンシャルエネルギー分布

$$W_e = \int_\infty^x F_e \, dx = -\frac{e^2}{16\pi\varepsilon_0 x}$$

これは，図Aの曲線[I]のような分布となる．

一方，電極間に電界強度 E が加わった場合，距離 x にある電子のポテンシャルエネルギー W_f は次式で示され，図Aの直線[II]のような分布となる．

$$W_f = -eEx$$

電子がもつ全エネルギー W_t は，W_e と W_f の和であるので，次式のように表される．

$$W_t = W_e + W_f = -\frac{e^2}{16\pi\varepsilon_0 x} - eEx$$

このため，エネルギー分布は，図Aの曲線[III]のような分布となる．

結局，電子が陰極から離脱するためには，曲線[III]のポテンシャル障壁を乗り越えればよい．曲線[III]の最大値 $W_{t\max}$ は，$dW_t/dx = 0$ における $x = x_{\max}$ の距離で現れる．すなわち，

$$\frac{dW_t}{dx} = \frac{e^2}{16\pi\varepsilon_0 x_{\max}^2} - eE = 0 \qquad \therefore x_{\max} = \sqrt{\frac{e}{16\pi\varepsilon_0 E}}$$

$$\therefore \quad W_{t\max} = -\frac{e^2}{16\pi\varepsilon_0 x_{\max}} - eEx_{\max} = -2x_{\max} Ee = -e\sqrt{\frac{eE}{4\pi\varepsilon_0}}$$

この $W_{t\max}$ は電子が越えなければならない障壁の頂点であるので，電界強度 E が印加された場合の実効仕事関数 ϕ_{eff} は，次式のように低下する．

$$\phi_{\text{eff}} = e\phi - |W_{t\max}| = e\left(\phi - \sqrt{\frac{eE}{4\pi\varepsilon_0}}\right)$$

したがって，電界が印加された場合，温度 T [K]における飽和電子流密度 J は，式(2.33)の $e\phi$ の代わりに上式の実効仕事関数 ϕ_{eff} を用いれば，次のようにショットキーの式(式(2.34))を得る．

$$J = AT^2 \exp\left\{-\frac{e}{kT}\left(\phi - \sqrt{\frac{eE}{4\pi\varepsilon_0}}\right)\right\} = AT^2 \exp\left(-\frac{e\phi}{kT}\right) \exp\left\{\left(\frac{e}{kT}\right)\left(\frac{eE}{4\pi\varepsilon_0}\right)^{\frac{1}{2}}\right\}$$

(B) 冷陰極放出 金属(陰極)表面の電界強度が非常に高い場合には，金属の温度が低くても電子が放出される．この現象は**冷陰極放出**(cold emission)といわれ，常温の金属では約 10^8 [V/m]以上の電界強度で認められる．電界強度が高くなると，図2.11に示すように，陰極表面近傍におけるポテンシャルエネルギー分布の厚さは非常に薄くなる．このような場合の電子放出について，ファウラー(R. H. Fowler)とノルドハイム(L. Nordheim)[7]は量子力学における電子の波動性に着目した．そして，電子がポテンシャルエネルギーの山を越えるのに必要なエネルギーをもたなくても，エネルギー障壁をくぐり抜ける，いわゆる**トンネル効果**(tunnel effect)によって放出できることを理論的に解析した．この場合の電子流密度 J は式(2.35)で与えられる．

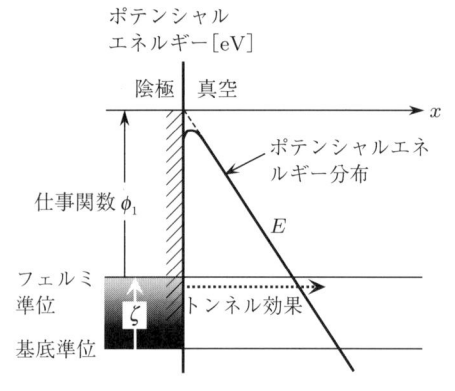

図2.11 電界による陰極表面近傍のポテンシャルエネルギー分布 x

$$J = \frac{e^2}{2\pi h} \frac{\zeta^{1/2}}{(\phi_1 - \zeta)\phi_1^{1/2}} E^2 \exp\left(-\frac{4}{3}\kappa \frac{\phi_1^{3/2}}{E}\right)$$

$$= 6.2 \times 10^{-6} \frac{\zeta^{1/2}}{(\phi_1 - \zeta)\phi_1^{1/2}} E^2 \exp\left(-6.8 \times 10^7 \frac{\phi_1^{3/2}}{E}\right) \quad [\text{A}/\text{cm}^2] \quad (2.35)$$

ただし，e は電子の電荷量，h はプランク定数，ζ はフェルミ準位(単位：[V])，ϕ_1 は金属の仕事関数(単位：[V])，E は電界強度を表す．また，κ は $\kappa^2 = 8\pi^2 m/h^2$ (m：電子の質量)で定義される定数である．式(2.35)は**ファウラー–ノルドハイムの式**といわれ，真空中で温度 $T = 0$ [K]の陰極表面に対して導かれた理論式である．この計算によると電子放出には 10^9 [V/m]以上の電界強度が必要である．

これに対してスターン(T. H. Stern)，ゲスリン(B. S. Gossling)，ファウラー(R. H. Fowler)[8]は，陰極表面に厚さ a の酸化層を仮想し，図2.12に示すような二つのポテンシャルエネルギー分布の存在によって，外部電界強度 E_2 がより低くても，酸化層内部の高い電界強度 E_1 による冷陰極放出が可能であることを示した．この場合における電子流密度 J は式(2.36)のように表される．

$$\begin{aligned} J &= 6.2 \times 10^{-6} \frac{\zeta^{1/2}}{(\phi_1 - \zeta)\phi_1^{1/2}} E_2^2 B \exp\left(-6.8 \times 10^7 \frac{\phi_1^{3/2}}{E_2}\right) \quad [\text{A}/\text{cm}^2] \\ B &= \frac{\phi_1}{\phi_2} \exp\left(-6.8 \times 10^7 \frac{\phi_1 + \phi_2 + (\phi_1\phi_2)^{1/2}}{\phi_1^{1/2} + \phi_2^{1/2}} a\right) \end{aligned} \quad (2.36)$$

ただし，ϕ_1 は金属の仕事関数(単位：[V])であり，ϕ_2 は第二の仕事関数(単位：[V])を表す．

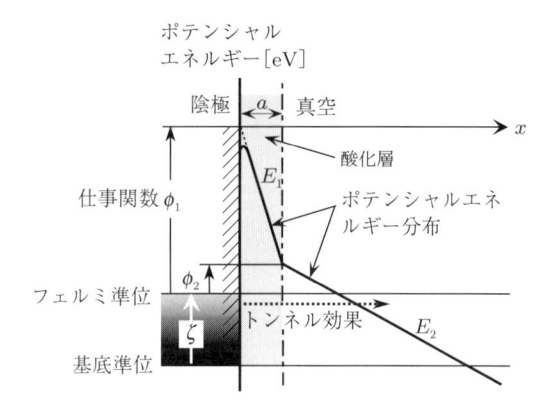

図2.12 陰極表面の酸化層とポテンシャルエネルギー分布

(5) 電界電離

ショットキー効果や冷陰極放出は，いずれも陰極表面からの電子放出による荷電粒子の発生を示すものである．これに対して，陽極付近においても荷電粒子は発生する．すなわち，陽極付近に存在する中性粒子の核外電子は，電界によって陽極に引き付けられるため，原子核と核外電子との間にかたよりが生じる．電界強度がきわめて高い場合には，核外電子がその軌道から離脱し，中性粒子は電離して正イオンとなる．この現象は**電界電離**（field ionization）[9]といわれ，正極性の電圧を加えた鋭利な電極先端などで起こる．

演習問題

2.1 水素原子模型について，ボーア（N. Bohr）が提唱した三つの法則を簡潔に説明せよ．

2.2 ボーアの「量子条件」によって導出される「核外電子の全エネルギー E_n」は，原子の構造がどのような状態にあることを示すものか．

2.3 次のことばを説明せよ（図 a, b 参照）．
(1) 気体の状態方程式　　(2) 衝突断面積　　(3) 平均自由行程
(4) ドリフト速度　　　　(5) 移動度　　　　(6) 励起現象
(7) 電離現象　　　　　　(8) 準安定状態　　(9) 電子なだれ
(10) 電気的負性気体　　　(11) 再結合　　　　(12) プラズマ現象

2.4 圧力の単位換算を行い，( )に正しい数値を入れよ．
10 [atm] = (①　　)[kPa] = (②　　)[N/m^2] = (③　　)[mmHg]]
= (④　　)[mbar] = (⑤　　)[kgf/cm^2]

2.5 密閉容器に 0 [℃]（273 [K]）で圧力 P_0 [mmHg] の気体を封入したとき，気体分子の個数密度 n は，$n = 3.54 \times 10^{22} P_0$ [個/m^3] で表されることを示せ．

2.6 密閉容器に温度 20 [℃] で圧力 5 [mmHg] の気体を封入した．温度を 0 [℃] に換算したときの圧力 P_0 [mmHg] はどれだけか．

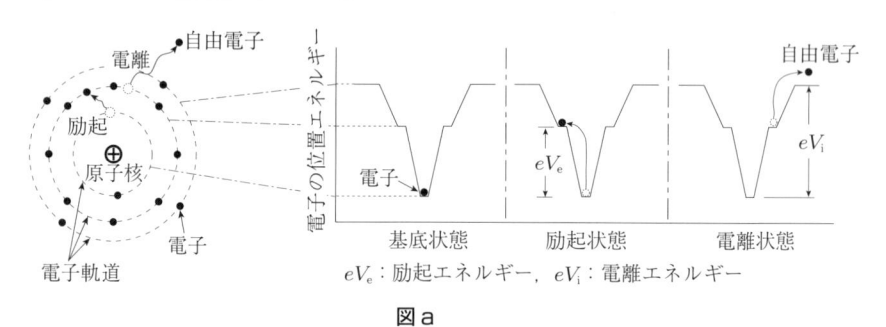

図a

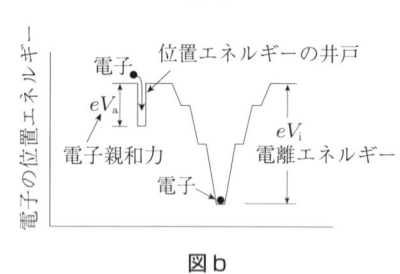

eV_e：励起エネルギー，eV_i：電離エネルギー

図b

2.7 1 [atm]，20 [℃]で熱平衡状態にある酸素(O_2)ガスの分子数密度 n_d，最大確率速度 u_p，平均速度 $\bar{u}_m$，実効速度 u_{eff} をそれぞれ求めよ．ただし，O_2 ガスの分子量は $m=32$ [g/mol]である．

2.8 窒素(N_2)ガス中の分子，または電子の平均自由行程について以下の問いに答えよ．ただし，N_2 ガス分子の半径は，$r_g=1.9\times 10^{-10}$ [m]とする．
(1) 0[℃]，1 [mmHg]における窒素ガス分子の平均自由行程 l_g を求めよ．
(2) 0[℃]，760 [mmHg]の窒素ガス中における電子の平均自由行程 l_e を求めよ．

2.9 ネオン(Ne)原子が準安定状態(準安定電圧：16.6 [eV])にあるとき，衝突電離を起こすために必要な電子の速度 u_e を求めよ．

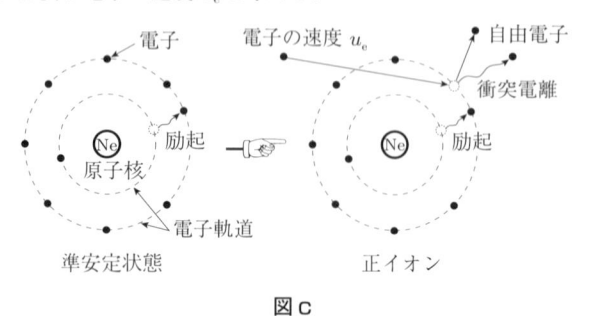

図c

2.10 陰極表面からの電子放出過程を分類し，それぞれについて簡潔に説明せよ．

第3章　気体中の放電現象

　空気は気体絶縁物(誘電体)の一種であり，これが電気的に破壊された瞬間，閃光が生じて大電流が流れる．このような現象を一般に**絶縁破壊**(electric breakdown)，または**火花放電**(spark discharge)という．この現象が起こると，電極間は導電性の高い放電路で結ばれるので，これを**全路破壊**(complete breakdown)または**フラッシオーバ**(flashover)とよぶ．この全路破壊が生じる電圧値を**絶縁破壊電圧**(breakdown voltage)，**火花電圧**(sparking voltage)，あるいは**フラッシオーバ電圧**(flashover voltage)という．また，絶縁破壊が起こる以前には，その前兆ともいえる**電気伝導**(electric conduction)現象が介在し，一般に**破壊前駆現象**(pre-breakdown phenomena)といわれる．

　電気で働く機器や装置に絶縁破壊が起こると，それらは再起不能になることも稀でない．このため，絶縁破壊のメカニズムとその防止対策は高電圧工学の主流である．

　通常，絶縁破壊現象は，温度，湿度，圧力などの周囲条件，電極の形状や寸法，印加電圧や物質の種類などに支配され，非常に急激な短時間の変化を伴う．このため，解明が困難であった．しかし，気体中の破壊前駆現象，とくに**暗流**(dark current)とよばれる微弱な電流領域から絶縁破壊に至るメカニズムは，1900年初頭，英国の物理学者タウンゼントによって研究され，飛躍的な発展を遂げた．

　本章の前半では，気体中の電気伝導特性から導かれるタウンゼントの破壊前駆理論，絶縁破壊電圧を決定付けたパッシェンの法則，全路破壊に至るメカニズム(ストリーマ理論)を理解する．後半で種々の放電現象と放電特性，放電現象の観測法を理解する．なお，絶縁性の気体は多種類におよぶが，ここではとくに断らない限り，空気を主な対象として扱う．

この章の目標
　タウンゼント理論とパッシェンの法則を解析的に説明でき，ミークのストリーマ理論を模式図で説明できるようにする．また，各種の自続放電現象と放電特性，ならびに放電現象の観測法を概略的に説明できるようにする．

3.1　破壊前駆機構と絶縁破壊機構

3.1.1　破壊前駆機構
(1) タウンゼントの実験的研究

　タウンゼント(J. S. Townsend；1868〜1957年)は，ギャルウェイ(アイルランド)出身の物理学者である．1895年に英国のケンブリッジにあるキャベンディッシュ(Cavendish)研究所に研究生として入学し，指導教授であるトムソン(J. J. Thomson；

O. W. Richardson, J. Henry
E. B. H. Wade, G. A. Shakespear, C. T. R. Wilson, E. Rutherford, w. Craig-Henderson, J. H. Vincent, G. B. Bryan
J. C. McClelland, C. Child, P. Langevin, Prof. J. J. Thomson, J. Zeleny, R. S. Willows, H. A. Wilson, J.S. Townsend

図3.1 トムソンとその門下生
(この写真は,著者ら(花岡,石橋,高嶋)が1987年に国際学会で渡欧した際,ニューキャベンディッシュ(New Cavendish)研究所を訪問し,承諾を得て撮影したものである.なお,これは「林 泉著,高電圧プラズマ工学」[1]にも紹介されている.)

1906年ノーベル物理学賞受賞:電子の発見,気体の電気伝導に関する研究)の下で精力的な研究を進め,世界で初めて電子の電荷測定に成功すると共に,気体放電の先駆的研究を行った.図3.1は1898年6月に撮影されたトムソンとその門下生の写真である.

これらの門下生の多くは後世に名を残す偉業を成し遂げている.たとえば,ラザフォード(E. Rutherford):1908年ノーベル化学賞受賞(原子核物理学の発展に寄与),タウンゼント(J. S. Townsend):気体放電の先駆的研究(1900年オックスフォード大学教授),ウィルソン(C. T. R. Wilson):1927年ノーベル物理学賞受賞(霧箱の開発),リチャードソン(O. W. Richardson):1928年ノーベル物理学賞受賞(熱電子現象の理論と実験的研究),チャイルド(C. Child):空間電荷制限電流の研究によるチャイルド-ラングミュア(Child-Langmuir)の法則で著名,ランジュヴァン(P. Langevin):諸物質の磁性に関する研究(1909年ソルボンヌ大学(フランス)教授)などである.これらの業績はキャベンディッシュ研究所でなされた研究が基盤となっており,当時の面影をかいま見ることができよう.

さて,タウンゼントの気体放電に関する研究は,彼の同期生であるラザフォードの研究を受け継いで成し遂げられたものといえる.最初,ラザフォードはトムソン教授と共に,気体分子の電離に及ぼす放射線照射の効果を調べ,次のような結果を得た.

図3.2に示すように,大気圧の空気中に置かれた平行平板電極のギャップに放射線(紫外線またはX線)を照射すると,電流Iと電極間電圧Vの関係は図3.3のように

3.1 破壊前駆機構と絶縁破壊機構

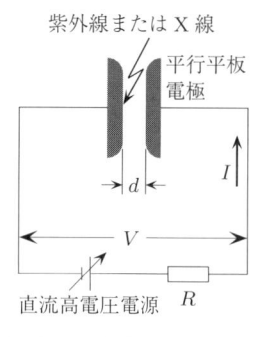

図 3.2 実験装置の概略図

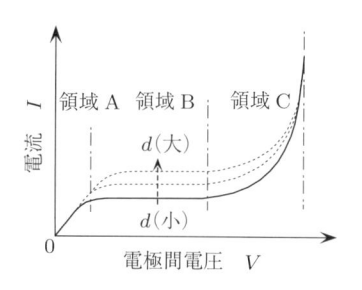

図 3.3 電流 I と電圧 V の関係

なり，「V と I が比例する領域 A」，「電流が飽和する領域 B」，「電流が急激に増加する領域 C」の三つの領域に分けられる．また，領域 B の飽和電流値は，ギャップ長 d を大きくすると増加する．

ラザフォードらが用いた放射線照射の方法によって，ギャップ中に多くの荷電粒子が作られるため，電流値が増して電流計測が容易になり，かつ実験データが周囲条件（温度や湿度）にあまり左右されなくなる．また，領域 B の飽和電流値に関するギャップ長 d の依存性について，「放射線の照射により電極間に毎秒発生する電子の電荷が電流値に等しいとみなせば，電流値は d に比例して増加する」と，彼らは説明した．

その後，タウンゼントはこれらの研究をさらに発展させ，以下のような方法で実験を行った．彼は，紫外線を陰極に照射して，光電子を放出させる実験方法を採用した．このような光電子の放出によって，自然に存在する初期電子は放電にほとんど影響しなくなる．また，ラザフォードらが行ったような大気圧中ではなく，約 1 [mmHg]（133.3 [Pa]，大気圧の約 1/760）の低気圧中で行った．このような低気圧中では絶縁破壊電圧 V_B が著しく低下する．たとえば，ギャップ長 $d = 10 \sim 20$ [mm] の平行平板電極において，大気圧 (1 [atm]（760 [mmHg] = 0.1 [MPa]）) の空気中で絶縁破壊電圧 V_B は約 30 [kV]（絶縁破壊電界 E_B で表せば，$E_B \approx 30000$ [V/cm]）である．これに対して，1 [mmHg] の空気中では $V_B \approx 400$ [V] ($E_B \approx 400$ [V/cm]) に低下する．このため，圧力 P を低くすることによって，全路破壊に至るまでの電流は非常に低い電圧でも測定できる．すなわち，ギャップ中の電界強度を E とすれば，E/P が大きい場合の電流を調べることができる．

このような方法によって，圧力 P と陰極からの光電子流 I_0 を一定に保ち，電界強度 E をパラメータとして，ギャップ長 d と電流 I の関係を調べた．その結果，図 3.4 に示すように二つの領域 I と II からなる重要な特性を得た．ここで，図の縦軸は電流 I の増加がきわめて急激であることから $\ln(I)$ で示してある．

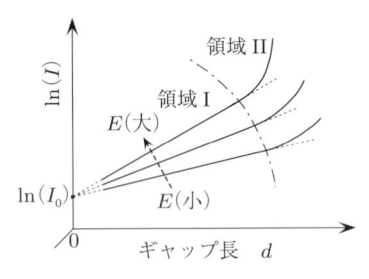

図3.4 電流 I とギャップ長 d の関係

図3.4において注目すべきは,領域Iの特性がきれいな直線になることである.これを式で表せば,直線の傾きを α' として次式のように表せる.

$$\ln(I) = \alpha' d + \ln(I_0) \tag{3.1}$$

したがって,

$$I = I_0 \exp(\alpha' d) \tag{3.2}$$

となる.また,領域IIにおける電流は直線からはずれて増加するようになる.タウンゼントは,電子の衝突電離に基づく増殖作用(電子なだれ現象)を導入して,これらの特性を明快に証明した.以下に,タウンゼントの理論を解説する.

(2) タウンゼントの破壊前駆理論

(A) 領域Iの特性:電子の衝突電離作用(α 作用)　最初に,ギャップ長 d の平行平板電極を考え,陰極から放出した1個の電子が電界の作用で単位長さだけ移動する間に,気体分子との衝突電離によって α 対の電子と正イオンが発生するものと仮定する.また,陰極面に紫外線を照射することによって,単位面積,単位時間あたり n_0 個の光電子が放出するものとする[2].

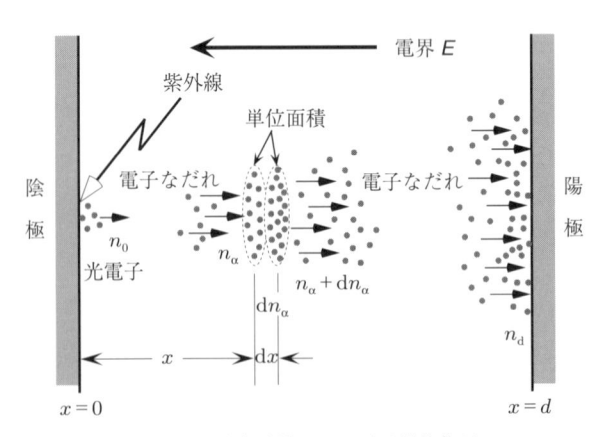

図3.5 衝突電離による電子増倍作用

いま，図3.5に示すように，陰極面から任意の距離 x の位置に x 方向と垂直な単位面積を考え，陰極面で放出した n_0 個の電子がこの面に到達したときの電子数を n_α 個とすると，この n_α 個の電子が微小距離 dx だけ移動する間に増加する電子数 dn_α は次のように与えられる．

$$dn_\alpha = \alpha n_\alpha dx \tag{3.3}$$

ここで，電極間の電界が荷電粒子によって影響されず，平等電界 ($E=V/d$) を保つものとすれば，α は一定値(定数)と見なせる．それゆえ，電子が距離 x だけ移動する間に増加する単位面積あたりの電子数 n_α は，式(3.3)の両辺を積分することによって次式のようになる．

$$n_\alpha = K \exp(\alpha x) \tag{3.4}$$

ただし，K は積分定数を表し，初期条件の導入によって求められる．すなわち，$x=0$ (陰極面) では $n_\alpha = n_0$ であるので，$K = n_0$ となり，式(3.4)は次式のように表される．

$$n_\alpha = n_0 \exp(\alpha x) \tag{3.5}$$

このように，衝突電離によって n_0 個の電子が $\exp(\alpha x)$ の形で増殖する現象が，2.3.1項(1)で述べた「電子なだれ」である．電子は陰極から出発し，ギャップ内で電子なだれを起こしながら陽極に到達する．陽極に流入する電子数 n_d は，式(3.5)で $x=d$ とおくことによって次のように得られる．

$$n_d = n_0 \exp(\alpha d) \tag{3.6}$$

また，式(3.6)の両辺に電子の電荷量 e を掛ければ，陽極に流入する電子流密度 J が求まり，次式のようになる．

$$J = e n_d = e n_0 \exp(\alpha d) = J_0 \exp(\alpha d) \tag{3.7}$$

ただし，$J_0 = e n_0$ である．なお，全流入電流 I は式(3.7)に電極面積 S を掛けて $I = JS$，$I_0 = J_0 S$ とおけば，

$$I = I_0 \exp(\alpha d) \tag{3.8}$$

のようになる．したがって，式(3.8)の対数をとれば次式が得られる．

$$\ln(I) = \alpha d + \ln(I_0) \tag{3.9}$$

この式は，タウンゼントが実験から得た領域Iの特性(式(3.1))と同じであり，α が直線の傾き(α')から求められることを示している．この α を**電子の衝突電離係数**(coefficient of ionization by collision)，または**タウンゼントの第1電離係数**(Townsend's primary ionization coefficient)といい，このような衝突電離作用を **α 作用**(α-action) とよぶ[3]．

一方，図3.4において，領域Iの直線の傾き(電子の衝突電離係数 α)は電界強度 E と圧力 P によって変化する．タウンゼントは，これらの間の関係に2.2.4項で述べたような「相似則」が成り立つことを見出した[2]．すなわち，P をパラメータとして α と

E の関係をグラフで表すと幾本もの曲線となるが，これを α/P と E/P のグラフで書き直すと，気体の種類によって定まる一本の曲線となる．このような相似則は次の理由から成り立つ．電子の平均自由行程を l_e とすると，一定温度の下で $l_e \propto 1/P$ の関係があるので，$\alpha l_e \propto \alpha/P$ となる．αl_e は電子が電界によって l_e だけ移動し，気体粒子と衝突するときの電離確率を表している．また，この確率は電子が電界から得るエネルギー ($el_e E$) に依存するので，$el_e E \propto E/P$ が成り立つ．したがって，E や P の値に関わらず E/P が一定であれば，電子が電界から得るエネルギーは不変であり，α/P は E/P によって決まることになる．

通常，気体中で α/P と P/E の関係を測定すると，図 3.6 に示すように，$\ln(\alpha/P)$ と P/E がほぼ直線と見なせる特性が得られる（この特性は縦軸の α/P を対数目盛にとり，横軸を P/E で描いたものである）．これよりタウンゼントは，α/P と E/P の関係が次式のように表されることを示した．

$$\frac{\alpha}{P} = A \exp\left\{-\frac{B}{(E/P)}\right\} \tag{3.10}$$

ただし，A, B は気体の種類によって定まる定数である．

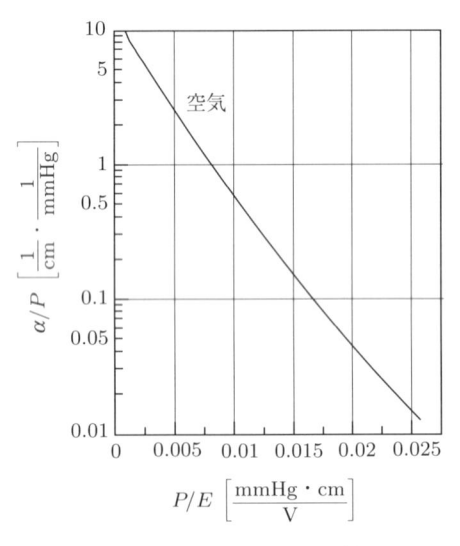

図 3.6 α/P と P/E の関係

例題 3.1 図 3.6 の関係から，式 (3.10) が導出できることを示せ．

解 図 3.6 の関係はほぼ直線と見なせるので，次式のように示される．

$$\ln\left(\frac{\alpha}{P}\right) = -B\frac{P}{E} + C$$

ここで，$-B$は直線の傾き，Cは直線の切片である．ゆえに，

$$\frac{\alpha}{P} = \exp(-B\frac{P}{E} + C) = \exp(C)\exp(-B\frac{P}{E})$$
$$= A\exp\left\{-\frac{B}{(E/P)}\right\}$$

ただし，$A = \exp(C)$である．

(B) 領域Ⅱの特性：正イオンの二次電子放出作用（γ作用） 図3.4における領域Ⅱの電流は直線からはずれて増加し，その増加割合は電界強度Eの増加と共に大きくなる．この結果は前述のα作用以外に別の電子増殖作用があることを示している．α作用以外の電子増殖作用としては，**β作用**（β-action）と**γ作用**（γ-action）が考えられる．

β作用：衝突電離によって生じた正イオンが中性分子に衝突して電離現象を起こす作用．

γ作用：正イオンが電界によって加速され，陰極面に衝突して二次電子を放出する作用．

タウンゼントはこれら両方の作用を考慮した解析を行っているが[2]，その後の研究から，放電開始の状態ではイオンのエネルギーは小さいため，γ作用の効果がβ作用よりもはるかに勝ることが明らかになっている．したがって，ここではα作用とγ作用のみを考慮した場合について説明する．

いま，図3.7に示すように，陰極面から単位面積，単位時間あたりn_0個の光電子とγ作用によるn_γ個の二次電子が同時に放出されているとする．これらの電子（（n_0

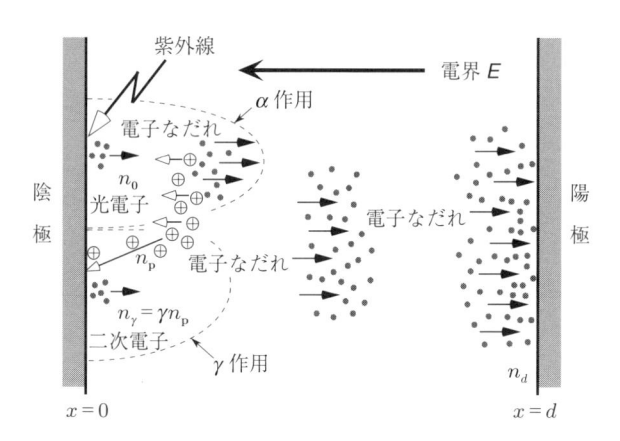

図3.7 α作用とγ作用による電子増倍作用

$+n_\gamma$)個は陽極に達するまでに，式(3.6)の$\exp(\alpha x)$で示すような電子なだれを生じるので，陽極に流入する電子数n_dは次のように表せる．

$$n_d = (n_0 + n_\gamma)\exp(\alpha d) \tag{3.11}$$

また，α作用によって発生するイオンはすべて一価の正イオン（1個の電子のみ失った正イオン）とし，正イオンはすべて陰極面に到達するものと仮定すれば，陰極における正イオン数n_pは，ギャップ内で増殖した電子数n_d個と陰極面からの放出電子数(n_0+n_γ)個の差となるので，次のように表される．

$$n_p = n_d - (n_0 + n_\gamma) \tag{3.12}$$

ここで，陰極に一個の正イオンが衝突したとき放出される平均二次電子数をγ個とすると，n_p個の正イオンが衝突することによって次式のような二次電子n_γ個が放出されることになる．

$$n_\gamma = \gamma n_p \tag{3.13}$$

式(3.13)は，式(3.12)より次のように変形できる．

$$n_\gamma = \frac{\gamma}{1+\gamma}(n_d - n_0) \tag{3.14}$$

したがって，陽極に流入する電子数n_dは，式(3.14)を式(3.11)に代入することによって次式のように得られる．

$$n_d = n_0 \frac{\exp(\alpha d)}{1-\gamma\{\exp(\alpha d)-1\}} \tag{3.15}$$

式(3.15)の両辺に電子の電荷量eを掛ければ，陽極に流入する電子流密度Jが求まり次のようになる．

$$J = J_0 \frac{\exp(\alpha d)}{1-\gamma\{\exp(\alpha d)-1\}} \tag{3.16}$$

ただし，$J_0 = en_0$である．また，全流入電流Iは，式(3.16)に電極面積Sを乗じて$I=JS$，$I_0 = J_0 S$とおけば，

$$I = I_0 \frac{\exp(\alpha d)}{1-\gamma\{\exp(\alpha d)-1\}} \tag{3.17}$$

のようになる．

なお，ギャップ中ではα作用によって増殖した電子のうち一部（η個）は，気体粒子に付着して負イオンを形成する．このηを電子の**付着係数**（attachment coefficient）といい，このような負イオンの形成による作用を **η作用**（η-action）という．気体放電において前述のβ作用やη作用は，それほど大きな効果を与えるものでないが，厳密にはこれらも考慮する必要がある．本書では，これらの作用に対する解析は省略するが，より深い勉強を望まれる読者は，「大重 力，原 雅典共著，高電圧現象」[4]など

3.1.2 絶縁破壊機構

以上に述べてきたように，タウンゼントの実験や理論は，いずれも電極ギャップが全路破壊を起こす以前の小さな電流領域に関するものである．しかし，タウンゼントの理論結果（式(3.17)）には，絶縁破壊電圧を決定する重要な条件が含まれている．すなわち，式(3.17)において次式の条件が成り立てば，電流 I は無限大となる．

$$\gamma\{\exp(\alpha d)-1\}=1 \tag{3.18}$$

これは，明らかに全路破壊を意味している．式(3.18)は**タウンゼントの火花条件**（Townsend's sparking criterion）といわれる[3]．

(1) パッシェンの法則

ギャップ長 d の平行平板電極における絶縁破壊電圧は，タウンゼントの理論によって導かれた式(3.10)と式(3.18)から次のように求めることができる．

絶縁破壊電圧を V_B とすると，ギャップ内の電界強度 E_B は絶縁破壊が起こるときの値（火花電界）であり，平等電界において $E_B=V_B/d$ のように表せる．いま，式(3.10)の対数をとり，E の代わりに E_B の式を代入すると次式が得られる．

$$\ln(\alpha)-\ln(P)=\ln(A)-B\left(\frac{Pd}{V_B}\right) \tag{3.19}$$

一方，タウンゼントの火花条件（式(3.18)）を書き換えると，$\exp(\alpha d)=1+(1/\gamma)$ となるので，この式の対数をとると次のようになる．

$$\alpha d = \ln\left(1+\frac{1}{\gamma}\right) \tag{3.20}$$

式(3.20)をもう一度対数をとると次のようになる．

$$\ln(\alpha)+\ln(d)=\ln\left\{\ln\left(1+\frac{1}{\gamma}\right)\right\} \tag{3.21}$$

式(3.19)から式(3.21)を差し引いて $\ln(\alpha)$ を消去し，V_B を求めると次式が得られる．

$$V_B = B\frac{Pd}{K_0+\ln(Pd)} \tag{3.22}$$

ただし，K_0 は次式を表す．

$$K_0 = \ln(A)-\ln\left\{\ln\left(1+\frac{1}{\gamma}\right)\right\} \tag{3.23}$$

ここで，式(3.23)における γ は，正イオンのエネルギーによってあまり変化しないものである．さらに，右辺の第二項は 2 重対数となっているので，この項を定数と見なせば K_0 も定数となる．したがって，式(3.22)の V_B は圧力 P とギャップ長 d の積 Pd

の関数となる．この事実は，1889年にパッシェン(P. Paschen)によって実験的に明らかにされたので，式(3.22)の関係を**パッシェンの法則**(Paschen's law)という．式(3.22)の関数をグラフで表すと図3.8のようなV字型の曲線となり，図中の$(Pd)_c$で絶縁破壊電圧は最小値$V_{B\min}$を示す．これを**パッシェン曲線**(Paschen's curve)という．

パッシェンの法則は，$P = 0.01 \sim 2400$ [mmHg]，$d = 500$ [μm] ~ 200 [mm]，気体温度 $T = -80 \sim 860$ [℃]の幅広い範囲で成り立つことが知られている．

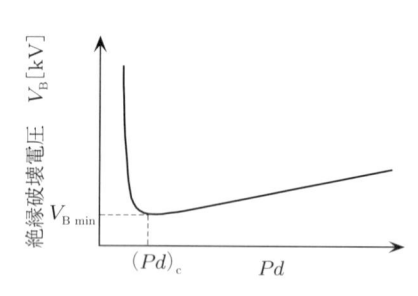

図3.8 平等電界の V_B と Pd の関係

例題 3.2

パッシェン曲線において，絶縁破壊電圧の最小値$V_{B\min}$とそのときのPdの値$(Pd)_c$を求める式を導出せよ．

解 式(3.22)のV_BをPdで微分して0とおけば，$V_{B\min}$のときの$(Pd)_c$が求まる．

$$\frac{dV_B}{d(Pd)} = B\frac{K_0 + \ln(Pd) - Pd(1/(Pd))}{\{K_0 + \ln(Pd)\}^2} = B\frac{K_0 + \ln(Pd) - 1}{\{K_0 + \ln(Pd)\}^2} = 0$$

$\therefore K_0 + \ln(Pd)_c - 1 = 0$

$\ln(A) - \ln\{\ln(1+1/\gamma)\} + \ln(Pd)_c - 1 = 0$

$\ln(Pd)_c = 1 - \ln(A) + \ln\{\ln(1+1/\gamma)\}$

$\therefore (Pd)_c = \exp\{1 - \ln(A) + \ln\{\ln(1+1/\gamma)\}\} = \frac{\exp(1)}{A}\ln(1+1/\gamma) = 2.718\frac{1}{A}\ln(1+1/\gamma)$

上式の$(Pd)_c$を式(3.22)のPdに代入すると，$V_{B\min}$が次のように求まる．

$$V_{B\min} = B\frac{\exp(1)\cdot\ln(1+1/\gamma)/A}{\ln(A) - \ln\{\ln(1+1/\gamma)\} + \ln\{\exp(1)\cdot\ln(1+1/\gamma)/A\}}$$

$$= B\frac{\exp(1)\cdot\ln(1+1/\gamma)/A}{-\ln\ln(1+1/\gamma) + \ln\{\exp(1)\} + \ln\ln(1+1/\gamma)}$$

$$= \exp(1)\cdot\frac{B}{A}\ln(1+1/\gamma) = 2.718\frac{B}{A}\ln(1+1/\gamma)$$

(2) ストリーマの進展とストリーマ理論

(A) ストリーマの進展 タウンゼントの理論は，電流の小さな領域を扱っているので，荷電粒子がギャップ内の電界に与える影響は無視してもよかった．しかし，

3.1 破壊前駆機構と絶縁破壊機構

ギャップ長 d や衝突電離係数 α が大きい場合には，電子なだれが作る荷電粒子の電界に及ぼす影響（これを**空間電荷効果**(space charge effect)という）を無視することができなくなる．

電極間に全路破壊が生じる直前の様子は，ダニントン(F. G. Dunnington)[5]によって観測され，弱いフィラメント状の光から発光の強い部分が現れて，これが陽極から陰極に向かって進展することを認めた．この発光の強い部分を**ストリーマ**(streamer)とよんでいる．その後，これらの現象はレーター(H. Raether)[6]によって詳しく調べられ，1937年に図3.9に示すような陰極から陽極に向かう電子なだれの写真撮影に始めて成功した．レーターが撮影に用いた方法は，ウィルソン(C. T. R. Wilson；図3.1参照)が開発した霧箱（**ウィルソン霧箱**(Wilson's cloud chamber)）であった．

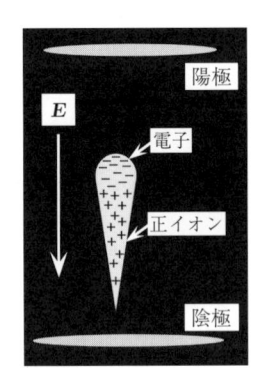

図3.9 電子なだれの進展
（霧箱軌跡像のスケッチ）

ウィルソン霧箱は，「空気を水蒸気で飽和して急激に断熱膨張させると瞬間的に温度が低下し過飽和状態となり，空気中に存在するイオンなどを核とした水滴ができるので，これに光を当てて写真撮影すればイオンの動きや分布が見られる装置」である．

レーターの観測結果は，多くの研究者の関心をよび，電子なだれからストリーマへの転換，ならびにストリーマの進展過程が研究された．そして，レーター[7]，レーブ(L. B. Loeb)とミーク(J. M. Meek)[8],[9]らは，空間電荷効果を考慮した新しい火花放電理論を提案した．この理論を**ストリーマ理論**(streamer theory)という．以下にミークのストリーマ理論[10]を解説する．

(B) ミークのストリーマ理論　この理論は基本的に，陰極から放出した初期電子が電子なだれを起こしながら進行する．そして，陽極に到達したのち，ストリーマに転換し，このストリーマが陽極から陰極に向かって発達して陰極に到達したときに，全路破壊が起こるという考えに基づく．電子なだれが作った正イオン群の周囲の電界

は空間電荷効果によって強められる．この電界が外部から加えた電界強度と同程度になったとき，ストリーマは進展するものとしている．

初期電子の放出から全路破壊に至るまでの過程を具体的に図示すれば，図3.10(a)～(e)のようになる．以下に図(a)～(e)について順次説明する．

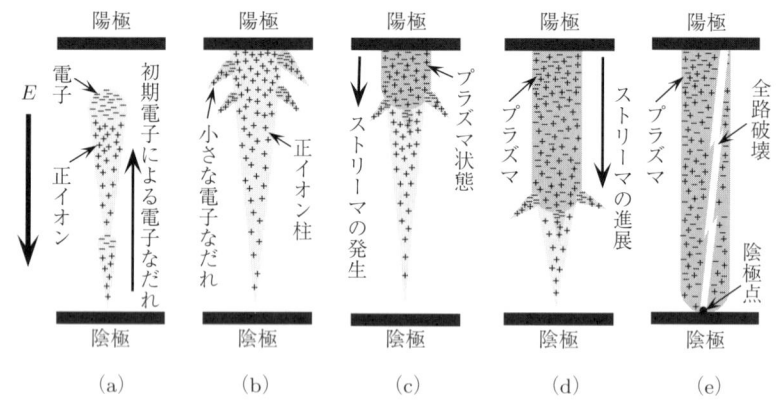

図3.10 電子なだれの進展とストリーマの進展

図(a)：平行平板電極間の電界強度がある値以上になると，陰極から放出した初期電子は，気体分子との衝突電離を繰り返して電子なだれが発生する．電子なだれは，図3.9に示すような円錐状となって陽極のほうへ進行する．電子はイオンよりも速度が速いので，電子なだれの内部は先端に電子が多く，後方に正イオンが取り残された分布となる．

図(b)：電子なだれが陽極に達すると，電子は陽極に吸収され正イオン郡が円錐状に取り残された形になる．しかし，この状態ではまだ導電性の通路ができていないので絶縁破壊は生じない．

図(c)：図(b)に達するまでの段階では，電子なだれの進展に伴う光電離(2.3.1項(2)-(C)参照)，または陰極からの光電子放出(2.3.4項(1)参照)によって新しく生じたわずかな電子が気体中に存在する．また，陽極付近の正イオン密度はきわめて大きいので，その近傍の電界強度は空間電荷効果によって非常に高められる．このため，気体中の電子は再び電子なだれを起こしながらこの高電界領域に吸引され，先端の電子は正イオン郡の中に飛び込み，後方には密度の高い正イオンが残る．その結果，陽極付近に電子と正イオンが混在するプラズマが形成され，これがストリーマの発生になる．

図(d)：この過程は連続的に起こり，ストリーマの先端は次々と電子なだれを吸引しつつ，陰極に向かって成長していく．ストリーマの内部は，導電性の高いプラ

ズマ状態であり，その進展速度はきわめて速く，通常，約 200 [km/s] 以上である．
図(e)：このストリーマの先端が陰極まで到達すると陰極前面に**陰極点**(cathod spot) とよばれる小さな輝点が生じ，これと陽極間が導電性の高いプラズマで結合されて大きな電子流が流れ全路破壊に至る．

このようなストリーマ理論の図式的な説明によって，放電の通路が枝分かれの多いジグザグな形状になることや，絶縁破壊がきわめて短時間で起こることが理解できる．また，この理論は正イオンによる γ 作用の効果を含まずに絶縁破壊を説明しており，これに基づくレーターの研究によれば，火花条件は $\alpha d = K$ (K：定数) である．しかし，この式はタウンゼントの火花条件 (式(3.18)) を変形すれば同じ形になる．なお，ストリーマの進展機構についてはミーク以外にもさまざまな検討がなされており，現在も盛んに研究が進められている．

3.2 絶縁破壊現象の形態

前述の理論からもわかるように，電極間の全路破壊は，初期電子の発生から電子なだれによる電子流の増加過程 (図 3.3 の電気伝導領域) を経たのち，ストリーマへの転換とその進展過程を介して発生する．電気伝導領域では，電流密度が非常に小さく電流値は暗流に相当するため，発光は肉眼では確認できない．このような領域の電流は，初期電子の供給がなくなると減衰することから**非自続放電**(non-self-sustaining discharge) とよばれる．これに対して電気伝導領域を越えると，初期電子が供給されなくても放電は持続する能力をもち，絶縁破壊を起こす．この状態を**自続放電**(self-sustaining discharge) とよび，肉眼でも発光が認められるようになる．通常，自続放電の現象は大きく分けてコロナ放電，グロー放電，アーク放電，火花放電の四つに分類される．

3.2.1 コロナ放電（部分放電）

自続放電は，前述したストリーマ理論のように平等電界（平行平板電極）中では，ストリーマの進展とほぼ同時に全路破壊へと移行する．しかし，ギャップ中の電界が不平等で，局部的に高電界を形成する電極ではただちに全路破壊に至らず，部分的な自続放電が安定に存在する．すなわち，ギャップ中の高電界部分のみが絶縁破壊を起こして微弱な光を発する．このような放電を**コロナ放電**(corona discharge) または**部分放電**(partial discharge) という．コロナ放電が起こる条件は，α 作用と η 用を考慮して，一般に次式で与えられる．

$$\int_a^b (\alpha - \eta)\,\mathrm{d}x = \mathrm{k} \tag{3.24}$$

ただし，α は電子の衝突電離係数，η は電子の付着係数を表す．とくに α は不平等電界のため，場所 x によって異なる値となる．また，積分の下限 a は電界強度が最大となる電極表面の位置，上限 b は $(\alpha - \eta) = 0$ となる位置を表し，k は気体の条件によって変化する定数である．通常は，大気中で k = 16 ～ 20 の範囲とされている[11]．

一方，第1章で述べたように，平等電界は平行平板電極または球ギャップによって形成される．しかし，その他の電極のほとんどは不平等電界を形成し，針端ギャップはそれらの代表的なものである．そのため，コロナ放電は針先端の微小な高電界領域で起こりやすい．このようなコロナ放電の発生状況は，針電極にかける電圧の極性によって異なる．これを**極性効果**(polarity effect)という．以下に，針-平板電極を用い，平板を接地して針に直流電圧を印加した場合のコロナ放電現象を観測に基づいて説明する．なお，正極性の印加電圧で発生するコロナ放電を**正針コロナ**(positive point corona)，負極性の印加電圧で発生するコロナ放電を**負針コロナ**(negative point corona)とよぶ．

(1) 正針コロナ放電

図3.11(a)～(e)は，印加電圧の大きさによって変化する正針コロナ放電の発生状況を示す．図はギャップ長を $d = 10$ [mm] とし，針端曲率半径 $r_0 = 150$ [μm] の針電極に正の電圧を加えた場合の例である．図(a)～(e)について説明すると以下のとおりである．

図(a)：印加電圧が低い場合($1 \sim 5$ [kV])の電気伝導(暗流)領域を示し，発光は肉眼では確認できない．このときの電流値は，非常に小さく 10^{-10} [A] 程度である．

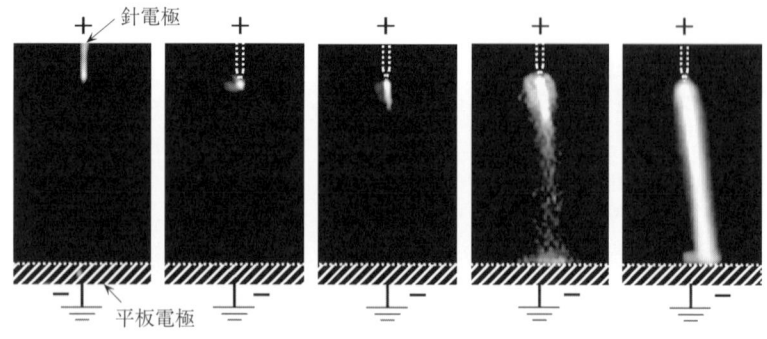

(a) $V = 1 \sim 5$ [kV]　(b) $V = 7$ [kV]　(c) $V = 8$ [kV]　(d) $V = 10$ [kV]　(e) $V = 13$ [kV]
 　(暗流)　　　(膜状コロナ)　　(ブラシコロナ)　　(払子コロナ)　　(全路破壊)

図3.11 正針コロナの発生状況(大気圧，空気中)

図(b)：電圧が7[kV]程度に上昇すると，電流が10^{-8}〜10^{-6}[A]程度まで急増し，針先端表面に密着して光る微弱な自続放電が起こり始める．これは，**膜状コロナ**(filmy corona)[12]とよばれ，**バーストパルス**(burst pulse)を伴う．バーストパルスとは，電流が間欠的なパルスのことである．これらは，針先端の高電界領域で生じる電界電離(2.3.4項(5)参照)に基づいた正イオンの発生によると考えられる．

図(c)：さらに電圧が上昇し，8[kV]程度に達すると，針先端から細い光の筋が脈動的に幾本も伸びるストリーマ状の放電に変化する．これを**ブラシコロナ**(brush corona)とよび，このときコロナ特有の音が発生する．この状態で電流は，10^{-5}[A]程度の周期的な**ストリーマパルス**(streamer pulse)となる．

図(d)：電圧が約10[kV]では，ブラシコロナが平板方向に進展していきギャップ間を橋絡するようになる．これを**払子コロナ**(bridged streamer corona)，または**ストリーマコロナ**(pre-breakdown streamer corona)とよぶ．この状態では，電流もコロナ音もいっそう増加するが，まだ全路破壊には至らない．払子コロナは，安定に静止したものではなく，ブラシコロナと同様に細いストリーマが過渡的に発生と消滅を繰り返して活発に動いている．しかし，その発生状態は比較的安定している．

図(e)：図(d)の状態からさらに電圧が上昇して約13[kV]になると，絶縁破壊電圧の近くに達し，太いストリーマがギャップ間を橋絡して全路破壊に至る．

図3.12，3.13は空気中の正針コロナについて，それぞれ針－平板電極と針－針電極の場合におけるコロナの発達状況を示す[13]．図より，針－平板電極では，全路破壊前に安定な払子コロナが存在するのに対して，針－針電極の場合には払子コロナが見られないのが特徴といえる．

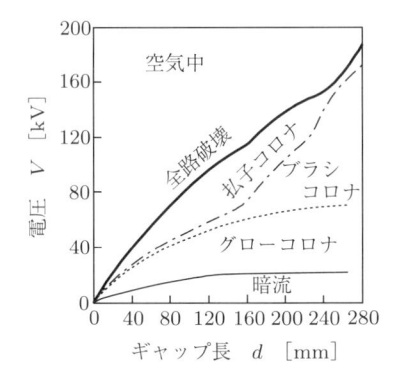

図3.12 針－平板電極のコロナ放電

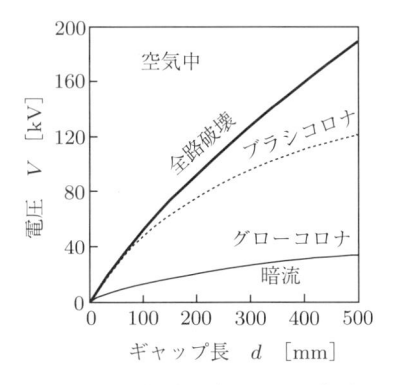

図3.13 針－針電極のコロナ放電

(2) 負針コロナ放電

図3.14は，負針コロナの発生状況を示す．図は $d = 10$ [mm]とし，$r_0 = 150$ [μm]の針電極に負の電圧を加えた場合の例である．図のように負針コロナの発達段階は，正針コロナに比べて単純であり，以下のように説明される．

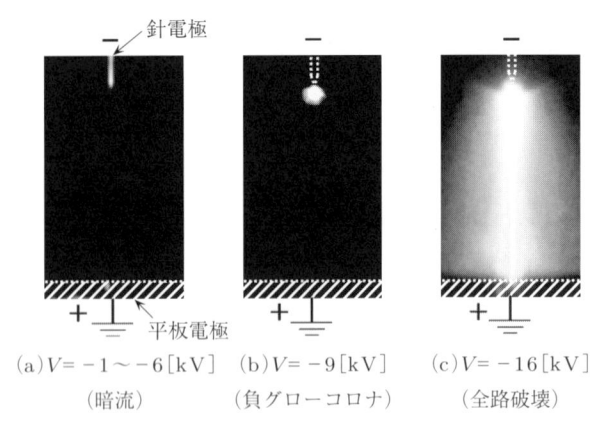

(a) $V = -1 \sim -6$ [kV]　(暗流)
(b) $V = -9$ [kV]　(負グローコロナ)
(c) $V = -16$ [kV]　(全路破壊)

図3.14 負針コロナの発生状況(大気圧，空気中)

図(a)：印加電圧が低いうち($-1 \sim -6$ [kV])は，針が正極性の場合と同様に暗流が流れ，肉眼では発光を確認できない．

図(b)：電圧が-9 [kV]に達すると，**負グローコロナ**(negative glow corona)とよばれる自続放電が針先端の微小部分に現れる．この負グローコロナは，3.2.2項で述べる低気圧気体中のグロー放電と同じ構造である．また，この状態で電流は$10^{-7} \sim 10^{-5}$ [A]程度まで急増し，高い周波数(約$1 \sim 2$ [MHz])の規則的なパルス状となる．これを**トリチェルパルス**(Trichel pulse)という．これは，針先端付近で形成された空間電荷(負イオン)による電界緩和効果と，電荷の拡散による電界復帰効果の繰り返しで生じるコロナの発生・消滅に起因したパルスであると説明されている．

図(c)：負グローコロナの状態から電圧がさらに-16 [kV]になると，突然全路破壊に至る．

上記のような，正針コロナや負針コロナによって生じるコロナ電流は，**コロナ風**(corona wind)といわれる現象を引き起こすことが知られている．これはコロナの発生によって放出される荷電粒子が気体の中性分子と衝突し，これに運動量を与えることによって風が生じる現象である．風の方向は電圧の極性にかかわらず，コロナ電極から対向電極に向かって生じる．通常，風圧は大気中で負針コロナのほうが正針コロナよりも大きくなる．これは，負針コロナから放出される電子の多くがコロナを去っ

て走行する間に，O_2分子に付着し，重い負イオンとして振る舞うためと説明されている．

一方，このようなコロナ放電は交流電圧でも生じる．針-平板電極に商用周波数程度の交流電圧を加えると，電圧の半周期ごとに極性が異なる直流コロナが現れ，その極性効果のためにコロナ電流の平均値はゼロにはならない．

例題 3.3 針-平板電極のような不平等電界中では，コロナ放電が安定に存在するが，平等電界中ではコロナ放電が持続しない．その理由を述べよ．

解 不平等電界中でコロナ放電が発生すると，電極付近の電界強度が緩和されるため，全路破壊に至る前に安定なコロナが存在できる．これに対して，平等電界中でコロナ放電が発生する電界強度はより高い電圧で得られるため，コロナが発生するとただちに全路破壊に至る．

3.2.2 グロー放電とアーク放電

図 3.15 に示すような放電管の内部を低気圧に保って，電圧が徐々に上昇すると，暗流領域から種々の形式の自続放電が生じ，最終的にはアーク放電に移行する[13]．

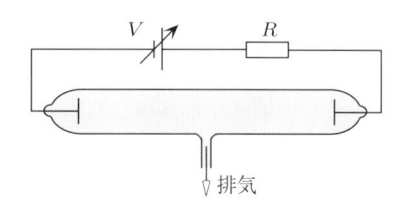

図 3.15　低気圧放電管

(1) グロー放電

ネオンサインを代表とした種々の放電管で見られるように，柔らかい光を伴う放電は**グロー放電**(glow discharge)といわれ，数 mmHg 程度の低気圧気体中で起こりやすい自続放電である．図 3.15 の放電管に直流電圧を加えて 500〜700 [V] 程度まで上昇すると，図 3.16 に示すように放電管の内部は明暗の縞模様をもつ放電で覆われ，それらの各部分にはそれぞれ名称が付けられている．このような明暗の縞模様が生じる理由を以下に説明する．

(a) **アストン暗部**(Aston dark space)：この領域では，陰極から放出した電子の速度は小さく，励起も電離も行われないので，発光を伴わない暗部となる．

(b) **陰極グロー**(cathode glow)：電子の速度が増して励起が起こり始め，発光を伴うようになる．

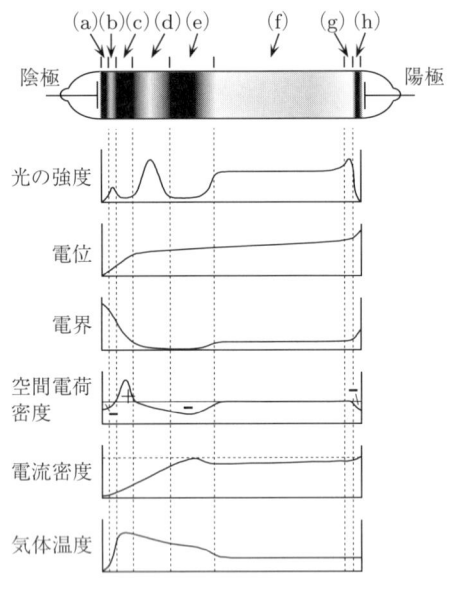

図3.16 グロー放電の概観と諸特性

(c) **陰極暗部**(cathode dark space)：電子の速度がさらに増すと，電子エネルギーが励起エネルギーよりも大きくなりすぎ，かえって励起確率が減少するため発光が弱まり暗部を生じる．この領域は，**クルックス暗部**(Crookes dark space)ともいわれる．

(d) **負グロー**(negative glow)：陰極暗部で加速された電子は，盛んに衝突電離を起こして正イオンが発生する．その後，電界強度の低下と供に電子エネルギーも低下して再び励起を生じるようになり，発光が生じる．ここで発生した正イオンは陰極に流入し，γ作用による二次電子を放出するので，この過程の繰り返しによって放電が維持される．放電管ではこの領域の発光がもっとも強い．

(e) **ファラデー暗部**(Faraday dark space)：負グロー領域で衝突電離を繰り返す電子は徐々にそのエネルギーを失い，発光もしだいに薄れて暗部を生じる．

(f) **陽光柱**(positive column)：電子はファラデー暗部の電界によって加速されるので励起を起こすようになり再び発光が現れる．この陽光柱内部では衝突電離，励起，再結合，管壁への拡散などが盛んに行われる．正と負の荷電粒子はほぼ等量に，かつ高密度で存在し，導電率の高いプラズマが形成される．したがって，図3.16の特性からもわかるように，その内部の電流密度は高く，電界強度は比較的低い一定値となり，電位は直線的な上昇を示す．陽光柱の領域は幅広く，励起や再結合に伴う発光によって輝くので，ネオンサインなどに利用される．

(g) **陽極グロー**(anode glow)：陽光柱内部の正イオンは陰極に向かって移動しようとするので，陽極付近では負の荷電粒子が多く存在し，空間電荷効果によって電界強度が高められる．そのため，電子が加速されて励起を起こし発光が強まる．

(h) **陽極暗部**(anode dark space)：電子が陽極グローの領域でさらに加速されると励起確率が減少し，発光が弱まって暗部が生じる．

以上のようなグロー放電で流れる放電電流は，印加電圧と供に特異な変化を示し，電流と電圧の関係は，**前期グロー放電**(subnormal glow discharge)，**正規グロー放電**(normal glow discharge)，**異常グロー放電**(abnormal glow discharge)の三つの部分に分類される．図3.17は，低気圧放電における電流と電圧の関係を示す．なお，ここで説明した放電形態は典型的なものであるが，気体の種類，圧力，放電管の大きさなどの条件によって，種々に変化することを追記しておく．

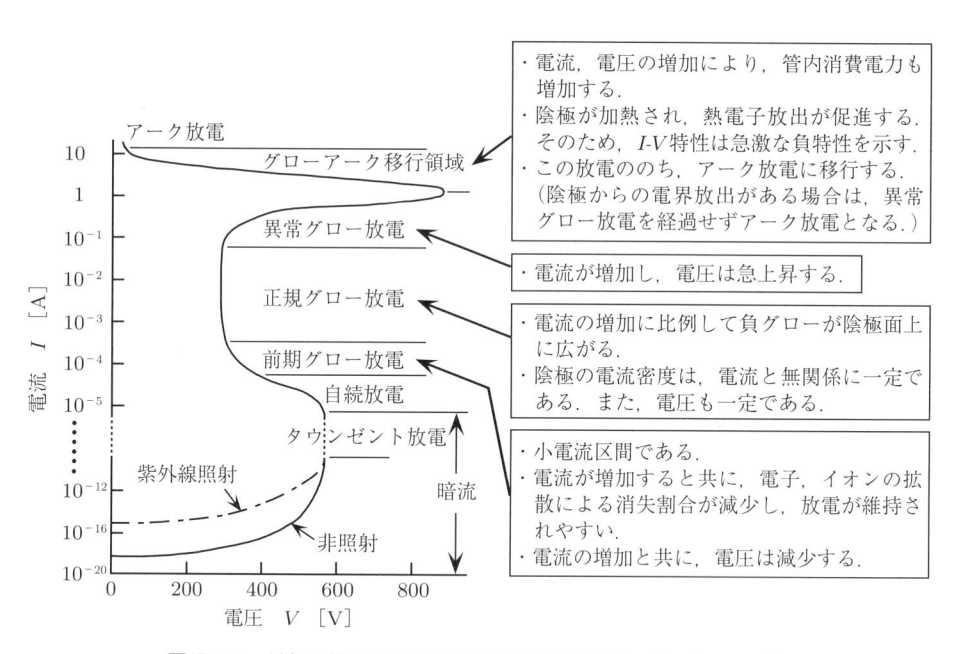

図3.17　低気圧放電における電流-電圧特性(圧力：約1 [mmHg])

(2) アーク放電

一般に，**アーク放電**(arc discharge)といえば，溶接や溶融などに見られるように強烈な光を放つ放電を指すが，低気圧気体中のアーク放電は比較的やわらかい光を放つものである．アーク放電は低い印加電圧で陰極からの電子放出による大電流が流れることを特徴とし，電極間の導電性がきわめて高い自続放電であって，気体放電の最

終段階である．放電管に図 3.17 の異常グロー放電よりも大きな電流を流すと，陰極前面に陰極点(3.1.2 項(2)-(B)参照)が生じ，放電電流はそこに集中して流れるため，陰極は局部的に加熱されて熱電子放出が起こる．その結果，電圧の急激な低下と電流の急上昇が生じるグローアーク移行領域を経て，アーク放電に至る．

定常なアーク放電の様相は，図 3.18 に示すように，**陰極降下**(cathode drop)，**陽光柱**(positive column)，**陽極降下**(anode drop)とよばれる三つの部分に分類される．

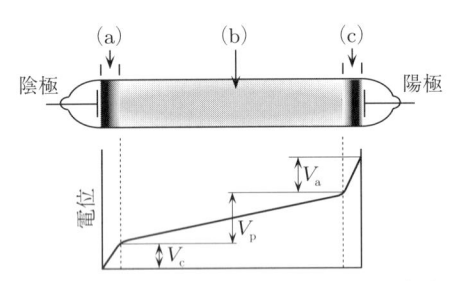

V_c：陰極降下電位，V_p：陽光柱降下電位，V_a：陽極降下電位

図 3.18 アーク放電の様相と電位分布

(a) **陰極降下**：この領域で生じる陰極降下電圧 V_c は，グロー放電で生じる電圧(約 100 〜 400 [V])よりもきわめて低く，気体または蒸気の電離電圧(約 10 [V])程度である．また，この領域の厚さは，ほぼ電子の平均自由行程(約 $10^{-3} \sim 10^{-6}$ [cm])である．陰極前面には陰極点が形成され，電流密度が大きく(約 $10^2 \sim 10^3$ [A/cm^2])，高温度(約 3000 [K])になっている．陰極からの電子放出機構としては，陰極点からの熱電子放出(高沸点の陰極材料の場合)と電界放出(低沸点の陰極材料の場合)に分けられている．しかし，詳細には不明な点も多く，熱と電界の両者を考慮した電子放出機構(T-F 理論)[14],[15]も提案されている．

(b) **陽光柱**：低気圧気体中では，グロー放電で生じる陽光柱と同様に，プラズマ状態を形成し電流密度は大きく，蛍光灯などに利用される．また，高気圧気体中では著しい高温度(大気中の炭素アーク放電で約 6000 [℃])となり，荷電粒子の供給は主に中性分子の衝突による熱電離(2.3.1 項(2)-(B)参照)による．

(c) **陽極降下**：この領域では陽光柱から高密度の電子流が流入するので，陽極降下電圧 V_a は電子による空間電荷効果によって生じる(V_a の値は 10 [V]程度である)．電子は，この領域の高い電界強度によって盛んに衝突電離を起こすので，これによって生じた正イオンは陽光柱に供給される．とくに，高気圧気体中ではこのような高密度の電子流が陽極に流入すると，陽極前面に**陽極点**(anode spot)とよばれる輝点が生じ，局部的な加熱による熱電子が放出される．しかし，これ

らは電界によって陽極に引き戻される．一般に，陽極降下はアーク放電を維持するための本質的な役割は担っていない．

3.2.3 大気中の火花放電

　火花放電は，激しい閃光と強烈な音を伴う過渡的な放電であり，これが起こった瞬間に陰極と陽極の間が導電性の高い放電路で結ばれ，全路破壊となる．大気中で生じる火花放電の現象は，印加電圧の種類(直流電圧，交流電圧，パルス電圧など)やそれらの極性，周囲条件(温度や湿度など)，電極の形状や寸法などによって異なる．

(1) 平等電界中の火花放電特性

　平行平板電極(ロゴウスキー電極)，または球ギャップ((ギャップ長 d)<(球の直径 ϕ))を用いれば，ギャップ間はほぼ平等電界となり，火花放電は図3.19の例で示すように電極の中央部分で生じる．このような平等電界における火花放電には，次のような特徴がある．

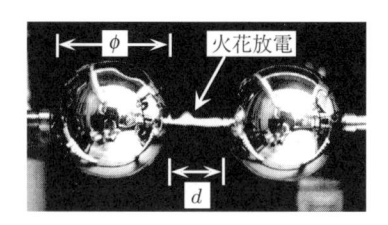

図3.19 球–球電極間の火花放電例

（ⅰ）印加電圧が直流，交流にかかわらず，細い線状(フィラメント状)の発光が確認され，その直後に全路破壊が生じる．この線状の発光は，陰極の近傍で発生した初期電子によって生じる．

（ⅱ）全路破壊は，安定なコロナ放電を経由することなく，絶縁破壊電圧に達するやいなや突然に起こる．

（ⅲ）絶縁破壊電圧は，大気湿度の影響をあまり受けない．また，印加電圧の種類にかかわらず，絶縁破壊電圧(波高値)のばらつきが少ない．これは，火花条件 $\alpha d = K$ がいつも適用できることを示している．

　これらの放電特性は，高電圧計測や高電圧の開閉などによく応用される．平等電界における絶縁破壊電圧 V_B は，ほぼパッシェンの法則に従うが，Pd の値が非常に大きい場合にはこの法則からのずれが見られる．これについては，理論的にまだ完全な説明がなされていないので，現在，Pd の大きな範囲における火花放電は多くの研究者によって研究されている．

一方，図 3.20 は大気圧空気中の平行平板電極に交流電圧を印加した場合の絶縁破壊電界 $E_B(=V_B/d)$ とギャップ長 d の関係を示す．図よりギャップ長 d が 10 ～ 20 [mm]付近では，絶縁破壊電界 E_B が**約 30000 [V/cm]**の値であることがわかる．すなわち，ギャップ長 $d=10 \sim 20$ [mm]の平行平板電極において，大気圧空気中の絶縁破壊電圧(波高値)V_B は**約 30 [kV]**である．この数値は高電圧を扱う分野で一つの基準となるので，記憶しておくと便利である．また，図は E_B が d の減少に伴って著しく上昇することを示している．これは d を小さくすると，火花条件 $\alpha d=K$ を満足させるために α を大きくしなければならず，α を大きくするには高い電界強度が必要となるためである．なお，このような d の減少に伴う E_B の急激な増加は，固体の絶縁膜や液体中などでも生じる．

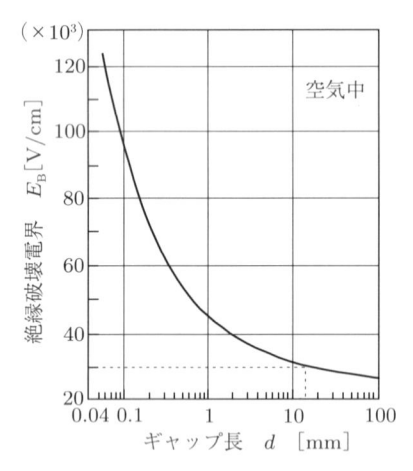

図 3.20 空気中の平行平板電極における E_B と d の関係
(圧力 $P=760$ [mmHg]，温度 $t=20$ [℃])

これらの実験結果から，絶縁破壊電界 E_B を与える実験式がいくつか提案され，代表的には次式で表される[16]．

$$E_B = \frac{V_B}{d} = 24050\,\delta \left\{1 + \frac{0.328}{(\delta d)^{\frac{1}{2}}}\right\} \quad [\mathrm{V_{max}/cm}] \tag{3.25}$$

ただし，V_B は絶縁破壊電圧(波高値)，d はギャップ長[cm]を表す．また，δ は圧力 760 [mmHg]，温度 20 [℃]の空気を 1 としたときの空気密度を表し，**相対空気密度**(relative air density)といわれる．相対空気密度 δ は，圧力を P [mmHg]，温度を t [℃]とすれば，次式のように与えられる．

$$\delta = \frac{P}{760} \times \frac{273+20}{273+t} = \frac{0.386 P}{273+t} \tag{3.26}$$

なお，式(3.25)は高電圧の測定に利用できる．たとえば，平行平板電極または球ギャップに電圧を加えて，ギャップ長 d を徐々に減少させていき，全路破壊が生じたときのギャップ長を記録すれば，式(3.25)より絶縁破壊電圧(波高値)が算出できる．

例題 3.4 相対空気密度 $\delta=1$ の大気中に置かれたギャップ長 $d=10$ [mm] の平行平板電極に，商用周波数の交流電圧を印加した場合の絶縁破壊電圧(波高値) V_B を式(3.25)より求め，大気圧空気中の絶縁破壊電圧が約 30 [kV] であることを確かめよ．

解 式(3.25)より，絶縁破壊電圧 V_B は次のようになる．

$$V_B = d \times 24050 \, \delta \left\{ 1 + \frac{0.328}{(\delta d)^{\frac{1}{2}}} \right\} = 1.0 \times 24050 \times 1 \times \left\{ 1 + \frac{0.328}{(1 \times 1.0)^{\frac{1}{2}}} \right\}$$
$$= 31938 \approx 31.9 \quad [\text{kV}]$$

(2) 不平等電界中の火花放電特性

不平等電界を形成する電極では，電気力線が集中し電界強度の高い領域がギャップ内に存在する．このような不平等電界における火花放電には，次のような特徴がある．

(ⅰ) 電界強度の高い領域ではコロナ放電が発生し，全路破壊はこのコロナ放電を経由したのち，さらなる電圧の上昇によって起こる．

(ⅱ) 絶縁破壊電圧 V_B の値には極性効果がある．すなわち，V_B は電極に加わる電圧の極性によって異なる．

これらの特徴は，もっとも極端な不平等電界を形成する針端ギャップにおいて顕著に現れる．図 3.21(a)，(b)は，針-平板電極に直流電圧を印加した場合の絶縁破壊電圧 V_B とギャップ長 d の代表的な関係を示す[13]．図(a)よりギャップ長が比較的大きい場合(約 4 [mm] 以上)の絶縁破壊電圧 V_B は，針が正極性より負極性のほうがはるかに高いことがわかる．これは次のように説明できる．

(ⅰ) **針が正極性(陽極)の場合**：針先端部分の高電界によって電界電離が生じ，電子と正イオンが発生する．電子はなだれ現象を起こして針に流入し，その後に正イオン群が残る．これは膜状コロナの状態である．これらの正イオンと負の平板電極との間の電界強度は，空間電荷効果によって強められ，ストリーマの発生と進展が促進されて，全路破壊が起きやすくなる．

(ⅱ) **針が負極性(陰極)の場合**：針先端から電子放出が生じ，電子なだれを起こして負グローコロナを形成する．増殖した電子は平板に流入し，その後に正イオン

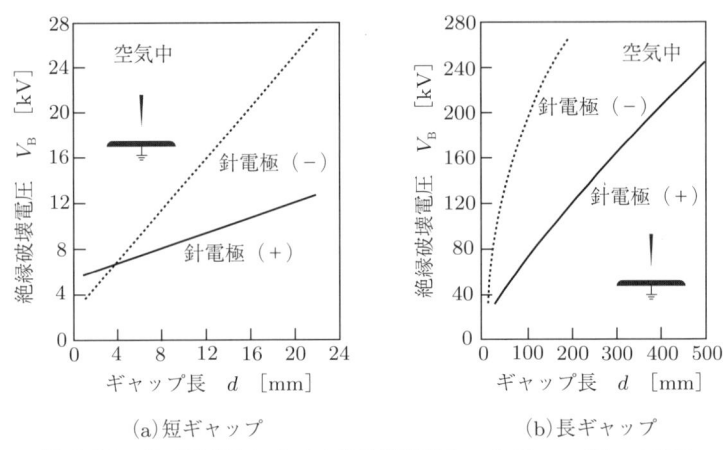

図3.21 針-平板電極における絶縁破壊電圧 V_B とギャップ長 d の関係

(a) 短ギャップ　　(b) 長ギャップ

群が残る．この場合は，正イオンと正の平板電極との間の電界強度が弱められるので，ストリーマの発生と進展は抑制されて，全路破壊が起きにくい．

ギャップ長 d が数ミリメートル以下になるとこれらの極性効果は逆転する．これは，ギャップ長が小さい場合に正針コロナの進展がかえって抑制されるためと説明されている．また，針に印加する電圧が交流の場合の全路破壊は，絶縁破壊電圧の低いほうの極性で生じる．

以上のようなコロナ放電の経由による全路破壊の現象は，針端ギャップ以外の電極，たとえば，「同軸円筒電極」や「平行円筒電極」などでも生じる．

同軸円筒電極の場合に内部円筒の半径を r_1，外部円筒の半径を r_2 とすれば，安定なコロナ放電の有無はこれらの比 (r_2/r_1) によって決まる．通常，大気中では内部円筒表面の電界強度(式(1.12))が約 30000 [V/cm] を超えると，内部円筒表面にコロナが発生する．図3.22 は，同軸円筒電極に直流電圧を印加した場合における，絶縁破壊電圧 V_B の極性効果を示している．図は $r_2/r_1 \approx 3$ を境界として r_1 が小さい範囲では安定なコロナ放電が生じ，電圧の上昇によって全路破壊に至ることを示す．なお，内部円筒が正極性の場合に $r_1=1$ [mm] で V_B が急上昇している．これは $r_1<1$ [mm] の範囲においてブラシコロナが抑制されるためとされている．

ピーク(F. W. Peek)[17]は，同軸円筒電極の内部円筒表面で生じるコロナ開始電界強度(交流波高値) E_c として次の実験式を与えている．

$$E_c = 31000\, \delta \left\{ 1 + \frac{0.308}{(\delta r_1)^{\frac{1}{2}}} \right\} \quad [\mathrm{V_{max}/cm}] \tag{3.27}$$

ただし，δ は相対空気密度，r_1 は内部円筒の半径[cm]を表す．

3.2 絶縁破壊現象の形態

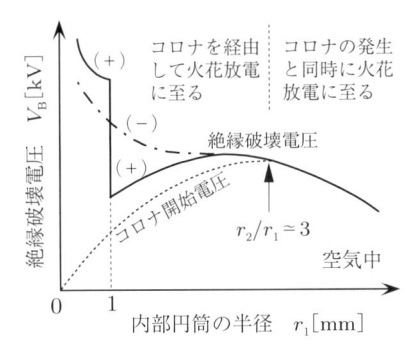

(+)：内部円筒（正極性），(-)：内部円筒（負極性）

図3.22 同軸円筒電極における絶縁破壊電圧の極性効果

また，平行円筒電極のコロナ開始電界強度（交流波高値）を次式で与えている．

$$E_c = 29800\,\delta \left\{ 1 + \frac{0.301}{(\delta r)^{\frac{1}{2}}} \right\} \quad [\mathrm{V_{max}/cm}] \tag{3.28}$$

ただし，r は円筒電極の半径[cm]を表す．

平行円筒電極は平行送電線を模擬した電極として，コロナ放電の発生に伴う電力損（コロナ損）などに関連して研究されている．

例題 3.5

□の中に適当な答えを記入せよ．

送電線にコロナが発生すると，①を生じるほか，送電線近傍におけるラジオ受信に障害を与える．送電線のコロナ発生を防止するため，電線表面の②を下げる方法として，電線の③を大きくすることが採用されてきたが，近年，④送電線では1相あたりの導体として，電線2～4条を一定間隔に保って使用する⑤方式が採用されている． （電検2種）

解 ①コロナ損，②電界強度（電位の傾き），③直径，④超高圧，⑤複導体

例題 3.6

□の中に適当な答えを記入せよ．

空気が絶縁破壊を起こす電位の傾きは，標準気象状態で約①[V/cm]（波高値）である．電線の表面にごく近い点の電位の傾きがこの値に達したとき②が発生し，その時の電線電圧を③とよぶ．この値は単導体を用いた三相送電線路では，

$$V_c = 48.8\,m_0 m_1 \delta^{\frac{2}{3}} \left\{ 1 + \frac{0.301}{(\delta r)^{\frac{1}{2}}} \right\} r \log_{10} \frac{D}{r} \quad [\mathrm{kV}]$$

で表される．ただし，m_0 は④係数，m_1 は天候係数，δ は相対⑤，r は電線の半径[cm]，D は線間距離[cm]である． （電検2種）

解 ① 30000，②コロナ，③コロナ臨界電圧，④電線の表面，⑤空気密度

3.2.4 インパルス電圧による火花放電

　送配電線系統は，常に商用周波数の交流電圧で運転されているが，落雷または遮断器や断路器などの開閉操作によって**過電圧**(over voltage)が発生する．過電圧とは通常の運転電圧よりも高い過渡的な電圧であり，送電線路や発変電所の母線を進行する過電圧を**サージ**(surge)とよぶ．とくに，雷放電によって発生するサージはもっとも大きなものであり，**雷サージ**(lightning surge)といわれる．また，機器の開閉操作によるサージは，**開閉サージ**(switching surge)といわれる．これらのサージが変圧器などの電力機器に侵入して絶縁破壊が起こると大事故につながるため，電力機器などは，サージに対する絶縁強度を保障するための試験が十分に行われる．このような試験は，サージを模擬した高周波の電圧(**インパルス電圧**(impulse voltage))を人工的に発生して行われる．

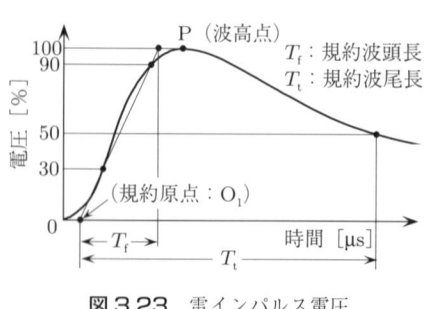

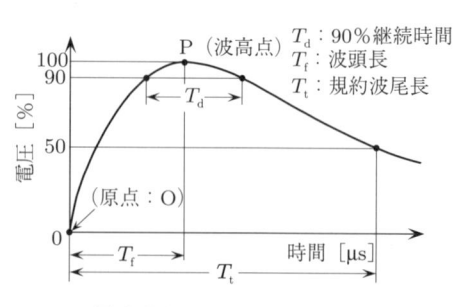

(1) 雷インパルス電圧と開閉インパルス電圧

　インパルス電圧は，きわめて短時間で電圧の最大値に達したのち，穏やかに減衰する単極性の電圧である．インパルス電圧の波形やその表示方法は標準規格で定められ，雷サージを模擬した**雷インパルス電圧**(lightning impulse voltage)と，**開閉インパルス電圧**(switching impulse voltage)の二つに大別される．

　図 3.23 に示すように，「雷インパルス電圧」は**規約波頭長** T_f(virtual time of wave front)，**規約波尾長** T_t(virtual time to half value)，**波高値**(peak value)の三つの値で表される．波高値の 90 [%] と 30 [%] を結ぶ直線が時間軸と交わる点 O_1 を規約原点として，O_1 から測った時間 T_f が規約波頭長であり，T_t が規約波尾長である．正極性と負極性の標準波形は，$T_f = 1.2$ [μs](± 30 [%])，$T_t = 50$ [μs](± 20 [%]) として定められている．これを**標準雷インパルス電圧**(standard lightning impulse voltage)と称し，$\pm 1.2/50$ [μs] と表示する．ここで，$\pm$ の符号は電圧の極性を示し，+ は正極性の電圧，− は負極性の電圧を表す．

図 3.23 雷インパルス電圧　　　**図 3.24** 開閉インパルス電圧

「開閉インパルス電圧」は比較的立ち上がりの緩やかな波形であり，図 3.24 に示すように，原点 O から測った時間 T_f が**波頭長**(time of wave front)，T_t が規約波尾長であり，その他に **90％継続時間**(time above 90％)が定義されている．標準波形としては，±**250/2500 [μs]** が定められており，これを**標準開閉インパルス電圧**(standard switching impulse voltage)という．

(2) 50％フラッシオーバ電圧

インパルス電圧は電圧の印加時間が短いため，絶縁破壊電圧 V_B に変動がある（これは後述する「火花の遅れ」という現象による）．ある電極ギャップに一定のインパルス電圧を N_0 回印加する．そのうちの N 回だけ全路破壊したとき，破壊の起こる割合を $(N/N_0) \times 100$ [％]で表した値は**放電率**(discharge ratio)といわれる．印加電圧の波高値を変化すると，放電率は図 3.25 のような曲線となる．

図 3.25 において，放電率が 50 [％]の絶縁破壊電圧（波高値）$V_{B\,50}$ を **50％フラッシオーバ電圧**(50％ flashover voltage)といい，インパルス電圧に対する絶縁破壊電圧を表すのにこの値を用いることが多い．なお，平等電界を形成する電極では，紫外線などの照射によって 50％フラッシオーバ電圧は低下する．

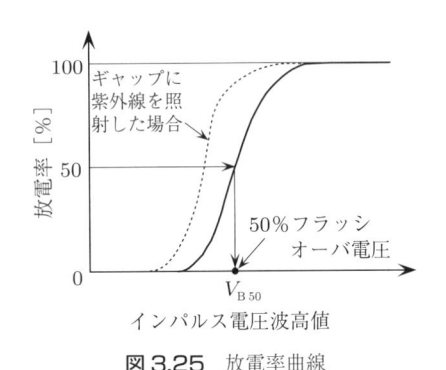

図 3.25 放電率曲線

(3) インパルス比

商用周波数の交流電圧を印加した場合の絶縁破壊電圧（波高値）V_{Bf} に対する 50％フラッシオーバ電圧 $V_{B\,50}$ の比 $(V_{B\,50}/V_{Bf})$ を，**インパルス比**(impulse ratio)という．インパルス比は，不平等電界を形成する電極において 1 より大きな値をとるが，平等電界ではほぼ 1 となる．しかし，特殊な電極（たとえば刃形電極など）では，インパルス電圧によるコロナ（インパルスコロナ）の伸展性が強いため 1 以下になる場合もある．

(4) 火花の遅れ

電極ギャップ間の全路破壊は，十分に高い波高値のインパルス電圧を印加してもた

だちには起こらない。たとえば，ある電極ギャップに雷インパルス電圧を印加した場合，図 3.26 のように，全路破壊は直流の絶縁破壊電圧 V_d に達しても起こらず，波高値 V_p に達し，ある時間 τ だけ経過した後に起こる。この時間 τ を**火花の遅れ**（time lag of spark）という。ここで，$\Delta V = V_p - V_d$ は過電圧を表す。

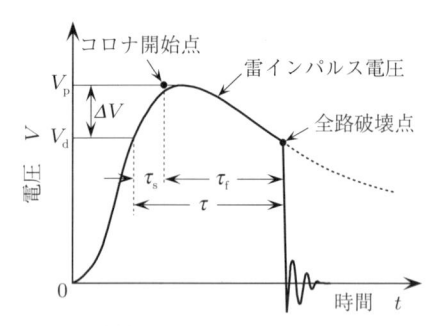

V_p：波高値，V_d：直流破壊電圧，ΔV：過電圧

図 3.26 雷インパルス電圧による火花の遅れ

火花の遅れ τ は，次式のように二つの遅れ時間 τ_s と τ_f の和からなると考えられる。

$$\tau = \tau_s + \tau_f \tag{3.29}$$

τ_s は**統計的遅れ**（statistical time lag）とよばれ，電圧を印加してから放電を開始するのに必要な初期電子が出現するまでの時間を表す。τ_s はばらつきが大きく，確率的分布に従うものである。また，τ_f は**形成遅れ**（formative time lag）とよばれ，初期電子が電界からエネルギーを得て衝突電離を行いつつ進行し，全路破壊を起こすまでに要する時間を表す。

いま，実験により球ギャップに同一波形のインパルス電圧を多数回（n_0 回）印加して火花の遅れ τ を測定する。火花の遅れがある値 τ 以上の回数を n_τ とすると，初期電子の出現確率や火花の形成確率などの検討から，いろいろな τ に対する n_τ/n_0 は次式のように表される。

$$\frac{n_\tau}{n_0} = \exp\left(-\frac{\tau - \tau_f}{\tau_s}\right) \tag{3.30}$$

一方，n_τ/n_0 と火花の遅れ τ の関係を片対数方眼紙に描くと，図 3.27 のようにジグザグな特性が得られ，これより平均直線（図中の直線）が求められる。このようなグラフを**ラウエプロット**（Laue plot）とよび，τ_s と τ_f を分離して求めるのに用いられる。すなわち，式(3.30)が成り立つ場合は，n_τ/n_0 が 1 のときの τ は τ_f に等しく，n_τ/n_0 が $1/e = 0.368$ のときの τ は $\tau_s + \tau_f$ に等しくなるので，両者の遅れ時間が分離できる（図

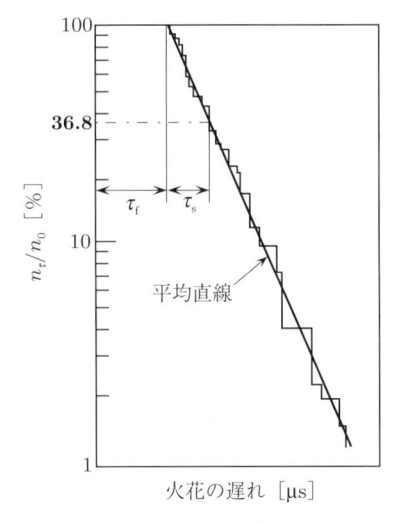

図 3.27 ラウエプロット

中には τ_s と τ_f を分離して描いてある).なお,過電圧が大きい($\Delta V_p/V_d$ が大きい)と火花の遅れは減少する.

例題 3.7　式(3.30)を導出せよ.

解 ギャップ中の電子生成確率を ζ,初期電子の出現確率を ξ_1,初期電子が火花を形成する確率を ξ_2 とすると,微小時間 $\Delta\tau$ の間に全路破壊を起こす確率は,$\zeta\xi_1\xi_2\Delta\tau$ である.いま,ある時間 τ まで破壊しない確率(すなわち,時間 τ で破壊する確率)を,$P_{(\tau)}$ とすると,$\tau+\Delta\tau$ での間でも破壊しない確率 $P_{(\tau+\Delta\tau)}$ は次のように表される.

$$P_{(\tau+\Delta\tau)} = P_{(\tau)}(1-\zeta\xi_1\xi_2\Delta\tau)$$

$$\therefore dP_{(\tau)} = P_{(\tau+\Delta\tau)} - P_{(\tau)} = -\zeta\xi_1\xi_2 P_{(\tau)} d\tau$$

ここで,$\zeta\xi_1\xi_2$ を一定値とすれば,

$$\frac{dP_{(\tau)}}{d\tau} + \zeta\xi_1\xi_2 P_{(\tau)} = 0$$

この微分方程式の一般解は,

$$P_{(\tau)} = K_1 \exp(-\zeta\xi_1\xi_2\tau)$$

初期条件として,$\tau=0$ では全路破壊が生じないので $P_{(0)}=1$ より,$K_1=1$ である.ゆえに,

$$P_{(\tau)} = \exp(-\zeta\xi_1\xi_2\tau)$$

$P_{(\tau)}$ はインパルス電圧を n_0 回印加したとき,時間 τ で n_τ 回破壊する場合の確率 n_τ/n_0 に等しいので,

$$\frac{n_\tau}{n_0} = \exp(-\zeta\xi_1\xi_2\tau)$$

となる.この式は,初期電子が破壊につながる確率と破壊に至るまでの時間の関係を

示している.いま,形成遅れを τ_f として,上式の時間 τ が $(\tau-\tau_f)$ に対応するとし,また,統計遅れ τ_s を $\tau_s = 1/\zeta\xi_1\xi_2$ とおけば,次式(式(3.30))が得られる.

$$\frac{n_t}{n_0} = \exp\left(-\frac{\tau-\tau_f}{\tau_s}\right)$$

(5) 電圧-時間特性（V-t 曲線）

ある電極ギャップに同一波形で波高値の異なる雷インパルス電圧を印加すると,それぞれの電圧波形に対して全路破壊までの時間 t と印加電圧の波高値 V の関係は,図 3.28 のようになる（ただし,全路破壊が波頭長内で起こった場合は破壊点と破壊時間の交点をとり,波尾長内で起こった場合は電圧波頭値と破壊時間の交点をとる）.この特性を**電圧-時間特性**（V-t **曲線**：V-t curve）といい,一種の火花の遅れを表す.図 3.29 は,ギャップの電界が平等電界と不平等電界の場合における V-t 曲線を示す.V-t 曲線は,平行平板電極や球ギャップのような平等電界では平坦な曲線となるが,針端ギャップのようにコロナ放電を伴う場合は,左上がりの曲線となる.また,全路破壊までの時間 t（火花の遅れ）は,平等電界でギャップ長が短いほど小さくなる.なお,V-t 曲線から統計的遅れと形成遅れを分離して求めることはできない.

以上のような「火花の遅れ」や「電圧-時間特性」は,実際の電気絶縁設計に考慮しなければならない重要なものである.

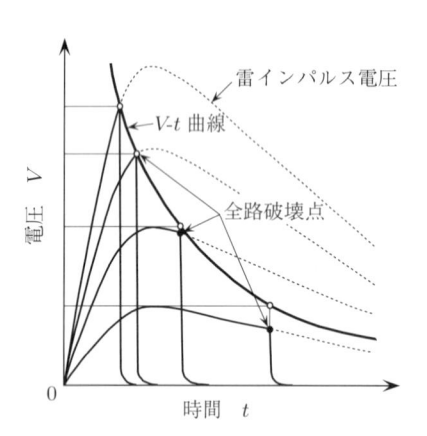

図 3.28 雷インパルス電圧による電圧-時間特性（V-t 曲線）

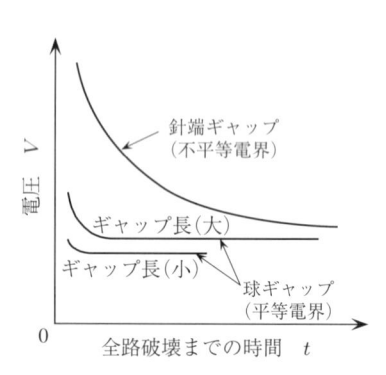

図 3.29 平等電界と不平等電界による V-t 曲線の比較

3.3 長ギャップ放電と雷放電現象

3.3.1 長ギャップ放電

　一般に，数十センチメートルを超えるギャップで起こる火花放電は**長ギャップ放電**（long gap discharge）といわれ，その特性は従来の比較的短いギャップと比べていくつかの特異性がある．

　基本的に長ギャップ放電の絶縁破壊特性は，**リーダ**（leader）とよばれる放電に支配される．たとえば，図3.30で模擬的に示すように，棒（正極性）－平板電極の場合には，最初，棒電極先端で初期電子の電子なだれに基づくストリーマコロナが発生する．次にこれがリーダに転移し，**リーダチャネル**（leader channel）となって進展する．その先端には，ストリーマの集合体のような**リーダコロナ**（leader corona）が存在する．これが平板に到達し，ギャップを橋絡すると全路破壊に至る．リーダ内部は，空間電荷層の中心に導電性の高いコラム状のリーダチャネルが存在するような構造となっており，リーダの進展速度はストリーマのそれよりも一桁程度遅い．

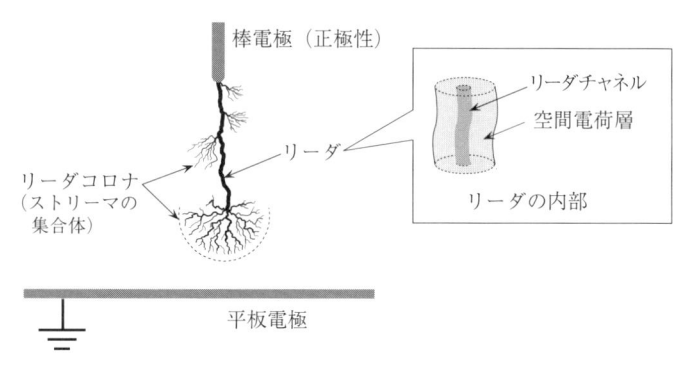

図 3.30　長ギャップ放電におけるリーダの進展

長ギャップ放電の絶縁破壊特性には次のような特異性がある[11],[18]．

（ⅰ）ギャップ長が1[m]を超えると，開閉インパルス電圧による棒ギャップのV–t曲線は100～200[μs]に最低値をもつV字形の曲線となる（これをV特性という）．図3.31はその一例を示す．図は棒–平板電極に波頭長の異なる種々の正極性開閉インパルス電圧を加え，全路破壊が波頭部分で起こるように波頭長を調整した場合のV–t曲線である．通常，V特性の最低電圧は直流，交流いずれの絶縁破壊電圧よりも低くなる．また，雷インパルス電圧を印加した場合には，図3.28と同様の右肩下がりの特性となる．

（ⅱ）棒ギャップのような不平等電界において，50％フラッシオーバ電圧は雷イン

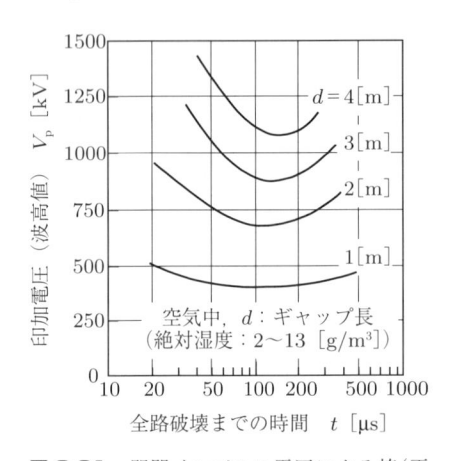

図 3.31 開閉インパルス電圧による棒(正極性)-平板電極の V-t 曲線(この特性の横軸(全路破壊までの時間 t)は波頭長に相当する)

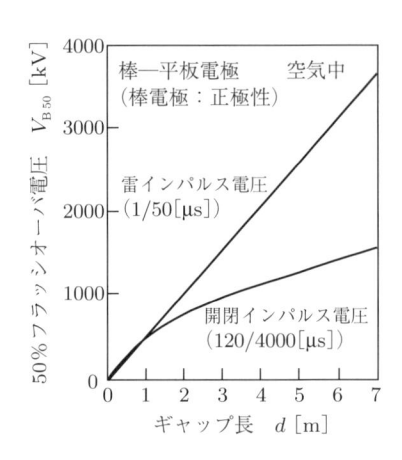

図 3.32 50%フラッシオーバ電圧とギャップ長の代表的な関係

パルス電圧を印加した場合には，ギャップ長と供にほぼ直線的に増加するが，開閉インパルス電圧の場合には，その増加割合が小さく飽和する傾向を示す．図 3.32 は，インパルス電圧波形の相違による 50%フラッシオーバ電圧とギャップ長の関係の代表例を示す．

(iii) ギャップ間の全路破壊経路は最短距離ではなく，ジグザグの複雑な形となりやすい．とくに，開閉インパルス電圧を棒ギャップなどに印加した場合は顕著に見られる．このような現象は，放電路が予想外の方向に伸びて全路破壊に至る可能性を示しているので，絶縁設計上の考慮が必要である．

3.3.2 雷放電現象

(1) 雷雲の発生と構造

一般に，**落雷**(earth flash)といわれる**雷放電**(lightning discharge)は，ギャップ長が数キロメートルの極端な長ギャップ放電に相当し，巨大な**雷雲**(thundercloud)に蓄積された多量の電荷と地上の誘導電荷との間の高電界によって生じる火花放電である．雷雲の電荷は，地上に 10～20 [kV/m] に達する電界強度を形成する．この電界によって，地上の草木や金属突起物の先端からコロナ放電が生じ，大気中に雷雲の電荷とは逆極性の空間電荷を作る．この電荷は電界の作用で上空に移動し，約数十メートル上空の電界強度は地上の約 3～4 倍にもなる．また，落雷点近傍の地上電界強度は 100 [kV/m] 以上に達する．落雷が起こると雷雲中の電荷は中和される．雷雲の発生は強い上昇気流に伴って生じ，火山の噴火やたつ巻などで生じる激しい上昇気流

でも発生する[16]．雷電荷は，これらの上昇気流によって蓄積する．雷雲の発生機構から，雷は大きく分けて次のように分類される．

(ⅰ) **熱雷**：夏季の強い日射熱による上昇気流が作る積乱雲で発生する．
(ⅱ) **前線雷**：寒暖両気団が接する前線で温暖空気の上昇気流がもたらす水蒸気の凝結により発生する(春，秋に多い)．
(ⅲ) **渦雷**：台風や低気圧による上昇気流に伴って発生する．

雷雲の構造は非常に複雑であるが，夏季の十分に発達した雷雲では，図3.33(a)に示すように上層部の広い範囲(約10[km]付近)と下層部の一部(約3[km]付近)には正の電荷が分布し，その間(約6[km]付近)に負の電荷がはさまれた形の構造となっている．また，日本海沿岸などで発生する冬季の雷雲は，気温が低いために夏季の雷雲よりも高度は低く(約4[km]以下)，図(b)のように上層は強風にあおがれるため正・負の電荷が横並びの構造となる．

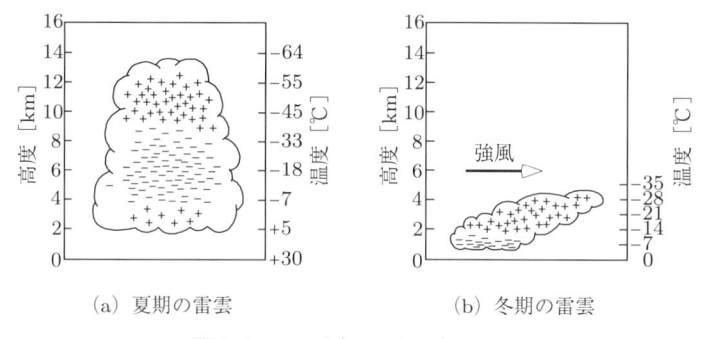

図3.33 雷雲内の電荷分布モデル

雷雲のこれらの構造から，雷放電は同一の雷雲内，または異なる雷雲内の正・負電荷間でも発生し，それぞれ**雲内放電**，**雲間放電**とよばれている．このような電荷の分離生成機構にはいろいろな説があるが[16]，一般的には過冷却水滴からあられやひょうが生成される過程で生じる電荷の分離が主体であると考えられている．

(2) 雷放電の進展過程

雷雲と大地の間に起こる雷放電は**雷撃**(stroke)といわれる．多くの場合，雷撃は雲から大地に向かって進展するが，高層建造物などの突起から雲に向かって進展する場合もある．いずれも放電が開始されると，まず**先駆放電**(leader stroke)とよばれる放電が伸び，枝分かれしながら進展していく．

図3.34(a)は静止カメラで撮影した雷放電の一例である．このような雷撃を高速度流しカメラなどで撮影し，負極性の雷雲から伸びる放電の時間的な経過を調べた典型的な例を図(b)に示す．

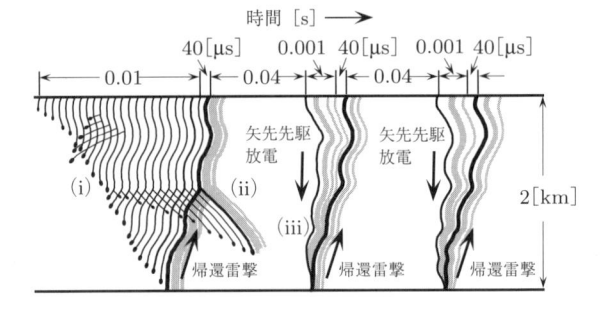

(a) 雷放電の例　　　(b) 雷放電の時間的経過（典型例）

図 3.34　雷放電の時間的な経過

図(b)の放電進展過程は次のように説明される．
（ⅰ）雷雲から大地に向かう先駆放電は間欠的に発生し，その先端に強い発光を伴って階段状に進展する．このような放電を**階段状先駆放電**(stepped leader stroke)とよび，これが進展した放電路には負電荷が分布する．なお，正極性の雷雲から伸びる先駆放電は階段状になりにくく，むしろ連続的に進展する傾向があり，発光強度も弱い．その平均進展速度は負極性の場合よりも一桁程度遅い．
（ⅱ）階段状先駆放電が地上付近に到達すると，大地から正極性のストリーマが上昇し，両者が結合して雲と大地間の放電路が形成される．この放電路を通して大地側から大電流と閃光を伴った**帰還雷撃**(return stroke)が上昇し，これによって放電路内の負電荷，雷雲内の負電荷の一部が中和される．
（ⅲ）帰還雷撃が終了して数十ミリ秒の時間後に，ほとんど同じ放電路を通る連続的な放電が雲から大地に向かって進展する．この放電を**矢先先駆放電**(dart leader stroke)という．これが大地に到達すると帰還雷撃が反復して起こる．通常の落雷はこれらの反復回数が 1〜3 回であるが，多い場合には 10 回以上になることもある．このように，同じ放電路を通して反復される雷撃を**多重雷撃放電**(multiple stroke)といい，反復を伴わない 1 回のみの雷撃を**単一雷撃放電**(single stroke)という．

落雷によって流れる雷放電電流（波高値）は通常 20〜30 [kA]であるが，ときには 200 [kA]以上となる場合もある．夏季の落雷による雷放電電流は，そのほとんどが負極性である．また，冬季の落雷は約半数が正極性であり，単一雷撃放電で終了する場合も多い．

(3) 雷サージと雷防護

高電圧送電線路や配電設備などで起こる事故は，その大半が落雷時に発生する雷

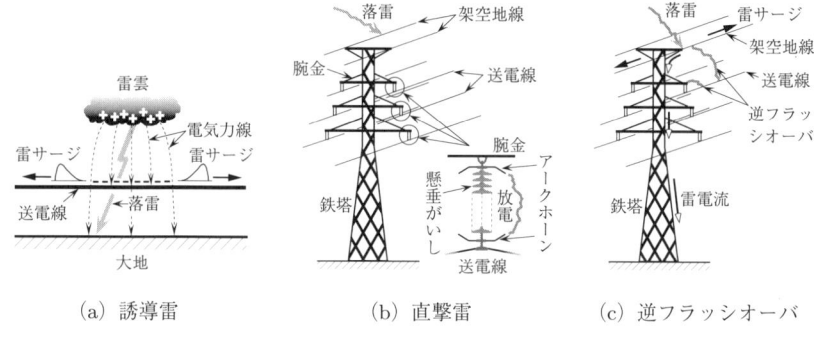

図 3.35 雷サージの発生

(a) 誘導雷　　(b) 直撃雷　　(c) 逆フラッシオーバ

サージによる．雷サージの発生原因としては，**誘導雷**，**直撃雷**，**逆フラッシオーバ**などが挙げられる．これらを模擬的に図 3.35 に示す．

(i) **誘導雷**(図(a))：落雷が送配電系統以外で起こったときに発生するサージであり，静電誘導雷と電磁誘導雷に大別できる．地上に建設されている送電線に雷雲が接近すると，送電線はがいしの漏れ抵抗を通して帯電され電荷が蓄積される．落雷が送電線の近傍で生じると雷雲の電荷は中和されるので，送電線上の電荷は拘束状態から放たれ，送電線上を二つに分かれて伝搬する．これが静電誘導雷である．また，送電線近傍の落雷による大電流は電磁誘導を引き起こし，送電線の電位を上昇させる．これが電磁誘導雷であり，両者の誘導雷は落雷と同時に発生する．

(ii) **直撃雷**(図(b))：落雷が送電線系統に直撃した場合の雷サージである．ほとんどの場合，懸垂がいし連の表面などでフラッシオーバ(火花放電)を起こして電力系統は故障状態になる．これを防止するため，送電線の鉄塔最頂部に**架空地線**(overhead ground wire)とよばれる接地線を張って，雷撃をこれで受け止め送電線への直撃を防護している．なお，絶縁破壊によるがいしの破損を防止するため，**アークホーン**(arcing horn)といわれる装置が懸垂がいしの両端に取り付けられ，がいし表面の火花放電を避けている．

(iii) **逆フラッシオーバ**(図(c))：落雷が鉄塔や架空地線に直撃した場合，それらの電位が上昇して鉄塔と送電線または架空地線と送電線の間にフラッシオーバを起こす現象であり，前者を鉄塔逆フラッシオーバ，後者を径間フラッシオーバとよんでいる．これを防止するためには，鉄塔の塔脚接地抵抗を 10 [Ω] 以下に下げ，落雷時に上昇する鉄塔電位を抑えることや懸垂がいし連の個数を適当に増すことが考えられる．

一方，建造物を雷撃から防護するために**避雷針**(lightning rod)が用いられている．

避雷針は建造物のもっとも高い位置に導体棒を取り付け，これを接地して建造物を雷撃から遮へいしようとするものである．避雷針はフランクリン(B. Franklin)によって発明されたものであるが，避雷針の雷撃遮へい効果については種々の研究がなされている．建造物その他に設備する避雷針についてわが国では JIS-A4201(避雷針)に規定されている．また，電力系統の設備・機器を雷撃などによる過電圧から保護する目的で，各種の**避雷器**(surge arrester)が開発されている．現在では，そのほとんどが**酸化亜鉛形避雷器**(ZnO surge arrester)である．これはわが国で開発されたものであり，酸化亜鉛(ZnO)を主成分とした非直線抵抗素子を積み重ねて構成されている．通常の状態では避雷器にほとんど電流は流れないが，雷サージなどが侵入すると低抵抗体として作用し，電流を大地に放出してサージ電圧をある値以下に制限する．この避雷器の性能は非常に優れているので諸外国でも広く利用されている．

3.4 気体－固体複合構造で生じる放電現象

電力装置などの電気絶縁には絶縁性の気体，液体，固体が併用して用いられる．このように異なる3種類の誘電体を組み合わせたものを**複合誘電体**(compsite dielectrics)という．複合誘電体に高電圧が印加されると特徴的な放電現象が発生する．

3.4.1 沿面放電現象

電極間に固体誘電体が存在するような複合電極構造に電圧を印加して上昇すると，図 3.36 に示すように固体表面に沿う放電が発生する．そして，ついには電極間のフラッシオーバに至る．これは，空気の絶縁破壊の強さが固体誘電体のそれより低いためである．このように，異なった相の誘電体が接する境界面に沿って進展する放電を**沿面放電**(creeping discharge)，または**表面放電**(surface discharge)という．また，電極間が沿面放電の進展によって高い導電性の放電路で結ばれた状態を**沿面フラッシオーバ**(surface flashover)とよぶ．

(1) 沿面放電の発生とストリーマの進展

沿面放電の様子は接地平板電極上に固体誘電体板を置き，これと垂直に針電極を配

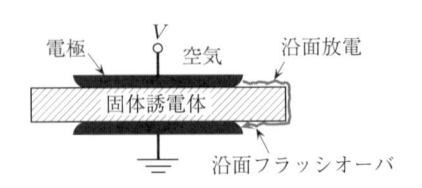

図 3.36 沿面放電と沿面フラッシオーバ

置してインパルス電圧などを印加すると容易に観測できる．この場合，平板電極は**背後電極**(back side electrode)といわれ，沿面放電が生じる側から見て誘電体の背後に存在する電極である．図3.37は，針電極に正極性または負極性の標準雷インパルス電圧を印加した場合に発生する沿面放電の一例を示す．電圧の印加によって針先端部の空気に高電界がかかり，最初に**沿面コロナ**(surface corona)が発生する．これによって生成された多量の荷電粒子はストリーマとなって固体表面を四方八方に進展する．このようなストリーマを**沿面ストリーマ**(surface streamer)とよぶ．進展距離は電圧の上昇と共に長くなり，沿面距離が比較的大きくても沿面フラッシオーバが起こりやすくなるので，絶縁設計の際には十分な注意が必要である．沿面ストリーマの様相と進展距離には，印加電圧による極性効果が存在する．一般に，正極性のインパルス電圧に対するストリーマ(正ストリーマ：図(a))は樹枝状を多く伴って進展するが，負極性のインパルス電圧に対するストリーマ(負ストリーマ：図(b))は太い幹状をもち，その先端部に比較的細いストリーマが現れる．また，正ストリーマは負ストリーマに比べて固体表面の凹凸にあまり影響されず，進展距離も負ストリーマより長くなる．

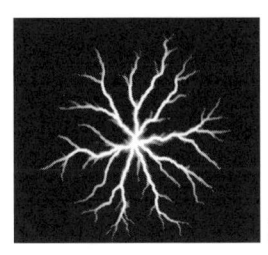

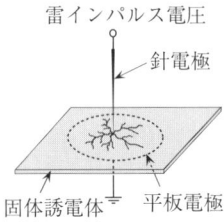

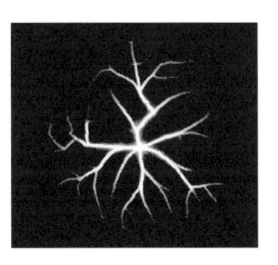

(a) 正極性沿面放電　　　　　　　　　　(b) 負極性沿面放電

図3.37　沿面放電の代表例
(針-平板電極：針端曲率半径 $r_0 = 50$ [μm]，固体誘電体：ベークライト板(厚さ：2 [mm])，印加電圧：標準雷インパルス電圧(波高値 $V_m = 40$ [kV]))

インパルス電圧による大気中の沿面フラッシオーバ電圧 V_s は，固体誘電体の厚さを d [m]，電極間の沿面距離を l_s [m]として，次のような実験式が与えられている[1], [11]．

$$V_s = K_s C^{-3/8} l_s^{1/4} \tag{3.31}$$

ただし，Cは固体誘電体の固有容量($C = \varepsilon/d$ [F/m^2]，ε：固体の誘電率)を表す．また，K_sは定数であり正ストリーマに対して73.6，負ストリーマに対して74.3の値をとる．式(3.31)からV_sはCが大きいと低下することがわかる．これは針電極と平板電極の間が空気層と固体誘電体層の直列接続になっているためである．Cが大きい(またはεが大きい)と空気層にかかる電圧が大きくなり，V_sが低くても沿面コロナが発生しやすく，沿面フラッシオーバへの進展が容易となる．

例題 3.8
沿面放電を防止するための主な対策を述べよ．

解 沿面放電を防止するには，その発端となる沿面コロナを阻止することが必要である．その主な対策としては次のことなどが考えられる．
（ⅰ）固体誘電体と電極の密着をよくしてギャップを作らない．
（ⅱ）電極形状に突起部を作らず丸みをもたせて，高電界の発生を避ける．
（ⅲ）固体誘電体の厚さを大きくし，固有容量を下げる（がいしなどの表面にひだをつけるのはこれに相当する）．
（ⅳ）加圧した高絶縁性の液体（鉱油，シリコーン油など）を用い，その中に電極を浸す．

(2) トラッキング

　固体誘電体の表面が塩分，湿気，塵埃などによる汚損湿潤状態にある場合に電圧を印加すると，固体表面に沿って漏れ電流が流れ，ジュール熱が発生して表面が乾燥する．乾燥状態にはむらがあり，局部的に電気抵抗の高い部分が生じるので，その部分の電界が高くなって局部的な微小発光放電が生じる．これを**シンチレーション**（scintillation）とよぶ．このようなシンチレーションや前述の沿面放電が頻繁に発生すると，熱によって固体誘電体が部分的に分解され導電率の大きい炭化生成物が生じ，そこに導電路が形成される．この現象を**トラッキング**（tracking）という．このトラッキングが電極間に伸びると沿面フラッシオーバが起こりやすくなる．トラッキング現象は，家電製品に使用されるプラグ部分の誘電体でも生じ，長年放置したプラグのフラッシオーバによって火災が起こった例も少なくない．

3.4.2 無声放電（バリア放電）

　気体と固体の複合誘電体を含む電極で生じる放電現象に無声放電（バリア放電）とよばれる放電形態があり，工業的にも利用されている．

　図 3.38 に示すように，平行平板電極の一方または両方の電極表面をガラスなどの固体誘電体で覆い，大気圧程度以上の気体中に配置して電極間に交流電圧を加えると，電界と平行にきわめて細い筋状の放電が一様に発生する．このような放電を**無声放電**（silent discharge）または**バリア放電**（barrier discharge）という[1], [11]．

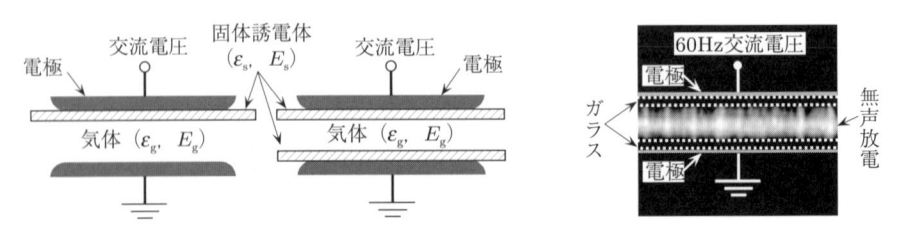

図 3.38 無声放電の電極構成と放電例

3.4 気体-固体複合構造で生じる放電現象

　無声放電は，次のようなメカニズムで発生する．平行平板電極間の気体層と固体層で生じる電界強度 E_g と E_s の関係は，式(1.30)より $E_g = (\varepsilon_s/\varepsilon_g) E_s$ で与えられる．一般に，気体の誘電率 ε_g は固体の誘電率 ε_s より小さいため，気体層に加わる電界強度は固体層よりも強くなる．また，気体の絶縁破壊電圧は，固体のそれより低いので絶縁破壊は気体層で起こり，このとき発生する筋状の放電はストリーマである．交流電圧の正または負の半サイクルで生じたストリーマの電荷は，固体層によって電極には流れ込めず，図3.39(a)のように固体表面に蓄積される．この電荷を**壁電荷**(wall charge)という．壁電荷は気体層の電界を低下させるように蓄積されるので，その密度が増すと放電はいったん停止する．しかし，次の半サイクルでは，図(b)のように，壁電荷が作る電界と電極の電界が一致した方向になるので電界強度が増し，再び放電を開始する．無声放電は，このような過程を繰り返しながら維持される．

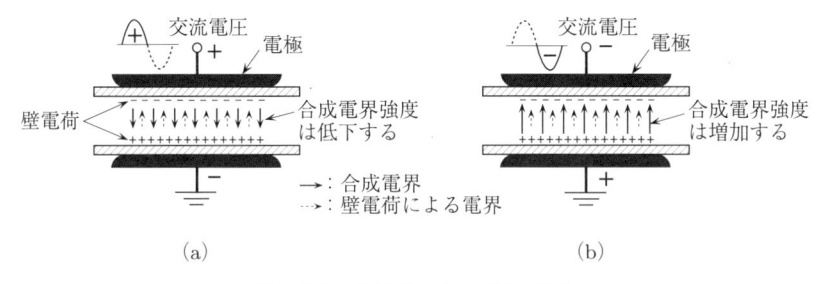

図 3.39 壁電荷による電界の変化

　この場合に電極で測定される電流は変位電流であり，電流波形には高周波パルスが重畳されて現れる．このような無声放電による放電電力 P_i は，図3.40に示すような回路(**ソーヤー−タワー回路**(Sawyer-Tower circuit))を用いて次のように求められる．
　無声放電電極(静電容量 C_s)と積分コンデンサ(静電容量 C_0)を直列に接続する．このとき C_s と C_0 の関係は $C_s \ll C_0$ であり，交流電圧 V を印加すると大部分の電圧が電極にかかる．無声放電による変位電流の電荷は積分コンデンサに流入するので，この電荷量 Q はコンデンサ両端の電圧 $V_c = Q/C_0$ として読み取れる．印加電圧 V は高電圧であるので，分圧比 m の抵抗分圧器などにより $\Delta V (= V/m)$ に減少させ，この ΔV と V_c をそれぞれ2現象オシロスコープの横軸と縦軸に入力すれば，リサージュ図形(ヒステリシス曲線)が得られる．このリサージュ図形の面積 S(単位[V^2])を求めれば放電電力 P_i が次式から算出できる．

$$P_i = V Q f = m \Delta V \frac{Q}{C_0} C_0 f = m S f C_0 \quad [\text{W}] \qquad (3.32)$$

ただし，f は電源周波数[Hz]を表す．このような放電電力の算出法は**V-Q リサージュ**

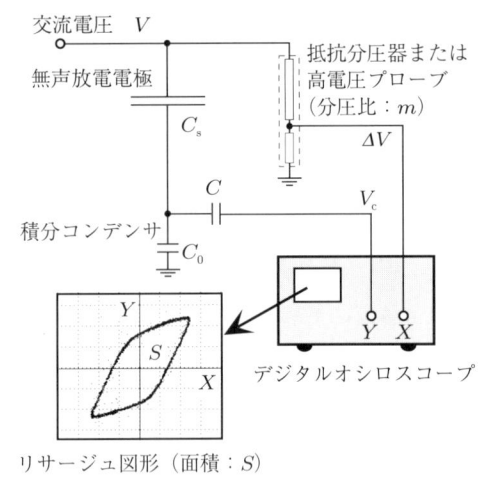

図 3.40 ソーヤータワー回路

法(V-Q Lissajous method)といわれる.

空気中(あるいは酸素中)で無声放電が起こると，多量のオゾン(O_3)が生成される．オゾンは酸化力が強く，優れた殺菌力，消臭力，脱色力などをもっているので，オゾン発生装置(**オゾナイザ**(ozonizer))に無声放電が利用されている．オゾンは高エネルギーの電子と酸素分子の衝突によって生成されるが，気体の温度が高いと分解して酸素に戻る．無声放電の変位電流はその値が交流火花放電などの電流と比べて非常に小さく，放電時の気体温度が上昇しないのでオゾンの生成に適している．

3.4.3 高周波放電

電極に高周波電圧が印加された場合の放電は，特異な現象を示す[13], [18]．電極に印加する電圧の周波数が高くなると，ギャップ間の荷電粒子は相手電極に到達する前に電圧の極性が反転し，電界の方向が逆になって引き戻される．したがって，荷電粒子の存在する場所によっては，いつまでもギャップ内の一部を往復運動し，衝突を繰り返す状態が起こりうる．このような状態を荷電粒子の**捕捉**(trapping)といい，**高周波放電**(high frequency discharge)の特徴の一つである．荷電粒子が高周波電界の半周期の間に移動する距離 x は，次式で与えられる．

$$x = \frac{2\mu E_m}{\omega} = \frac{\mu E_m}{\pi f} \tag{3.33}$$

ただし，μ は荷電粒子の移動度，E_m は電界の最大値を表し，ω と f はそれぞれ印加電圧の角周波数と周波数である．したがって，荷電粒子の捕捉は，ギャップ長 d に

比べて x が十分小さければ生じることになる．

大気中の平等電界で生じる絶縁破壊電圧 V_B は，印加電圧の周波数 f によって以下のように変化する．

（ⅰ）f が約 10 [kHz] 以下では補足現象がほとんど生じないので，直流や商用周波数の電圧による V_B とあまり変わらない．

（ⅱ）f が約 20 [kHz] ～ 1 [MHz] の範囲では，正イオンの捕捉が現れてその空間電荷が陰極の電界強度を強めるように作用し，γ 作用による陰極からの二次電子放出が増加するため，V_B は約 20 [%] 程度低下する．

（ⅲ）f が約 1 ～ 80 [MHz] の範囲では，正イオンの大部分が捕捉されて陰極に到達するイオンが激減し，γ 作用が減少するため，V_B は再び増加する．

（ⅳ）f が約 80 ～ 100 [MHz] になると，正イオンばかりでなく電子も捕捉され，電子の衝突電離（α 作用）が盛んになり V_B は低下する．これ以上の周波数では，電子の移動距離 x が平均自由行程程度となって α 作用の減少により V_B は増加の傾向となるがあまり明確にされていない．

また，5 [mmHg] 程度以下の低気圧では E/P が大きく，$E/P \propto e\, l_e\, E$（3.1.1 項 (2) –(A) 参照) の関係より電子のエネルギーも大きくなるので，α 作用による電離が生じやすい．これにより V_B は低下する．また，イオンは質量が大きいため，高周波電界に追従できないのでエネルギーが低く，物質に衝突してもその表面を損傷しない．そのため，高周波低気圧放電は半導体デバイス分野に広く利用されている．この場合に用いる周波数は，通常 13.56 [MHz] が用いられる．この周波数帯の放電を **RF**(radio frequency)**放電**という．

一方，針-平板電極などの不平等電界における大気中の高周波放電は，針先端で発生するコロナ放電に次のような特徴がある．

（ⅰ）f が約 1 [MHz] 以下では，コロナ放電が開始する電圧やコロナ発生状況は直流や商用周波数の電圧による場合とあまり変わらない．しかし，電流は電極間の充電電流により数ミリアンペアに達する．

（ⅱ）f が約 10 ～ 100 [MHz] の範囲になると，**火炎コロナ**(torch corona) とよばれる赤味を帯びた火炎状のコロナ放電が発生し，電流は数百ミリアンペアにも達する．このコロナ部分では電子やイオンの密度が高く，温度も数千度に達するので，電極を傷つけやすい．

3.5 気体状態の相違による火花放電特性

3.5.1 真空中の火花放電

気体の絶縁破壊電圧 V_B は、パッシェン曲線で示されるように、気体圧力 P が低下すると急激に上昇する。しかし、$P = 10^{-5} \sim 10^{-7}$[mmHg]のような**高真空**(high vacuum)中では、電子の平均自由行程が数十メートル～数キロメートルにも及ぶため、パッシェンの法則が適用できなくなる。一般に、高真空中の火花放電は、電極の材質や形状、電極の表面状態などによって大きく影響される。火花放電が起こるメカニズムについてはまだ定説はないが、主な要因を挙げると以下のようである[11],[13]。

（ⅰ）電界放出などにより陰極から放出された電子が陽極面に衝突すると、陽極から正イオンまたは光子が放出され、これらが陰極に衝突して二次電子を放出し、これの繰り返しによって火花放電に至る。

（ⅱ）陰極から放出された電子が陽極面に衝突すると、その衝撃によって陽極が局部的に過熱されて吸蔵気体や金属蒸気が発生し、その気体中で電子が衝突電離（α 作用）を起こして火花放電に至る。

（ⅲ）電極表面を鏡面状に仕上げても、**ウィスカー**(whisker)とよばれる微細な突起が認められる。陰極面上のウィスカー先端では電気力線が集中し、電界強度が高くなるため、電子放出が生じるとウィスカーの電流密度が大きくなって加熱され、ウィスカーが溶融蒸発する。そのとき発生した気体中で放電が進展し、火花放電に至る。

なお、一対の電極で火花放電を繰り返すと、絶縁破壊電圧が上昇し、やがて一定値に落ち着く場合がある。これを**コンディショニング効果**(conditioning effect)、または**化成**(formation)という。この現象が起こる理由は、局部的なウィスカーが減少し、陰極面上で電子の放出しやすい部分がなくなるためと考えられる。

3.5.2 高気圧中の火花放電

平等電界ではパッシェン曲線が示すように、気体圧力 P が増加すると絶縁破壊電圧 V_B は徐々に上昇する。しかし、きわめて高い圧力になるとパッシェンの法則から外れ、V_B の飽和傾向が見られる[11],[13]。図 3.41 は、平等電界における空気中の V_B と Pd の関係を示す。この飽和傾向は、ギャップ長が大きいほど低い圧力で始まる。

一方、不平等電界における絶縁破壊電圧 V_B は、印加電圧の極性によって異なる。また、それらの特性は特徴的な曲線を描く[11],[13]。図 3.42 は、針-平板電極における空気中の V_B と P の関係（代表例）を示す。圧力 P が約 30 ～ 35 [atm]以下で、絶縁破壊電圧 V_B は針電極が正極性より負極性のほうが高くなる。また、いずれの特性も圧

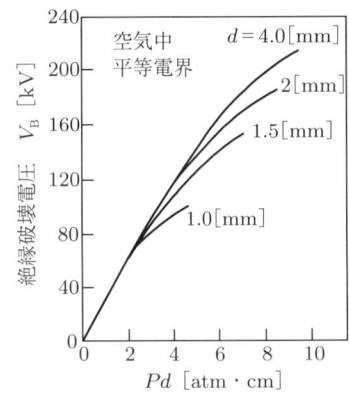

図 3.41 平等電界における空気中の V_B と Pd の関係

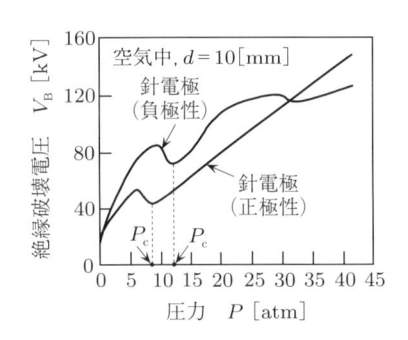

図 3.42 針-平板電極における空気中の V_B と P の関係

力が低い範囲では，V_B が P と共に増加して最大値に達するが，さらに圧力を増すと V_B はかえって低下し，ある圧力 P_c で最小値を示す．この圧力 P_c を**臨界圧力**（critical pressure）という．P_c 以上の圧力では再び V_B の増加が見られる．

3.5.3 気体の種類による火花放電

気体の種類による火花放電の特徴について，ここでは，気体を電気絶縁物として用いる立場から述べる[18]．

一般に，高電圧工学の観点から電気絶縁を目的として気体を用いる場合，その気体に望まれる条件は絶縁耐力が大きいことであろう．タウンゼントの理論からもわかるように，気体中で火花放電が起こるには，その前段階として陰極からの初期電子が電界によりエネルギーを得て，気体分子を衝突電離または励起することが必要である．したがって，火花放電を抑えるには，電子の加速エネルギーを抑制すればよいことになり，そのためには以下のことが考えられる．

（ⅰ）電子の平均自由行程を短くすることにより，電子が電界から得るエネルギーを抑制して気体分子との衝突による電離確率を減少させる．このためには，気体を加圧して気体分子密度を増す，または分子量の大きい気体を用いればよい．

（ⅱ）衝突電離などで生成された電子を気体分子に付着させ，重い負イオンに変換して電界による加速を抑制する．このためには，電子付着が起こりやすい電気的負性気体（2.3.2 項参照）を用いればよい．

表 3.1 は，実用可能な主な気体の絶縁耐力を示す（表中の絶縁耐力は六フッ化イオウ（SF_6）を 1.0 とした相対値で示してある）．なお，SF_6 の絶縁破壊電界 E_B は，1 [atm]（0.1 [MPa]）で約 89000 [V/cm] であり，空気の約 3 倍の絶縁耐力をもつ．

表 3.1 主な気体の絶縁耐力[18]

気体	分子式	絶縁耐力 (SF_6 に対する相対値) 1[atm]
六フッ化イオウ	SF_6	1.0
空気	Air	0.37
窒素	N_2	0.37
炭酸ガス	CO_2	0.35
ヘリウム	He	0.02 – 0.06
ネオン	Ne	0.01 – 0.02
アルゴン	Ar	0.04 – 0.1
水素	H_2	0.22

ハロゲン化合物の一種である六フッ化イオウ(SF_6)ガスは，電子付着が起こりやすい電気的負性気体であり，絶縁性気体として優れた性能をもつばかりでなく，大電流アーク放電などを速やかに消滅させる能力にもきわめて優れている．すなわち，電子付着によって生成される SF_6 の負イオンは，正イオンとの再結合によって中和する．これにより，持続性のアーク放電などを即座に絶つことができる．また，十数気圧にまで圧縮が可能であることなどから，各種のガス絶縁機器に広く用いられている．しかし，SF_6 ガスは**地球温暖化係数**(global warming potential：GWP)がきわめて大きい(23900：CO_2 基準)ため，地球環境保全の観点から将来的な使用に対する規制が懸念される．

3.6 放電現象の観測法

放電現象には，光を目視できない電気伝導，微弱な光を放つコロナ放電，強烈な光を伴う火花放電など種々の放電領域が存在する．また，放電現象はきわめて速い時間変化を伴うことが多いので，その観測や測定には古くからさまざまな方法が開発されている[4]．

3.6.1 リヒテンベルグ図形法

図 3.43 に示すように，暗箱中に設置した針-平板電極の間に写真フィルムを置いて放電させると，放電で発した光の感光によって現像フィルム上に放電図が得られる．この図形を**リヒテンベルグ図**(Lichtenberg figure)という．リヒテンベルグ図は放電光に対する感度がよく，図 3.37 の放電図と類似して放電の空間的な広がりを詳細に観測できる．しかし，フィルムの挿入による放電への影響を考慮する必要がある．

また，同様の放電図は，ある種の混合粉末を用いた**表面電荷図**(dust figure)からも得ることができる．この方法は，まず黄色の**硫黄**(sulphur)粉末と朱色の**鉛丹**(red

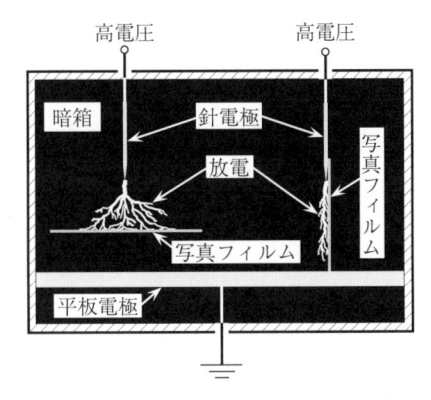

図 3.43 リヒテンベルグ図による放電の観測法

lead：Pb_3O_4)を混合してよくかき混ぜた粉末を準備する(このとき，硫黄粉末は負極性に，鉛丹は正極性に帯電している)．次に，図 3.43 の写真フィルムの代わりに薄い固体誘電体板を置いて放電させると，板上に沿面放電が進展し，その後に電荷が蓄積される．したがって，放電後の板上に準備した混合粉末をふりかけると，正電荷が残留している部分には硫黄が付着し，負電荷が残留している部分には鉛丹が付着して放電図が現れる．この場合の図形は，前述のリヒテンベルグ図ほど感度はよくないが，帯電の極性を色によって識別できる．ふりかける粉末としては，硫黄の代わりに松脂や静電写真用トナーなどを用いてもよい．

なお，リヒテンベルグ図形法や表面電荷図形法は，気体中ばかりでなく液体中の放電観測にも利用される．

3.6.2 放電発光の光学的観測法
(1) 電圧さい断波と静止カメラによる観測

図 3.44 に示すように，供試ギャップ G_S と電圧さい断ギャップ G_T(これを**トリガー**

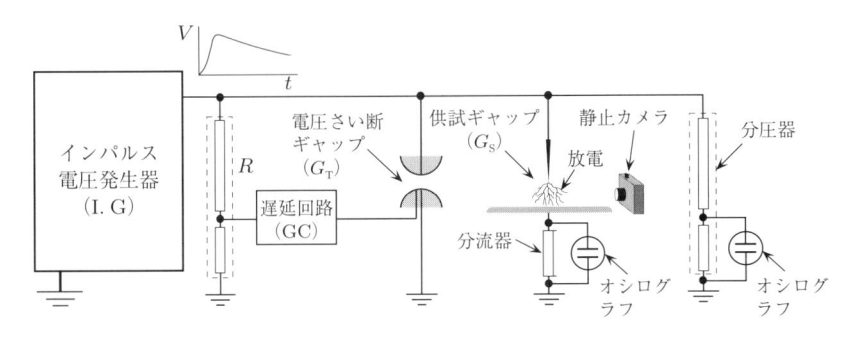

図 3.44 電圧さい断波と静止カメラによる放電観測法

ギャップ(trigger gap)という)を並列に接続して，G_S にインパルス電圧を印加すると，供試ギャップは放電を開始する．それと同時に適当な時間をおいて発生する遅延回路 GC のパルス電圧を G_T に送り，G_T を火花放電させるとその瞬間に供試ギャップは短絡される．したがって，供試ギャップが全路破壊する直前の放電様相が静止カメラで撮影できる．この方法で得られる放電図は，電圧のさい断までに発する放電光の積分値である．

(2) イメージインテンシファイアと静止カメラの併用による観測

イメージインテンシファイア(image intensifier：I.I)とは，微弱な光を高感度に増幅する装置である．図 3.45 にその概観例を示す．被写体の光像を光電陰極面上に投影し光電子を放出させ，これを加速して二次電子を放出させる．これをさらに加速して再び二次電子を放出させる．この過程を繰り返すことによって，微弱な光が増幅され蛍光面に明るい光像を得ることができる．これによって，10^6 倍程度の感度が得られる．通常，イメージインテンシファイア(I.I)は静止カメラと併用して用い，微弱なコロナ放電などの観測に利用される．また，強烈な光を伴う火花放電や沿面放電なども，適当な光学フィルタを I.I の前面に用いることによって観測することができる．なお，I.I は強烈な光を直接入射すると，光電陰極面が焼けて使用不能となるので注意が必要である．

図3.45 イメージインテンシファイア

(3) イメージコンバータカメラによる観測

イメージコンバータカメラ(image converter camera：ICC)とは，きわめて高速度で変化する現象を高感度に駒撮りまたは流し取りできるカメラであり，放電現象の観測などには貴重な装置である．図 3.46 に光学系の原理図を示す．

被写体の光像をイメージコンバータ管の光電陰極面に投影すると，光の強弱に応じた光電子が放出される．これを集束電極と加速電極を通し，電子線として蛍光面に光像を結ばせ，カメラで撮影する．カメラのシャッター操作は電気的に行うことができ

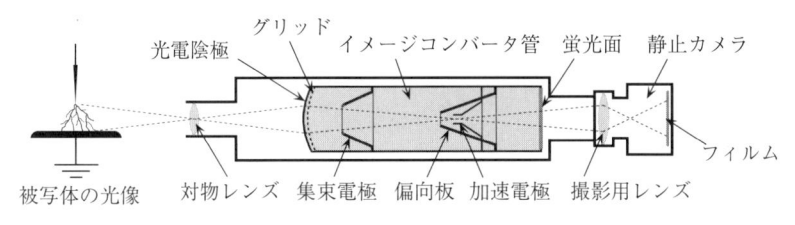

図 3.46 イメージコンバータカメラの光学系原理図

るので，きわめて高速度の現象撮影が可能となる．また，イメージコンバータ管が光強度の増幅作用も行うので，比較的暗い像の撮影も可能である．なお，光電陰極面の裏側に取り付けてあるグリッドを負電圧とし，加速電極内の偏向板に加える電圧をステップ状に上昇すれば，駒撮り写真が得られ，直線状に上昇すれば流し撮り写真が撮れる．現在，10 [ns] 間隔で駒撮りできるイメージコンバータカメラシステムも市販されているが，非常に高価である．

上記以外にも，さまざまな放電現象の観測法がある．たとえば，単一電子なだれなどの観測には，ウィルソン霧箱(3.1.2 項(2)-(A)参照)，雷観測などには**ボイスカメラ**(Boys camera)や**回転フィルム型高速度カメラ**，光の弱いストリーマや放電光の伝搬現象などの観測には**光電子増倍管**(photomultiplier tube)，放電光のスペクトル測定には**分光器**，放電の空間電荷密度などの計測には**シュリーレン法**(schlieren method)などが主に用いられる．

演習問題

3.1 タウンゼントは平行平板電極間に直流電圧を印加し，陰極に紫外線を照射して電流 I とギャップ長 d の関係を調べ，直線領域 I と直線から外れる領域 II (図 3.4 参照)を見出し，破壊前駆電流を理論的に導出した．以下の問いに答えよ．
(1) 領域 I における電流 I が，

$$I = I_0 \exp(\alpha d)$$

で表されることを示せ．ただし，I_0 は初期電流密度，α は電子の衝突電離係数，d はギャップ長を表す．
(2) 領域 II において，α 作用(電子増倍作用)，γ 作用(正イオンが陰極に衝突して二次電子を放出させる作用)による電流 I が，

$$I = I_0 \frac{\exp(\alpha d)}{1 - \gamma \{\exp(\alpha d) - 1\}}$$

で表されることを示せ．I_0 は初期電流密度，γ は二次電子放出係数を表す．

3.2 パッシェンの法則を説明し，パッシェン曲線を表す数式を導出せよ．

3.3 大気中の平行平板電極において，初期電子の放出から全路破壊に至るまでの過程を，ミークのストリーマ理論に基づいて説明せよ．

3.4 大気中の針-平板電極で生じるコロナ放電を分類し，印加電圧による極性効果について説明せよ．

3.5 グロー放電とアーク放電の相違について説明せよ.

3.6 大気中の平行平板電極において,絶縁破壊電界 E_B はギャップ長 d の減少に伴って著しく上昇する.この理由を述べよ.

3.7 大気中の火花放電現象について,平等電界と不平等電界ではどのような特徴があるかを説明せよ.

3.8 大気中の針–平板電極において,ギャップ長が数ミリメートル以上の絶縁破壊電圧 V_B は,針が負極性の場合より正極性の場合のほうが低くなる.この理由を述べよ(図 a,b 参照).

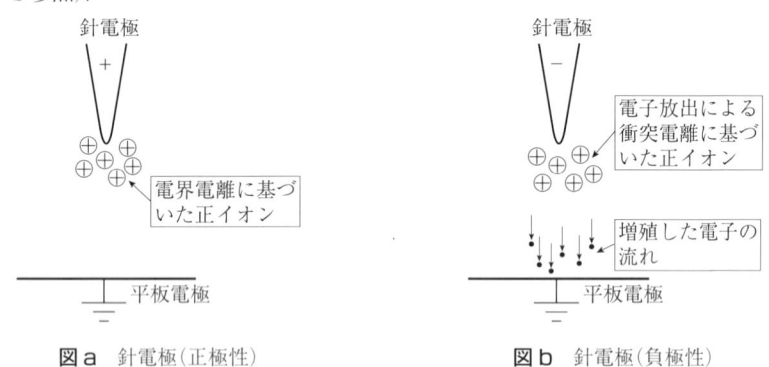

図a 針電極(正極性)

図b 針電極(負極性)

3.9 雷放電の進展過程について説明せよ.

3.10 以下のことばを簡単に説明せよ.
(1) 標準雷インパルス電圧 (2) 開閉インパルス電圧 (3) 50%フラッシオーバ電圧
(4) 火花の遅れ (5) ラウエプロット (6) V–t 曲線
(7) 架空地線 (8) 沿面フラッシオーバ (9) トラッキング
(10) 無声放電(バリア放電)

3.11 固体誘電体の固有容量が大きいと,沿面フラッシオーバ電圧が低下する理由を説明せよ(図 c,d 参照).

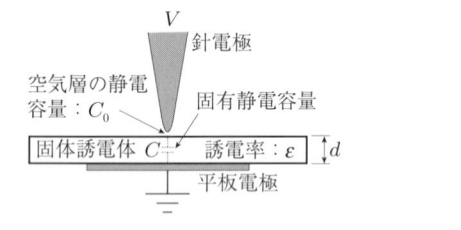

図c 固体誘電体を含む針端ギャップ

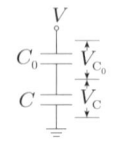

図d 等価回路

3.12 持続性の大電流アーク放電などを速やかに消滅させるために,電気的負性気体(たとえば,SF_6 ガスなど)が用いられる.その理由を説明せよ.

3.13 放電現象の主な観測法を3種類挙げ,それぞれ簡単に説明せよ.

第4章　液体中と固体中の放電現象

　液体や固体の種類はきわめて多く，導電性のものから絶縁性のものまで広範囲にわたるが，高電圧工学では電気絶縁の立場から絶縁性の高い材料を対象とする．絶縁性の液体を**液体誘電体**(liquid dielectrics)，絶縁性の固体を**固体誘電体**(solid dielectrics)とよぶ．

　液体，固体誘電体中の放電現象は，気体中と比べて不明な点が多い．とくに，液体は分子が気体の 10^3 倍程度の密度で詰まっており固体と似ているが，その配列は気体のように不規則でもなく固体ほど規則的でもない．そのため，液体は流動性があり，その中で生じる放電現象は，気体と固体の機構が互いに関連しているので非常に複雑である．また，液体誘電体や固体誘電体のほとんどは，種々の分子の結合体またはその混合体からなり，ダスト微粒子，水分，ガスなどの**不純物**(impurities)が混入しやすい．これらは電気伝導や絶縁破壊に大きく影響する．しかし，近年これらの研究が進み，これまで不明であった点も少しずつ明確にされてきている．

　一般に，絶縁破壊電圧は気体，液体，固体の順序で高くなる．これより，実際の高電圧機器などの電気絶縁には，これら三つの誘電体を組み合わせた設計によって絶縁耐力の向上と機器の高電圧化，コンパクト化を図っている．しかし，不純物や電極構成などの影響によって，絶縁破壊電圧が異常に低下する場合もあるので，液体，固体誘電体中の放電現象をよく把握しておく必要がある．

　本章の前半では，「液体誘電体」の電気伝導特性と種々の放電現象，主な絶縁破壊理論を理解する．後半では，「固体誘電体」の電気伝導特性と放電現象，絶縁破壊理論，ならびに液体–固体複合構造で生じる放電現象を理解する．

この章の目標
　液体，固体誘電体中の電気伝導特性と種々の放電現象を理解し，気体中の現象と相違する点を整理して説明できるようになる．

4.1 液体誘電体中の電気伝導と絶縁破壊

　液体誘電体は流動性に富み，一般に気体よりも絶縁破壊電圧が高いので，電気絶縁と冷却効果の両方の働きを兼ね備えている．また，破壊後の絶縁性の自己回復能力にも優れているので，古くから高電圧電力機器などに利用されてきた．実用的に広く使用されている液体誘電体としては，**鉱油系絶縁油**(mineral oil)と**合成絶縁油**(synthetic oil)がある．鉱油系絶縁油は石油原油から分留精製（分留温度：約 170 ～ 200 [℃]）することによって得られる．その主成分にはパラフィン族(C_nH_{2n+2})，ナフテ

ン族(C_nH_{2n}),芳香族(C_nH_{2n+6}),オレフィン族(C_nH_{2n})などの系列があり,多種類の高分子炭化水素からなる混合物になっている.これらの絶縁油は比較的安価であるが,可燃性であり酸化による劣化を受けやすい.従来から油入電力変圧器などに用いられている**変圧器油**(transformer oil)もこの一種である.なお,可燃性や絶縁性などの改善にこれまで添加されていた**ポリ塩化ビフェニル**(PCB)は,人体に対する有害性から現在は使用されていない.これに対して合成絶縁油である各種の**シリコーン油**(silicone oil)などは価格的に多少高価であるが,難燃性であり,誘電率も鉱油系絶縁油より大きいので,コンデンサ,変圧器,遮断器,ケーブル,ブッシング[a]などに用いられてきた.

4.1.1 電気伝導現象

液体誘電体に直流電圧を印加すると絶縁破壊が起こる以前に電流が検出され,液体誘電体特有の電気伝導特性(電流と電圧の関係)が得られる.

(1) 平等電界中の電気伝導

1928年にニクラーゼ(A. Nikuradse)は,純粋な液体誘電体中の平行平板電極に直流電圧を印加した場合,図4.1に示すような電流Iと電圧Vの関係が得られることを実験的に示した.図の特性は,「電圧と電流が比例する領域A」,「電流が定常値を示す領域B」,「電流が急激に増加する領域C」に分けられる.その形状は図3.3(3.1.1項(1)参照)で示した気体中の特性と類似しているが,各領域における電気伝導は気体の場合と異なり,以下のように説明される.

(ⅰ) **領域A**:液体誘電体が一定の抵抗率ρ[Ω cm]をもつ絶縁物として見なせる領域であり,電流はイオン伝導によると考えられる.このイオンは,主に自然界

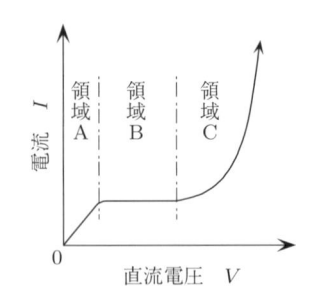

図4.1 平等電界による液体誘電体の電流Iと電圧Vの関係

---

[a] ブッシング:電力用変圧器などの高電圧部分を容器の外に引き出すときに用いる固体絶縁物のこと.磁気性ブッシング,油入ブッシング,コンデンサ形ブッシングなどの種類がある.

の放射線による液体分子の電離や液体中の除去しきれない微量不純物の**解離**(dissociation)などで発生する正または負イオンとされている．この領域ではオームの法則が成り立ち，電界強度 E [V/cm]と電流密度 j [A/cm^2]の関係は，

$$E = \rho j \tag{4.1}$$

で表される．ρ の値としては市販の絶縁油で $10^{10} \sim 10^{12}$ [Ω cm]程度，きわめて純度の高いヘキサン(C_6H_{14})で $10^{18} \sim 10^{19}$ [Ω cm]程度である．

（ⅱ）**領域 B**：電圧が上昇しても，液体中のイオン生成割合が一定であり，電流が飽和傾向を示す領域である．この領域は，高純度のヘキサンなどでは認められるものの，一般の液体誘電体では明確に現れないことが多い．

　通常，領域 A と領域 B の電気伝導は**低電界電気伝導**(low-field conduction)といわれる．

（ⅲ）**領域 C**：電圧がさらに上昇すると，電流が急激に増加し，最終的には火花放電に至る．この領域の電気伝導は**高電界電気伝導**(high-field conduction)といわれ，火花放電現象と密接に関連する．このような電流急増の原因としては以下のことが考えられている．

① 液体分子自身または不純物分子の解離割合が高電界のため促進され，正または負イオンの供給が増す．

② 陰極表面の電界強度が約 $10^4 \sim 10^5$ [V/cm]以上になると液体中でもショットキー効果が生じ，熱電子放出量が急増する（さらに高い電界強度では冷陰極放出も起こりうる）．一般に，放出された電子は，とくに高純度の液体を除いて，液体分子や不純物分子に付着し，負イオンを形成する場合が多い．

③ 高電界領域では気体放電の α 作用と同様に電子の衝突電離が生じると考えられる．しかし，液体中の電子は平均自由行程が小さく，電界から十分なエネルギーを得ることができないため，電界強度が約 10^6 [V/cm]以上でない限り衝突電離の可能性は低い．

(2) 不平等電界中の電気伝導

　(A) 電気伝導特性　針–平板電極，あるいはかみそり刃と平板を対向させた刃–平板電極などでは，ギャップ内の電界が極端に不平等となり，比較的低い印加電圧でも針電極先端や刃電極先端の電界強度は著しく高くなる．そのため，これらの電極表面から液体中に荷電粒子が注入され，電流の急激な上昇が起こる．このような電気伝導現象は 1970 年前後から精力的に研究され，一般に電流 I と電圧 V の関係は図 4.2 のようになる（なお，縦軸の電流は変化がきわめて大きいので，$\ln(I)$ で示される）．このような特性の実測例として，変圧器油中の針–平板電極に直流電圧を印加した場合の電流 I–電圧 V 特性を図 4.3 に示す．図は針電極が負極性電圧の場合を示すが，正

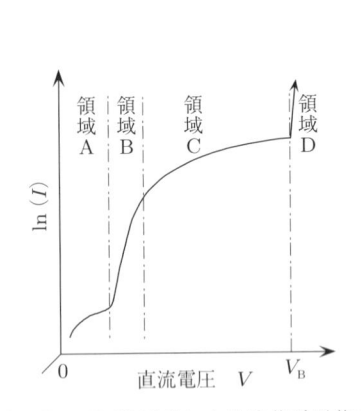

図4.2 不平等電界による液体誘電体中の電流 I と電圧 V の関係

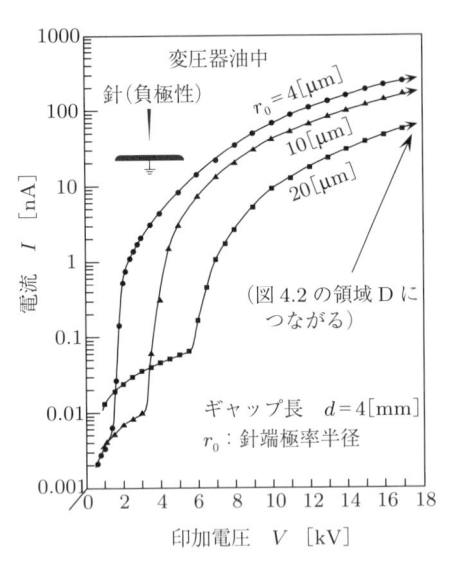

図4.3 変圧器油中の電流 I–電圧 V 特性（温度 $T=20$ [℃]，圧力 $P=1$ [atm]）

極性の電圧を印加しても類似の特性が得られる．

図4.3の特性は，図4.2に示すように次の四つの領域，「電圧と電流が比例する領域A」，「電流が急激に増加する領域B」，「電流が飽和傾向を示す領域C」，「絶縁破壊の領域D」からなり，平等電界における特性(図4.1)とは以下のように異なる．

（ⅰ）**領域A**：平等電界における特性(図4.1)の領域Aと同様に，イオン伝導によると考えられ，オームの法則が成り立つ．変圧器油中の針-平板電極の場合，電流値は約 $10^{-12}\sim 10^{-10}$ [A]程度であり，暗流の領域といえる．

（ⅱ）**領域B**：電圧がある臨界値 V_c に達すると電流が急激に増加する．この領域は鋭利な電極(針または刃電極)先端から液体中へ荷電粒子が注入されたことを示す．荷電粒子の注入機構として，針電極が負電圧の場合はショットキー効果や冷陰極放出，正電圧の場合は電界電離が考えられる．

（ⅲ）**領域C**：電圧がさらに増加していくと，電流の増加割合が減少し飽和傾向を示す．これは液体中に注入された荷電粒子の空間電荷効果によって，電極表面電界が低減され荷電粒子の注入が抑制されることによる．この領域の電流は**空間電荷制限電流**(space charge limited current：SCLC)といわれ，液体誘電体の特徴である．

（ⅳ）**領域D**：さらに電圧が上昇し絶縁破壊電圧 V_B に達すると火花放電が起こる．液体誘電体の絶縁破壊機構は，電子的破壊説と気泡破壊説の二つに大別されるが，

その他，不純物による破壊やコロナ放電を伴う破壊などが調べられている．

(B) 電気伝導特性の考察

◆**電流急増特性（領域 B）**：常温の絶縁油中に置かれた針-平板，または刃-平板電極の針または刃電極に負極性の電圧を印加した場合における電流急増は，ショットキー効果によることが次のように示される[1],[2]．

ショットキー効果の電子流密度 J は，式(2.34)によって与えられるので，電子電流 I はこの式に電子放出面積 S を乗じて，

$$I = SJ = SAT^2 \exp\left(-\frac{e\phi}{kT}\right) \exp\left\{\frac{e}{kT}\left(\frac{eE}{4\pi\varepsilon}\right)^{\frac{1}{2}}\right\} \tag{4.2}$$

のように表される．ここで，両辺の対数をとって整理すると次式が得られる．

$$\ln(I) = K_0 E^{1/2} + \ln(I_0) \tag{4.3}$$

ただし，$K_0 = (e/kT)(e/4\pi\varepsilon)^{1/2}$，$\ln(I_0) = \ln(SAT^2) - (e\phi/kT)$，$\varepsilon$ は液体の誘電率を表す．電子放出の起こった直後では電流密度が比較的小さく，荷電粒子が電界に及ぼす空間電荷効果を無視すれば，電界強度 E は印加電圧 V に比例するので，式(4.3)は次のように表せる．

$$\ln(I) = KV^{1/2} + \ln(I_0) \tag{4.4}$$

ただし，K は定数である．すなわち，ショットキー効果による電子電流 I と印加電圧 V の関係は $\ln(I) \propto V^{1/2}$ となる．したがって，実験から得られる電流 I-電圧 V 特性を $\ln(I)$-$V^{1/2}$ 特性に書き換えたとき，式(4.4)に合致する特性範囲がショットキー効果による電子電流を表す．通常，陰極から放出した電子は液体分子，または不純物分子に付着して負イオンとなる場合が多く，これらが平板電極（正）方向へ加速され，電流として測定される．いま，一例として図4.3の実測値を $\ln(I)$-$V^{1/2}$ 特性に書き換えると，図4.4のようになる．図からわかるように，I-V 特性の電流急増領域（領域 B）では $\ln(I) \propto V^{1/2}$ の関係が満足され，これより電流急増現象はショットキー効果によることが理解できる．

一方，針または刃電極に正極性の電圧を印加した場合もよく似た I-V 特性が得られ，電流急増現象が見られる．この電流急増は電界電離機構（2.3.4項(5)参照）によって，生じた正イオンによると考えられる．すなわち，針または刃電極先端付近に存在する液体中性分子は，電極先端の高電界強度によって核外電子を放出し，正イオンとなって平板電極（負）方向へ加速され電流として測定される．

以上のような電流急増現象は，極低温液体である**液体窒素**（LN_2：沸点(-195.82[℃]))中の針-平板電極でも見られる．石橋と花岡[3],[4]は，この場合の電流急増が臨界電圧 V_c できわめて急激に起こることがあり，電圧極性による顕著な極性効果が存在することを報告している．図4.5は，液体窒素中の針-平板電極における電流 I-電

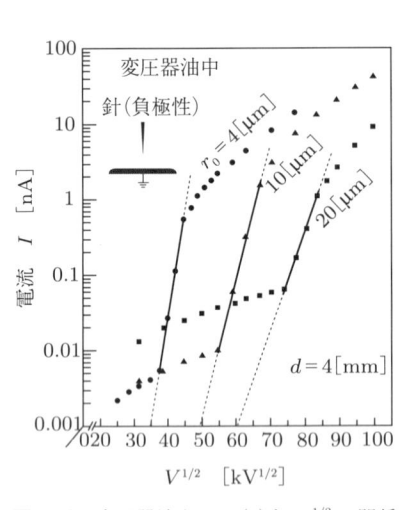

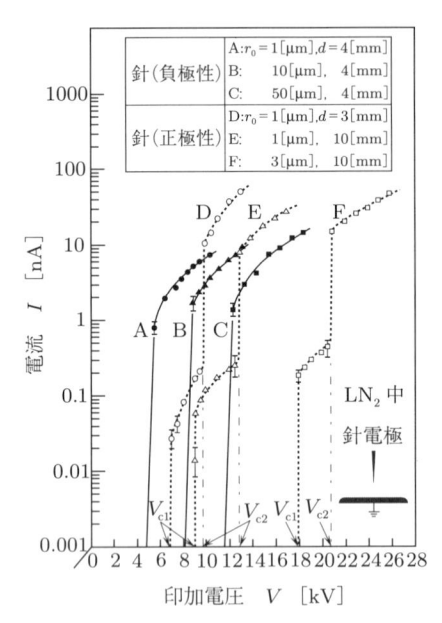

図 4.4 変圧器油中の $\ln(I)$ と $V^{1/2}$ の関係（温度 $T = 20$ [℃]，圧力 $P = 1$ [atm]）

図 4.5 液体窒素（LN_2）中の針-平板電極における電流 I-電圧 V 特性

圧 V 特性の一例を示す．同氏らは，針電極表面近傍に正イオン層が存在する場合の冷陰極放出機構を研究し，スターンらの式(2.36)(2.3.4 項(4)-(B)参照)をより発展させた電子流密度式を導出して電流密度解析を行い，電流急増現象を次のように説明している．

液体窒素中に流動帯電や壁面摩擦などによるわずかな正イオンが内在すると，これらは暗流(約 10^{-12} [A])に寄与する荷電粒子となる．針電極が負極性の場合(図 4.5(曲線 A, B, C))，正イオンは針電極表面に集まり，金属内電子との再結合で中性分子となって堆積し，そこに密度の濃い中性分子層が形成される．その上にはさらに正イオンが定着する．このため，この正イオン層と陰極面との間の電界強度が約 10^7 [V/cm]にまで強化されると，冷陰極放出機構によるトンネル効果によって多量の電子が一挙に放出される．

一方，針電極が正極性の場合には，図 4.5(曲線 D, E, F)に示すように臨界電圧 V_{c1} と V_{c2} で2回の電流急増が生じている．印加電圧を V_{c1} まで上昇し，針先端の電界強度が約 1.5×10^7 [V/cm]に達すると，針先端付近で電界電離が生じ，これによって発生した多量の正イオン流が最初の電流急増を起こす．また，これらの正イオンは平板電極(負)表面に集積し，そこに正イオン層を形成して電界強度が約 10^7 [V/cm]にまで強化されると，その部分から冷陰極放出が生じて2回目の電流急増となる．このと

きの印加電圧が V_{c2} である．

なお，電流急増特性の測定値は，液体に圧力を加えた状態でも同様に得られる．

◆**空間電荷制限電流特性(領域 C)**：液体中では分子が高密度(気体の 10^3 倍程度)であるため，電子の平均自由行程は非常に短く(1 [nm] 程度)，電子の移動速度も気体と比べれば格段に遅い．そのため，電極から液体中へ注入された荷電粒子は，電極表面を取り囲む空間電荷の雲，すなわち，陰極前面では電子または負イオンの雲，陽極前面では正イオンの雲となって存在する．このように電極の極性と同極性の電荷を**ホモ電荷**(homo-charge)という．これに対して，反対極性の電荷は**ヘテロ電荷**(hetero-charge)といわれる．電極とホモ電荷との間の領域では，電界強度が空間電荷効果によって低減するため，電極から生じる荷電粒子の注入が抑制されて，空間電荷制限電流となる．このような原理に基づき，針-平板電極における空間電荷制限電流 I と電圧 V の関係は，1969 年にハルパン(B. Halpern)とガマー(R. Gomer)[5] によって $V \propto I^{1/2}$ となることが解析的に導出された．これは，図 4.6 に示すように実験結果とも一致する(図 4.6 は，図 4.3 の領域 C を V と $I^{1/2}$ の関係に書き換えた特性である)．しかし，この領域の電流 I と電圧 V の関係は電極形状などによって異なり，刃-平板電極では $V \propto I^{1/3}$ となるなど，一般には $V \propto I^{1/n} (n \geq 1)$ のように示される．このような関係は，上記の空間電荷効果に加えて液体流動の効果が大きく関与するものと考えられ，以下のように考察されている．

液体誘電体に電圧を印加すると，電極間に液体の流れが観測される．このような流動は**電気流体力学流動**(electrohydrodynamic (EHD) motion)といわれる．これは，針-平板電極または，刃-平板電極などにおける空間電荷制限電流領域では，きわめて激しく起こる．図 4.7 は，刃-平板電極における EHD 流動の代表例である．

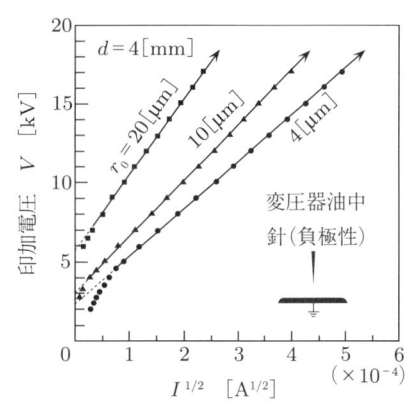

図 4.6 針-平板電極における空間電荷制限電流特性

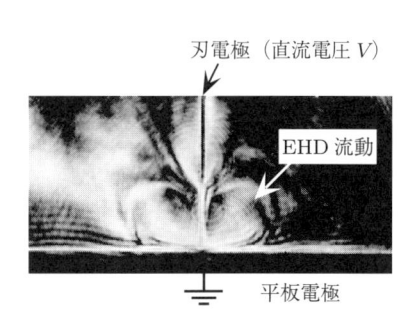

図 4.7 刃-平板電極における EHD 流動(液体噴流)

針または刃電極先端から液体中に注入されたホモ電荷(主にイオン)は，電界 E によってクーロン力を受け，速度 u_i($u_i = \mu_i E$，μ_i：イオン移動度)で平板電極方向へ移動する．このとき，イオンは液体の粘性によって周辺の中性粒子を引きずりながら移動するため，液体に流動が発生する．これが EHD 流動である．この流動は，多量なイオンの連続的な移動によって次第に速度を増し，激しい**液体噴流**(liquid jet)となる．このような液体噴流の生じる機構を，**イオンドラッグポンピング**(ion-drag pumping)とよぶ．液体噴流は，液体流れの粘性抵抗とイオンのクーロン力とが互いに平衡したときに定常速度 u_L となり，1 [m/s] にも達する．流れの方向は印加電圧の極性にかかわらず，鋭利な電極先端から平板電極方向である．このときのイオン速度は($u_L + \mu_i E$)であり，一般に $u_L \gg \mu_i E$ の関係となるので，液体噴流が電気伝導特性に及ぼす影響はきわめて大きい．

EHD 流動を考慮した空間電荷制限電流 I と電圧 V の関係は，流体力学における**ナビエ-ストークスの方程式**(Navier-Stokes equation)と**連続の式**(continuity equation)，電気磁気学における電界計算(**電荷重畳法**(charge simulation method))と体積電荷に働くクーロン力から，**有限差分法**(finite difference method)を適用した数値計算によって詳細に考察されている[6]．以下では，針-平板電極と刃-平板電極の空間電荷制限電流特性を解析的に説明する[7]．

二つの電極に対して実験により得られる電流 I-電圧 V 特性から，空間電荷制限電流領域では次の関係がある．

$\quad$ 針-平板電極の場合：$(V - V_0) \propto I^{1/2}$ $\quad\quad\quad\quad\quad\quad\quad\quad\quad\quad$ (4.5)

$\quad$ 刃-平板電極の場合：$(V - V_0) \propto I^{1/3}$ $\quad\quad\quad\quad\quad\quad\quad\quad\quad\quad$ (4.6)

ただし，V_0 は直線の切片を表し，空間電荷効果に逆らって電流の発生に寄与する電圧と見なされる．また，両電極におけるジェット流の流速測定実験から，流れのパターンが**層流**(laminar flow)と見なせる範囲において，平均流速 $\bar{u}_L$ は次式のように表される．

$$\bar{u}_L = k_1 \frac{I}{V - V_0} \quad\quad\quad\quad\quad\quad\quad\quad\quad\quad (4.7)$$

ただし，k_1 は定数である．一般に，流体力学的流れに対して物体が受ける総力 F_V は，粘性による抵抗法則によって次のように与えられる．

$$F_V = k_2 (\bar{u}_L)^a \quad\quad\quad\quad\quad\quad\quad\quad\quad\quad (4.8)$$

ただし，k_2 は定数である．普通，液体誘電体のような非圧縮性流体の場合，a の値は $1 \leq a \leq 2$ であり，その値は EHD 流動のパターンによって流体力学的に定まる．針-平板電極では，電極軸周囲にドーナッツ型の回転対称な三次元的流れとなり，この場合は「ストークスの抵抗法則」に支配され，$a = 2$ である．また，刃-平板電極では刃電

極両側に面対称な二次元的流れとなり，この場合は「ニュートンの抵抗法則」に支配され，$a=1$ である．

一方，EHD 流動の駆動力はイオンに働くクーロン力 (qE) であるので，総駆動力 F_E は次式で表される．

$$F_E = \int_v qE \, dv \tag{4.9}$$

ただし，q はイオンの電荷密度，v は体積を表す．いま，ギャップ内の電流 I が任意な断面積 S の仮想電荷柱内を流れるものと仮定すれば，電荷密度 q は次のように表される．

$$q = \frac{I}{(u_L + \mu_i E)S} \tag{4.10}$$

ただし，μ_i はイオンの移動度を表し，変圧器油では $\mu_i = 4 \times 10^{-9} \, [\text{m}^2/(\text{V s})]$ である．実験から得られるジェット流の速度は，$\mu_i E$ よりもきわめて速いので，式(4.10)は平均電荷密度 $\bar{q}$ と平均流速 $\bar{u}_L$ の関連において次のように表される．

$$\bar{q} = k_3 \frac{I}{\bar{u}_L} \tag{4.11}$$

ただし，k_3 は定数である．したがって，式(4.9)の F_E は，印加電圧 V に関して次のように表される．

$$F_E = k_4 \frac{I(V - V_0)}{\bar{u}_L} \tag{4.12}$$

ただし，k_4 は定数である．ジェット流の定常状態は，$F_V = F_E$ において得られるので，式(4.8)と式(4.12)より次式が導かれる．

$$(\bar{u}_L)^{a+1} = k_5 I(V - V_0) \tag{4.13}$$

ただし，k_5 は定数である．式(4.13)は物理的に，$(\bar{u}_L)^{a+1}$ が流動の発生に必要な全エネルギーに比例することを示している．

式(4.7)と式(4.13)より，電流 I と電圧 V の関係が次のように導かれる．

$$V - V_0 = k_6 I^{a/(a+2)} \tag{4.14}$$

式(4.14)は，前述した針-平板電極に対する $a=2$，刃-平板電極に対する $a=1$ を適用すれば，実験から得られる式(4.5)と式(4.6)の関係と一致する．

なお，電圧がさらに上昇すると，流動のパターンは層流から**乱流** (turbulent flow) に変化する．この場合の空間電荷制限電流 I と電圧 V の関係も考察されている[7]．

4.1.2 絶縁破壊現象

図4.1の領域 C 以上の電圧または図4.2の領域 D では，絶縁破壊電圧 V_B で火花放電が生じ，電極間は短絡状態となって印加電圧は急降下する．火花放電が起こると，

多量のエネルギーが液体中に注入されるため，発熱，閃光，音などの発生とともに液体分子が分解されて気泡や炭化物などが生じる．さらに，液体が可燃性の場合には引火炎上する危険性もあるので，火花放電現象の把握は高電圧絶縁分野においてきわめて重要である．一般に，液体誘電体の絶縁耐力は，実験条件や液体の状態(印加電圧の種類と極性，不純物，温度，圧力など)によって著しく異なる場合が多い．ここでは，火花放電に及ぼす種々の影響について述べる．

(1) コロナ放電現象とストリーマの進展

液体誘電体中に強い不平等電界が形成されると，高電界領域でコロナ放電現象が見られる．たとえば，絶縁油中の針-平板電極間に直流または交流電圧を印加して徐々に上昇すると，空気中の場合と同様に針先端でコロナ放電が発生する．さらに電圧が上昇していくと火花放電に至る．このとき発生するコロナ放電をとくに**油中コロナ**（corona in liquid）とよぶが，一般に油中の水分，溶解ガス，塵埃などの不純物に強く影響され，コロナ開始電圧や火花放電に移行する電圧もバラツキが大きく再現性に乏しい．印加電圧が直流の場合，油中コロナの発達の様子は針電極の極性によって次のように異なる．

(ⅰ) **針電極が正極性の場合**：針先端に青白くぼんやりした光が認められ，きわめて不安定な明滅を繰り返す．電圧が上昇するとこれが光条に変化し，次第に発達してブラシ状コロナとなり，急に火花放電が起こる．

(ⅱ) **針電極が負極性の場合**：針先端に多少赤味を帯びた発光が認められ，電圧の上昇とともに発達して樹枝状に変化し，まもなく火花放電に至る．

また，印加電圧が交流の場合には，はじめ針先端で赤味を帯びた光が認められ，電圧の上昇とともに青白いブラシ状に変わり，さらに光輝の強い樹枝状に発達して火花放電に至る．

図4.8は，真空ろ過を施し不純物をできるだけ取り除いた変圧器油中の針-平板電極におけるコロナ開始電圧とギャップ長の関係を示す[8]．油中コロナ開始電圧は空気中と比較して著しく高いが，ギャップ長が10[mm]以下では急激に低下する．このような油中コロナが発生すると，油分子が分解して水素（H_2）ガスが発生する．また，縮重合や炭素の遊離などが生じて絶縁耐力の著しい低下の原因となる．

一方，針-平板電極間にインパルス電圧を印加した場合は，不純物などによる二次的な影響は少ない．また，電圧印加直後に針先端から平板電極へ向かってストリーマが枝分かれしながらステップ状に進展する．一般に，針電極が正極性の場合，ストリーマが平板に到達するとただちに火花放電に至る．しかし，負極性の場合は，ストリーマが平板電極に接近したときに平板から二次的なストリーマが進展し，両者が結合して火花放電に至ることが多い．図4.9は，針電極から進展する油中ストリーマの一例

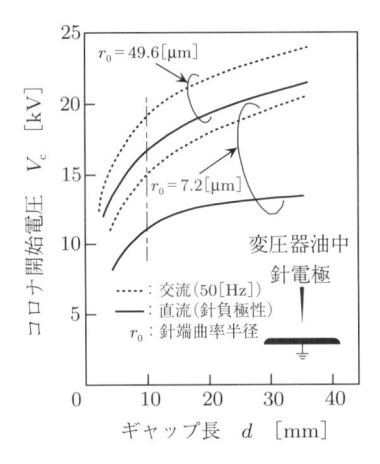

図 4.8 変圧器油中のコロナ開始電圧とギャップ長の関係

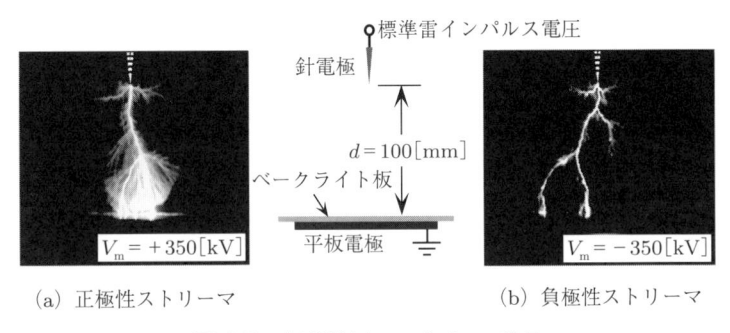

図 4.9 変圧器油中のストリーマ進展

を示す(図は，全路破壊を避けるため，平板電極上に厚さ 10 [mm]の固体誘電体板(ベークライト)を設置して測定されたものである).

(2) 絶縁破壊電圧

絶縁油の絶縁性能試験法は JIS-C2101 で定められている．これによれば，試料油中に直径 12.5 [mm]の球ギャップを設け，ギャップ長を 2.5 [mm]として商用周波数の交流電圧を加え，3 [kV/s]で上昇したときの絶縁破壊電圧を実効値で示すことになっている．適切に精製処理された鉱油(変圧器油など)の絶縁耐力は，**75000 [V/2.5mm]**以上である．この値は，空気中のギャップ長 10 [mm]に対する絶縁耐力(3.2.3 項(1)参照)の約 10 倍に相当する．しかし，液体誘電体の絶縁破壊電圧は，一般に不純物や実験条件によって大きく変化する．

(A) 混入不純物の影響 直流または交流の平等電界における液体誘電体の絶縁耐力は，混入している気体，液体，固体の不純物によって大きく影響される．しかし，とくに吸湿しやすい繊維質などが混入している場合には，著しい絶縁破壊電圧の低下

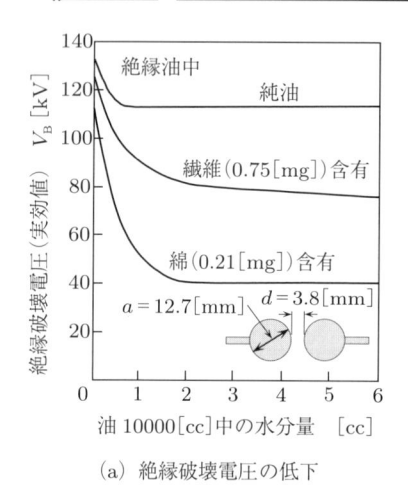

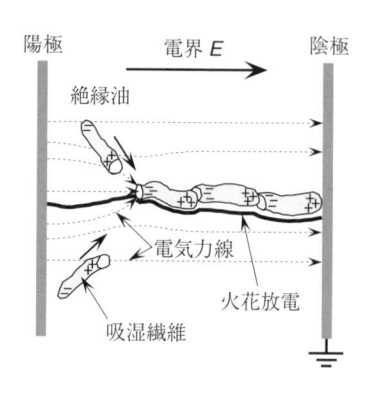

(a) 絶縁破壊電圧の低下 　　(b) 吸湿繊維の配列と絶縁破壊

図4.10 絶縁破壊電圧に及ぼす吸湿繊維の影響（絶縁油）

が見られる．図4.10(a)はその一例である[9]．

このような絶縁破壊電圧の低下は，次のような理由によると考えられる．図(b)に示すように，高電界中に存在する吸湿繊維は水の分極によって電界方向に移動し，電極表面に直立すると，その先端の電界強度が増して他の繊維が引き寄せられる．これが順次起こると，電極間が繊維の鎖状で橋絡されるか，それに近い状態となり，低い電圧でも火花放電が生じるようになる．このような現象はインパルス電圧の場合には，電極間が繊維で橋絡される前に電圧が減衰するため，絶縁破壊電圧は不純物の影響をあまり受けない．一方，絶縁油に絶縁耐力の高い負性気体（SF_6など）を溶解させると絶縁破壊電圧は逆に高められる．

（B）温度，圧力の影響　絶縁油などの液体誘電体中に溶解している気体は，温度の上昇または外部からの減圧によって気化し，液体中に気泡が形成される．気体の絶

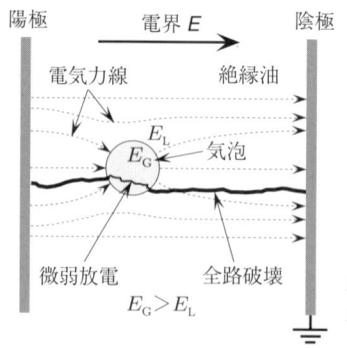

E_G：気泡内部の電界強度
E_L：油中の電界強度

図4.11 変圧器油の絶縁耐力に及ぼす気泡の影響

縁耐力は液体より低く，かつ気体部分(気泡)に高い電界がかかるので，図 4.11 に示すように放電は気体中で生じやすくなる．そして，全路破壊を誘発するため，液体誘電体の絶縁耐力は低下する．しかし，液体と電極を十分に脱ガスすると，温度の影響はほとんど見られなくなる．また，液体に圧力を加えると気泡の発達が抑えられるため，絶縁破壊電圧は上昇する．

(C) 印加電圧条件による影響 液体誘電体の絶縁破壊電圧は，電圧の波形や電圧印加条件によって変化する．図 4.12 は絶縁油における絶縁破壊電圧の印加電圧による相違を示す[10]．図は一例であるが，一般に絶縁破壊電圧は，直流または商用周波数の交流電圧よりインパルス電圧印加時のほうが高く，かつインパルス電圧の波尾長が短いほど高くなる．これは，インパルス電圧による絶縁破壊電圧が不純物の影響を受けにくいためであり，各種液体の絶縁耐力を比較するのに適している．

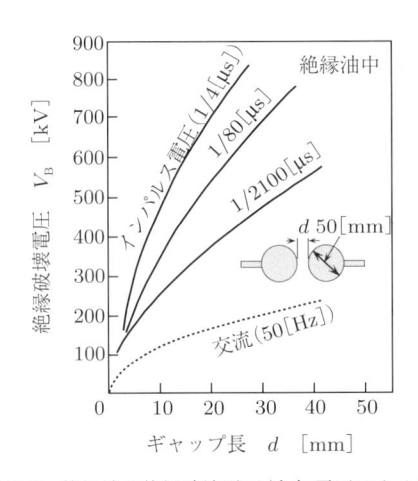

図 4.12 絶縁油の絶縁破壊電圧(印加電圧による相違)

表 4.1 は，各種有機液体について測定された破壊電界強度 E_B の例である[11]．表中の μ は**双極子モーメント**(dipole moment)であり，静電単位[esu][b]で示してある．また，P は**分子パラコル**(parachor)を表す．分子パラコルとは，一定表面張力のときの分子容量，すなわち分子の大きさを表す量であり，次式で定義される．

$$P = \frac{My^{1/4}}{D-d} \tag{4.15}$$

ただし，M は分子量，y は表面張力，D は液体の密度，d は蒸気の密度を表す．表 4.1

---

b) 静電単位[esu]：電磁気の単位系(CGS 系)を表す．SI 単位系に変換すると，1 [esu] = 3.336 × 10^{-10} [C] となる．

表4.1 各種有機液体の絶縁耐力

液体		双極子モーメント μ[esu]	分子パラコル P	破壊電界強度 E_B [MV/cm]	液体		双極子モーメント μ[esu]	分子パラコル P	破壊電界強度 E_B [MV/cm]
鎖状化合物	CCl_4	0.0	222	1.60	鎖状化合物	C_2H_6O	1.6×10^{-18}	132	0.80
	C_6H_6		207	1.50		CH_4O		98	0.68
	CS_2		148	1.41		C_2H_5Br	2.0×10^{-18}	163	0.80
	$(C_2H_5)_2S$	1.0×10^{-18}	238	1.26		$CH_3COC_2H_5$	2.7×10^{-18}	199	0.79
	$(C_2H_5)_2O$		210	1.11		CH_3COCH_3		160	0.64
	$CHCl_3$		185	1.00	環状化合物	$C_6H_3(CH_3)_3$	0.5×10^{-18}	324	1.65
	C_3H_8O		160	0.93		$C_6H_4(CH_3)_2$		285	1.49
	$C_6H_{14}O$	1.6×10^{-18}	285	1.26		$C_6H_5CH_3$		246	1.31
	$C_5H_{12}O$		242	1.12		C_6H_5I	1.5×10^{-18}	281	1.42
	C_2H_5I		186	0.94		C_6H_5Br		258	1.31
	CH_3I		147	0.82		C_6H_5Cl		244	1.28

[測定条件:電極(球ギャップ:ϕ11.8[mm]球,ギャップ長0.1[mm]),
印加電圧:インパルス電圧(1/5[μs]),圧力:1[atm],温度:15[℃]]

より双極子モーメント μ が小さく,分子パラコル P が大きいほど破壊電界強度は増加することがわかる.

例題 4.1 変圧器油が具備すべき基本的性質を述べよ.

解 (1) 絶縁抵抗が高く,絶縁耐力が大きいこと.
(2) 粘度が低く流動性に富み,冷却効果が期待できること.
(3) 引火点が高いこと.
(4) 流動点が低いこと.
(5) 化学的に安定であること(できるだけ中性にし,油化学作用を起こさないようにする).
(6) 金属の腐食性や油の劣化原因になるような不純物を含まないこと.
(7) 全酸化が小さいこと.
(8) フルフラール価が4以上であること(高電界下で絶縁油のガス発生吸収特性は油の長期安定性を左右するため,ガス発生吸収量の基準としてフルフラール価が用いられている).
(9) 蒸発量が少ないこと.

例題 4.2 絶縁油の絶縁耐力を商用周波数の交流電圧で測定する場合,電圧の上昇速度によって絶縁破壊電圧はどのように変化するか.

解 電圧がゆっくり上昇,すなわち電圧の印加時間が長くなると,絶縁破壊電圧は低下することが知られている(絶縁油の絶縁性能試験法(JIS-C2101)では,3[kV/s]で上昇して絶縁破壊電圧を測定することになっている).

4.1.3 液体誘電体の絶縁破壊理論

　液体誘電体の絶縁破壊理論としては，「電子的破壊説」と「気泡破壊説」の二つに大別される．その他，「不純物による破壊」や「コロナ放電を伴う破壊」など種々の機構が調べられているが，考慮すべき因子がきわめて多い．このため，絶縁破壊現象の定量的な説明はかなり複雑である．

(1) 電子的破壊説

　液体中で電子の衝突電離が起こることを前提とし，それに伴う電子増倍作用，または空間電荷効果による電界増大が火花放電の支配的原因であるとする考えに基づく説が，電子的破壊説である．

　平等電界中の電気伝導特性（図 4.1）で示したように，液体誘電体中で火花放電が起こる前には，電流の急激な増加現象が見られる．このことから，液体中でも気体中と同様に電子の衝突電離が起こり，電子なだれが発生して火花放電に至ることが考えられる．しかし，液体中では電子の平均自由行程がきわめて短いので，電子は電界から十分なエネルギーを得ないうちに衝突する．このため，液体分子の電離確率は気体よりも非常に小さい．したがって，この説が正当であるかどうかは賛否両論であるが，実験事実として火花放電が起こる前に，液体中で光放出が観測されている．このことを考慮すれば，電子は少なくとも液体分子の励起エネルギー（約 2.5 [eV] 以上）をもっていたことになるので，電離に必要なエネルギー（約 10 [eV]）まで加速される可能性は十分考えられる．したがって，衝突電離による電子なだれがある大きさに成長するのに必要な電界強度に達すると，火花放電が起こる．

　また，電界放出によって陰極から注入された電子が，衝突電離によって電子と正イオンを作ると，両者の移動度の差によって，正イオンが陰極前面に空間電荷として存在し，陰極表面の電界強度を増加する．そのため，電子放出が促進され陰極表面の電界上昇が正帰還として作用し，ある値以上の電界強度に達すると，火花放電に至るという説もある．

(2) 気泡破壊説

　電圧の印加によって液体中の溶解ガスが気泡に成長し，火花放電の支配的原因がこの気泡の発生にあるとする考えに基づく説が，気泡破壊説である．液体誘電体に圧力を加えると，絶縁破壊電圧が上昇するという実験事実から，気泡破壊説は脱ガス処理を施していない通常の液体に直流または交流電圧を印加した場合などに対して妥当であり，多数の研究者によって調べられている．

　液体誘電体中に気泡が発生する原因としては，次のような過程が考えられる．

（ⅰ）電極表面の微小な凹凸に吸着した気体分子や液体中に溶解している気体分子が，電界の作用または伝導電流による熱的作用などで気泡に成長する．

(ⅱ) 空間電荷の静電反発力が液体の表面張力を超えたとき微小な気泡となる．
(ⅲ) 高エネルギーの電子が液体の中性分子を解離して気体を発生する．
(ⅳ) 陰極上の微小突起などで生じたコロナ放電によって液体が蒸発し，気泡となる．

このようにして形成された気泡は，電界中でその位置エネルギーを最小に保とうとして電界の方向に引き伸ばされる傾向がある．カオ(K. C. Kao)[12]は変形する気泡の体積を一定と仮定し，気泡に沿う電位差が気泡内部の気体に対するパッシェン曲線の最小値に達すると火花放電が起こるものとして，そのときの絶縁破壊電界 E_c を次式のように表した．

$$E_c = \frac{1}{\varepsilon_L - \varepsilon_G} \left[\frac{24\pi\sigma(2\varepsilon_L + \varepsilon_G)}{r} \left\{ \frac{\pi}{4}\left(\frac{V_0}{2rE_c} - 1\right)^{\frac{1}{2}} \right\} \right]^{\frac{1}{2}} \quad (4.16)$$

ただし，ε_L は液体の誘電率，ε_G は気体内部の気体の誘電率，σ は液体の表面張力，r は初期の気泡(球形)半径，V_0 は気泡内部の気体の最小破壊電圧を表す．式(4.16)には左右両辺に E_c が含まれるので，E_c は試行錯誤法から求められるが，計算値と実験値の圧力依存性を比較した E_c の結果は，傾向の一致はあるものの数値的にはかなりの差がある．これは初期の気泡の成長を考慮せず，気泡の体積を一定と仮定していることによると考えられる．

一方，ワトソン(P. K. Watson)[13]とシャーボー(A. H. Sharbaugh)[14]は気泡の発生に必要なエネルギーの考察から，絶縁破壊電界の理論式を次のように導出している．m [g]の液体を温度 T_b [K]から T_a [K]まで上昇して気化させるために必要なエネルギー ΔH は，次式で与えられる．

$$\Delta H = m\left\{C_p(T_b - T_a) + L_b\right\} \quad (4.17)$$

ただし，C_p は液体の定圧比熱，L_b は液体の蒸発潜熱を表す．また，実験的研究から陰極表面上の微小突起付近に存在する液体に与えられるエネルギー ΔW を次のように表した．

$$\Delta W = AE^n\tau \quad (4.18)$$

ただし，A，n は定数，E は電界強度，τ は流動する液体が突起付近の高電界領域に滞留する時間を表す．ここで，式(4.17)と式(4.18)のエネルギーが等しくなったときの電界を絶縁破壊電界強度 E_c とすれば，

$$E_c = \left[\frac{m}{\tau A}\left\{C_p(T_b - T_a) + L_b\right\}\right]^{\frac{1}{n}} \quad (4.19)$$

となる．式(4.19)で $n = 3/2$ とした場合の計算値は，n-ヘキサンに対する実験値(E_c の圧力依存性)とよく一致することが確かめられている．

しかし，きわめて急峻なインパルス電圧に対する絶縁破壊電圧は，液体中の気泡形成が追従できないことから圧力の影響がなくなるので，このような場合は前述の電子的破壊説を考えなければならない．

4.2 固体誘電体中の電気伝導と絶縁破壊

固体誘電体は無機質からなる材料（ガラス，磁器，雲母など）と，有機質からなる材料（ベークライト，紙，ポリエチレンなど）の二種類があり，それらの電気的特性もさまざまであるが，高電圧絶縁分野では，とくに体積抵抗，表面漏れ抵抗，誘電率，誘電体損，絶縁耐力が重要な特性である．固体誘電体の絶縁破壊現象は，材料の分子構造的性質，寸法や形状，周囲条件など多くの因子が影響するのでそのメカニズムも非常に複雑である．

4.2.1 固体誘電体と電気伝導
(1) 誘電分極と誘電体損

固体誘電体を構成する無極性分子に電界が加わると，分子中の正・負電荷がクーロン力を受けてわずかに移動し，双極子モーメントが現れる現象を**誘電分極**（dielectric polarization）という．

ある電極間に固体誘電体を挿入し，電圧を印加すると，図4.13に示すように誘電体の両端に電極と反対極性の電荷が現れる．そのため，電極間の電界強度は誘電体の挿入によって弱められる．

また，誘電体に交流電圧を印加すると，誘電体に電荷の変位による摩擦などでエネルギー損失が生じる．いま，面積 S，ギャップ長 d の平行平板電極間を固体誘電体で

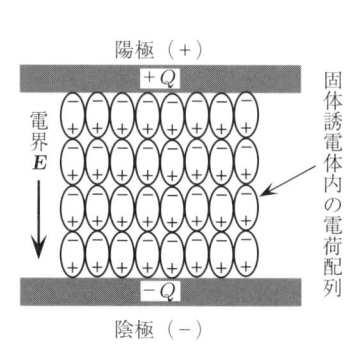

図4.13 固体誘電体の誘電分極

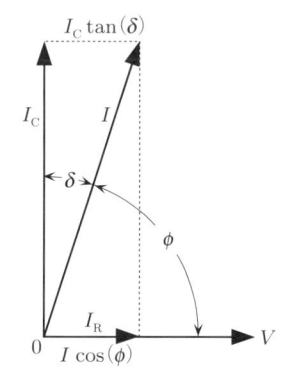

図4.14 誘電体の電流と電圧の関係

満たした静電容量 C のコンデンサを形成し,電極間に角周波数 ω の交流電圧 V を印加すると,図 4.14 に示すような電流 I が流れる.すなわち,コンデンサが理想的であるなら電流は I_C のみであるが,一般の誘電体では電圧と同相の電流成分 I_R が流れ,誘電体のなかで電力が消費されることになる.このような電力消費は**誘電体損**(dielectric loss)といわれる.

誘電体損 W は,図 4.14 のベクトル図から次のように求めることができる.I と V の位相角を ϕ,I_C と I の位相角を δ とすれば,$I_C = \omega CV$,$I\cos(\phi) = I_C \tan(\delta)$ の関係から W は次のように表される.

$$W = VI\cos(\phi) = \omega CV^2 \tan(\delta) = \omega V^2 \frac{S}{d} \varepsilon \tan(\delta) \tag{4.20}$$

ただし,ε は固体の誘電率を表す.ここで,式(4.20)の δ を**誘電損角**(dielectric loss angle),その正接を**誘電正接**(dielectric loss tangent)または単に **tanδ** という.誘電正接は誘電体の電気的性質を表す重要な量であり,誘電体の形状や大きさには無関係である.誘電体損が大きい(すなわち,$\tan(\delta)$ が大きい)材料では温度の上昇を招くため,誘電体の絶縁耐力が低下する.したがって,冷却が困難な場所に固体誘電体を使用する場合には,$\varepsilon \tan(\delta)$ の小さな材料の選択が必要である.

(2) 固体誘電体中の電気伝導

(A) 誘電体吸収 固体誘電体に一定の直流電圧を時間 $t=0$ で突然印加するか,または印加していた電圧を突然遮断し誘電体を短絡すると,その瞬間から電流は図 4.15 のような時間変化を示す.この電流は図に示す三つの成分 I_c,I_a,I_l から成り立っている.

最初の電流成分 I_c は**充電電流**(charging current)といわれる.これは,電極の構成によって決まる静電容量を充電する電流であり,液体誘電体でも生じるものである.次に流れる電流成分 I_a は固体誘電体の分極に基づく電流であり,**吸収電流**(ab-

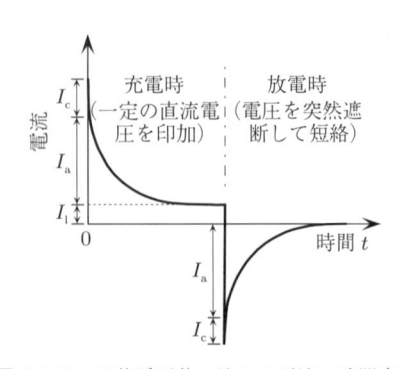

図 4.15 固体誘電体に流れる電流の時間変化

sorption current)といわれる．吸収電流は t^{-n} に比例して減少するが，その減衰時間は誘電体の材質や温度，湿度などによって変わり，数分～数時間に及ぶこともある．このような電流の漸減現象を一般に**誘電体吸収**(dielectric absorption)とよんでいる．また，一定値に落ち着く電流成分 I_1 は，荷電粒子の移動による伝導電流であり，**漏れ電流**(leakage current)といわれる．漏れ電流は固体の表面を流れる**表面漏れ電流**(surface leakage current)と固体の内部を流れる**体積漏れ電流**(volume leakage current)の二つの成分からなる．誘電体吸収による最大電流値は漏れ電流の数倍～数十倍に達することもある．

　固体誘電体の体積漏れ電流または体積抵抗率の測定は，図4.16のような回路構成で行う．固体誘電体試料の片面に主電極と**ガード電極**(guard ring)を同心円状に取り付け，他面に対向電極を設けて接続する．この場合，スイッチ S_1 を急に閉じると誘電体吸収により大きな電流が流れるので，検流計を保護するためにその両端には短絡用のスイッチ S_2 を接続しておく．すなわち，あらかじめ S_2 を閉じた状態で S_1 を閉じ，充電電流を大地に流した後に S_2 を開いて，検流計の電流を読むようにしなければならない．また，ガード電極は誘電体の側面を流れる表面漏れ電流を全体の電流から分離して大地に流し，固体内部を流れる電流だけを検出するために取り付けられる．

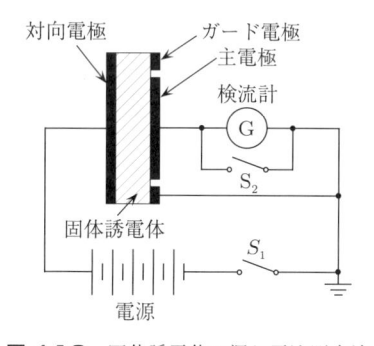

図4.16　固体誘電体の漏れ電流測定法

(B) 電気伝導機構　固体誘電体中を流れる荷電粒子は，総称して**キャリア**(charge carrier)とよばれる．固体誘電体の電気伝導機構はキャリアの種類とその生成起源によって**イオン性伝導**(ionic conduction)と**電子性伝導**(electronic conduction)の二つに分類される．しかし，通常の固体誘電体は，その全体が規則正しい分子配列の結晶構造をしているわけではない．微細な非晶質固体や結晶質固体の集団，またはこれらの共存状態，あるいは1分子を構成する原子数がきわめて多く連なった高分子化合物がほとんどである．このため，どちらの機構が主な役割を果たしているかを見きわめ

ることが重要である．図4.17は，固体誘電体の電流と電圧の関係を模擬的に示す．図中の「領域A」はオームの法則に従う直線領域，「領域B」は指数関数的に電流が増加する領域，「領域C」は電流が急増する破壊前駆領域を表す．このように固体誘電体の電気伝導特性には，気体（図3.3参照）や液体（図4.1参照）の場合のような飽和領域はみられない．

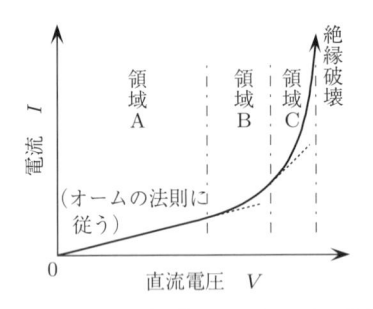

図4.17 固体誘電体の電流と電圧の関係

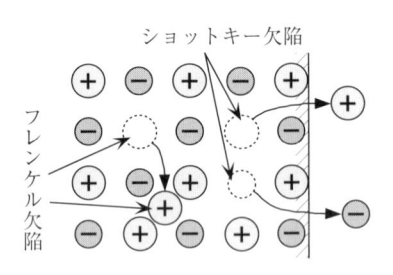

図4.18 イオン結晶の格子欠陥

「イオン性伝導」は，キャリアとしてイオンが電界によって移動することによる電気伝導であり，固体がイオン結晶の場合に適用される．一般に，イオン結晶中には格子欠陥とよばれる不完全性が存在する．格子欠陥としては図4.18に示すように**フレンケル欠陥**（Frenkel defect）と**ショットキー欠陥**（Schottky defect）の二種類がある．フレンケル欠陥は，イオンが格子点を離れて結晶格子の中に割り込み，格子点に**空孔**（vacancy）ができた欠陥である．一方，ショットキー欠陥は，格子点を離れたイオンが表面に出て空孔だけが残った欠陥である．固体中にこのような空孔が存在すると，電界の作用で格子欠陥に隣接するイオンが空孔に落ち込み，イオンは順次移動する．非晶質固体や共有結合結晶の場合には，イオンは原子配列の隙間をぬって，ある安定な位置から次の安定な位置へと飛び移る．

「電子性伝導」は，固体誘電体内を電子（または正孔）が電界の作用で移動することによる伝導機構であり，その移動形式にはエネルギー帯モデルやホッピングモデルなどが考えられている[15]．エネルギー帯モデルは半導体物性で用いられるエネルギー帯モデルを適用し，電子が原子間隔より長い平均自由行程をもって伝導帯を移動すると考えるものである．非晶質固体や格子欠陥が多い結晶では，電子は格子欠陥との衝突などにより平均自由行程が小さくなるため，この場合はホッピングモデルで説明されている．すなわち，個々の分子の付近に局在する電子が，振動する際に分子間の電位障壁を乗り越えて隣接分子に飛び移り，伝導する．

これらは比較的低い電界における電気伝導であり，ほぼオームの法則が成り立つ（図

4.17「領域 A」).

電界強度が大きくなると，電流はオームの法則から外れ，非線形的に増加する．これは固体誘電体内部のキャリア移動による電流 I_b（これを**バルク電流**(bulk current)という）と陰極からの電界放出による電子放出電流 I_e によってキャリア密度が増加することに起因する．I_b と I_e が等しくない場合には，固体内部に次のような空間電荷が蓄積され，電子放出電流に影響を与える．$I_e > I_b$ ならば，電子は固体中の不純物や欠陥などに捕らえられて，陰極付近に負の空間電荷（ホモ電荷）を形成し，陰極表面の電界を弱めるため I_e は抑制される．しかし，$I_e < I_b$ ならば，陰極付近に正の空間電荷（ヘテロ電荷）が形成され，陰極表面の電界を強めて電子放出が増加する（図 4.17「領域 B」).

さらに電界強度を増し絶縁破壊近くになると，伝導する電子が電界から得るエネルギーが格子原子との衝突によって失われるエネルギー損失より大きくなり，ますます加速されて原子を電離するようになる．そのため，電子なだれが生じて電流は急増し，最終的には全路破壊に至る（図 4.17「領域 C」).

固体誘電体中の電気伝導は，誘電体の種類，構造，不純物などによって影響されるので，どの機構が支配的であるかを知ることは困難であるが，一般には低電界の電気伝導はイオン性伝導が主な機構であり，高電界になるほど電子性伝導が主体となる場合が多い．

4.2.2 絶縁破壊現象

固体誘電体に印加する電圧が絶縁破壊電圧 V_B に達すると火花放電が起こり，電極間は短絡状態となって不連続的に大電流が流れる．いったん火花放電が起こると，電圧を取り除いても放電路は永久的に残るので絶縁物としては使用できなくなる．このような絶縁破壊は**貫通破壊**(puncture)とよばれる．

(1) 部分放電とトリーイング

図 4.19 に示すように，電極表面に微小な凹凸や突起（図中の P）がある場合，その先端では局部的な高電界が形成され，部分放電（コロナ放電）が発生する．また，固体内部に微小な空洞（図中の A）や電極との接触が悪い部分（図中の B）がある場合には，それらの気体中で部分放電が発生する．これは，とくに**ボイド放電**(void discharge)といわれ，一種の無声放電である．部分放電が繰り返し発生すると，固体誘電体は次第に侵食されて絶縁耐力が低下する．

このような部分放電を防止するために次のような対策がとられている．

(i) 電極表面を滑らかにし，固体誘電体との接触をよくする．または誘電体表面に半導電層をつくって局部的な高電界の発生を抑制する．

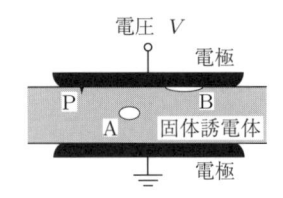

図 4.19　固体誘電体中の部分放電発生要因

（ⅱ）クリーンルームなどで作業し，固体誘電体中への異物混入を避け，電界の集中や空洞の発生が生じないようにする．

（ⅲ）固体誘電体中の空洞に絶縁油を染み込ませて空洞の絶縁耐力を上げる．この方法は **OF 式**といわれ，クラフト紙などに絶縁油を染み込ませて絶縁性能を向上させた **OF ケーブル**(oil filled cable)に実用されている．また，電力用コンデンサなどの絶縁にも OF 式が用いられている．

（ⅳ）無機物の誘電体を適当に使用する（無機物の誘電体は部分放電に対して非常に強い）．

（ⅴ）適宜，部分放電試験を行う（部分放電が生じるとパルス状の電流が検出され，誘電体損も増加する．また，部分放電は貫通破壊の前兆として生じることも多い）．

一方，固体誘電体に直流または交流電圧，あるいはインパルス電圧を印加すると，樹枝状の放電が進展し，その痕跡が残る．これを**トリー**(tree)といい，トリーが発生する現象を**トリーイング**(treeing)とよぶ．図 4.20 は，透明なアクリル樹脂に針電極を埋め込み，インパルス電圧を印加した場合の代表的なトリーイングである．トリーの形態としては，樹枝状トリー，ブッシュ状トリー，扇状トリーなどが観測されている（図 4.20 は樹枝状トリーの例である）．

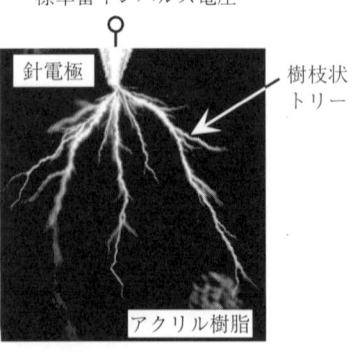

図 4.20　インパルス電圧によるトリーイング

4.2 固体誘電体中の電気伝導と絶縁破壊

また,高分子材料の一つである**架橋ポリエチレン**(crosslinked polyethylene)は,絶縁耐力が高く柔軟性もあるので,図4.21に示すような構造の電力ケーブル(このケーブルを**CVケーブル**(crosslinked polyethylene insulated polyvinyl-chloride sheathed cable)という)に用いられている.しかし,架橋ポリエチレンは,ボイド放電や局部的高電界によるトリーイングが発生しやすいという弱点がある.とくに,水分が含まれると,低い電圧でもトリーが発生する.これを**水トリー**(water tree)といい[16],図4.22にその一例を示す.それゆえ,架橋ポリエチレンの製造には水蒸気を使わず,ケーブルなどに用いる場合は防水を厳重に行っている.

このようなトリーイングによって,固体誘電体の絶縁耐力が低下し,貫通破壊が起きやすくなる.

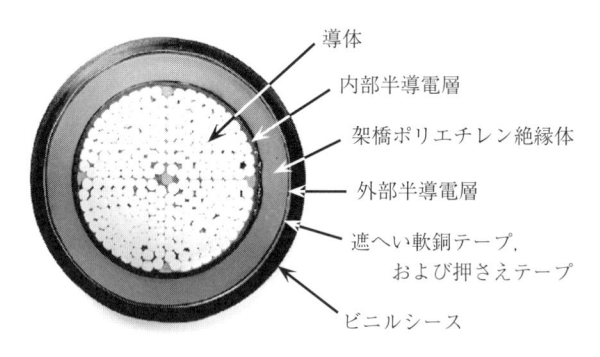

図4.21 CVケーブルの構造

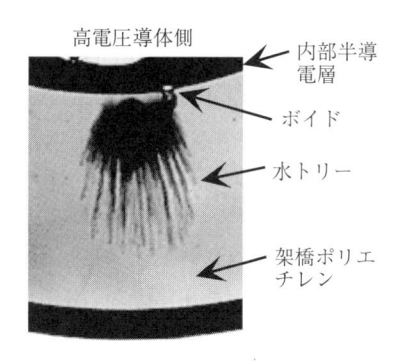

図4.22 架橋ポリエチレン中の水トリー

(2) 絶縁破壊に及ぼす種々の効果

固体誘電体の絶縁破壊電圧は,試験条件(電極の形状や配置,印加電圧の種類,温度,湿度など)によって影響され,これらは一般に誘電体本来の絶縁耐力を低下させる場

合が多い．

(A) 電極端効果と媒質効果　固体誘電体の絶縁破壊電圧 V_B を測定する場合は，ある厚さ d の板状試料を金属電極に挟んで電圧を印加することが多い．このときの V_B/d が試料の絶縁耐力を表すことになる．しかし，電極と試料を十分に密着させても，電極の縁端部では電界の集中が起こり，空気中ではそこに部分放電が発生しやすく，電圧の上昇とともに部分放電は固体の表面に沿う沿面放電となって進展し，電極間の沿面フラッシオーバが生じる（3.4.1 項参照）．このため，固体の貫通破壊は起こりにくい．また，固体誘電体は部分放電によって変質，劣化，あるいは侵食を受けることもあり，試料が本来もっている絶縁破壊電圧より低い電圧で火花放電が起こる．このような現象を**端効果**（edge effect）という．

端効果を防止するには，次の対策などが必要である．

（ⅰ）電極の端部に丸みをつけて電界の集中を避けるか，球ギャップを用いる．
（ⅱ）不純物を取り除いた絶縁油中で試験を行う．この方法は油中試験という．
（ⅲ）電極と試料の接触を良くするため，金属蒸着やメッキ，あるいは導電性塗料を塗って電極とする．また，加工成型が可能な材料なら，図 4.23 のような凹部を設けて測定する

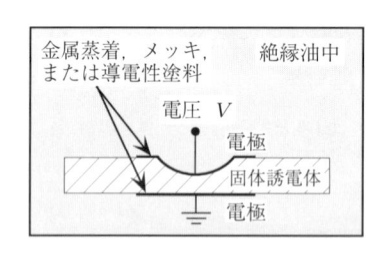

図 4.23　試料に凹部を設けた電極配置

図 4.24 は，油中における磁器材料の交流絶縁破壊電圧 V_B の測定例を示す[8],[10]．図の C のような電極配置では油中コロナが発生しやすいため，V_B の値は低くバラツキも大きいが，凹部を設けた試料 B では V_B の値が増加する．また，A は油に圧力を加えて部分放電の発生を抑えた場合の特性であり，V_B はさらに上昇する．このように固体誘電体の絶縁破壊電圧は端効果のみならず，その周囲媒質の条件（種類，圧力）によっても影響される．この現象を**媒質効果**（medium effect）という．固体誘電体が本来もつ絶縁耐力（これを**固有破壊強度**（intrinsic breakdown strength）という）を測定するためには，端効果が極力起こりにくい状態で行うことがもっとも重要である．

(B) 寸法効果　試験電極の面積や試料の体積が大きくなると，一般に絶縁耐力は低下する傾向がみられる．これを**寸法効果**（size effect）という．これは，固体誘電体

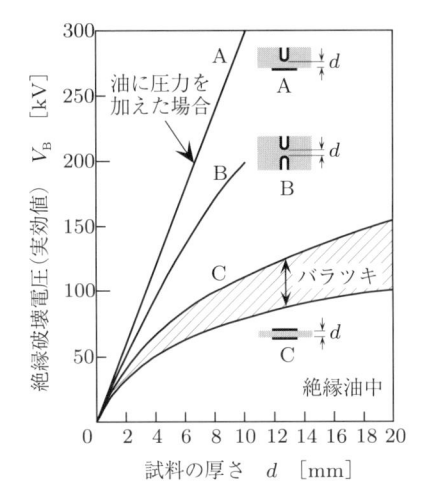

図4.24 油中における磁器材料の交流絶縁破壊電圧
(周波数：50 [Hz])

の絶縁破壊がその表面や内部に存在する不均質部や気泡などの弱点によって起こる場合が多い．電極面積や試料体積が増すと，その弱点の存在する確率も増すことが原因と考えられている．とくに，電極面積による影響は**電極面積効果**といわれ，試料体積による影響は**試料体積効果**といわれる．図4.25は，油浸紙の絶縁耐力に及ぼす電極面積効果の例である[17]．絶縁破壊電界 E_B と電極面積 S の関係は次のような実験式で与えられている．

$$E_B = C - C_0 \ln(S) \tag{4.21}$$

ただし，C, C_0 は定数である．

(C) 試料厚さと絶縁破壊電圧　平等電界における固体誘電体の絶縁破壊電圧 V_B と試料の厚さ d の関係は，試料が極端に薄くない限り次のような実験式で与えられ，

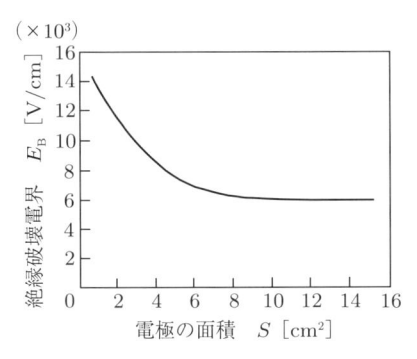

図4.25 油浸紙の電極面積効果

V_B は d の増加とともに増加する．

$$V_B = Ad^n \tag{4.22}$$

ただし，A，n は定数を表し，一般に n は $0.3 \sim 1$ の値をとることが多く，端効果などを極力抑えると 1 に近づくことが知られている．

また，試料が非常に薄い結晶の場合(約 $0.1 \sim 10[\mu\mathrm{m}]$)には，絶縁破壊の機構が後述の電子的過程をとるようになり，厚さが電子の平均自由行程に近づくと，破壊電界強度が急激に上昇する．

(D) 温度，湿度の影響　固体誘電体の絶縁破壊に及ぼす温度の影響については，実用上の絶縁設計や絶縁破壊機構を探求するために多くの研究が進められている．一般に，絶縁破壊電圧は，ある温度領域まではほとんど変化しないが，その領域を越えると温度の上昇とともに低下する．図 4.26 は，一例としてポリエチレンの絶縁破壊電圧 V_B と温度 T との関係を示す[8]．V_B が変化する温度や特性の傾向は誘電体の種類によって異なるが，高温領域での絶縁破壊は後述の熱的破壊機構から説明される．

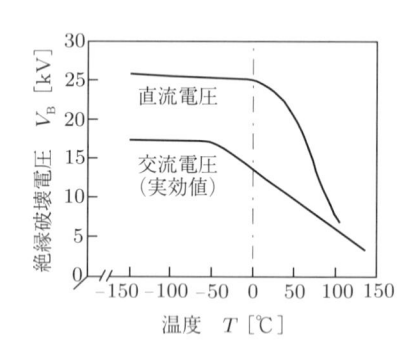

図 4.26　ポリエチレンの絶縁破壊電圧 V_B と温度の関係

一方，固体誘電体は周囲の湿度によってその電気的性質が非常に変化しやすく，とくに繊維質のものは水分子との親和性が高いため，容易に吸湿する．したがって，固体誘電体を大気中に長時間さらしておくと，$\tan(\delta)$ が上昇し，誘電体損が増すとともに絶縁耐力が低下する．これを防ぐために，材料を十分乾燥したのちワニスやその他の材料で含浸処理を施すなどの対策がとられる．

(E) 印加電圧条件による影響　絶縁破壊電圧は電圧の種類，印加時間，極性などによって異なり，試料の材質や周囲条件によっては特異な値を示すこともあるが，その相違を大まかにまとめると次のようになる．

(i) 一般に，直流破壊電圧は商用周波数の交流破壊電圧(最大値)より高く，次のような関係となる．

$$\frac{直流破壊電圧}{商用周波数の交流破壊電圧（最大値）} = 絶縁耐力比 \;\; > 1$$

(ⅱ) 交流電圧の周波数が上昇すると，絶縁破壊電圧は低下する．
(ⅲ) 一般に，インパルス電圧による絶縁破壊電圧は直流破壊電圧（または交流破壊電圧の最大値）より高く次のような関係となる．

$$\frac{インパルス電圧による絶縁破壊電圧}{直流破壊電圧または交流破壊電圧の最大値} = 衝撃比 \;\; > 1$$

しかし，KCl結晶では0〜180〔℃〕の温度範囲で，衝撃比が1以下となることが報告されている[18]．

(ⅳ) インパルス電圧の波頭長を長くすると，絶縁破壊電圧は低下する．
(ⅴ) 針-平板電極のような不平等電界では，直流破壊電圧に次の極性効果がある．
　　「針（負極性）の絶縁破壊電圧」 ＞ 「針（正極性）の絶縁破壊電圧」
(ⅵ) 試料に電圧を印加する時間の増加とともに，絶縁破壊電圧は低下する．絶縁破壊電圧 V_{Bt} と電圧印加時間 t の関係は，ピーク[19]によって次のような実験式で与えられている．

$$V_{Bt} = V_{B\infty}\left(1 + \frac{C}{\sqrt[4]{t}}\right) \tag{4.23}$$

ただし，V_{Bt} は任意の時間 t における絶縁破壊電圧，$V_{B\infty}$ は電圧印加時間が無限大のときの絶縁破壊電圧，C は材料や温度による定数を表す．

例題 4.3

ある媒質（比誘電率 ε_1）中に置かれた平行平板電極の間に，固体誘電体（比誘電率 ε_2）が図Aのように挿入されている（図は電極端部の拡大図を示す）．次の問いに答えよ．
(1) 図中におけるPの部分の媒質が破壊するのに要する印加電圧 V_B を求めよ．ただし，媒質の破壊電界強度は E_B である．
(2) 媒質が空気の場合にコロナ開始電圧 V_c は

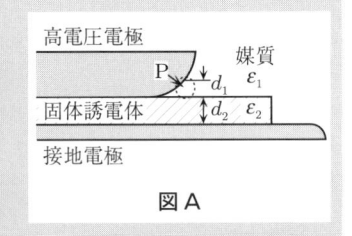

$$V_c = V_B\left(1 + \frac{\zeta}{d_1}\right)$$

で表されることを示せ．ただし，V_B は平等電界における空気の絶縁破壊電圧，d_1 はこのときの空気層の厚さを表す．また，ζ は固体誘電体の厚さと誘電率の比を表す．

図A

解 (1) 印加電圧を V とすると，P部分の d_1 間に加わる電界強度 E_1 は式(1.32)より次のように表される．

$$E_1 = \frac{\varepsilon_2}{\varepsilon_1 d_2 + \varepsilon_2 d_1} V$$

媒質は $E_1 = E_B$ で破壊するので，そのときの電圧 V_B は次のようになる．

$$V_B = \frac{\varepsilon_1 d_2 + \varepsilon_2 d_1}{\varepsilon_2} E_B$$

(2) 印加電圧を V とすると d_1 間に加わる電界強度 E_1 は，(1)と同様に次のように表される．ただし，空気の比誘電率は $1(\varepsilon_1 = 1)$ である．

$$E_1 = \frac{\varepsilon_2}{d_2 + \varepsilon_2 d_1} V$$

したがって，$V = V_c$，$E_1 = V_B/d_1$，$\zeta = d_2/\varepsilon_2$ とおけば，$V_c = V_B\left(1 + \dfrac{\zeta}{d_1}\right)$ が得られる．

例題 4.4 空気（比誘電率 $\varepsilon_1 = 1$）中に，ギャップ長 $d = 10$ [mm] の平行平板電極がある．いま，接地側平板電極に密着して厚さ $d_s = 1$ [mm]，比誘電率 $\varepsilon_2 = 5.0$ のガラス板を取り付け，電極に 30000 [V] の電圧を加えた．そのとき，ギャップ間ではどのような現象が起こるか．ただし，空気の破壊電界強度を 30000 [V/cm]，ガラスの破壊電界強度を 250000 [V/cm] として考察せよ．

解 電圧を印加した直後，空気層に加わる電界強度 E_1 は，

$$E_1 = \frac{\varepsilon_2}{\varepsilon_1 d_s + \varepsilon_2 (d - d_s)} V = \frac{5.0}{1.0 \times 0.1 + 5.0 \times (1.0 - 0.1)} \times 30000 = 32600 \quad [\text{V/cm}]$$

となり，空気の絶縁破壊電界 30000 [V/cm] を越えるので，空気層は絶縁破壊する．このとき，全電圧がガラス板に加わるので，ガラス板の電界強度 E_2 は，

$$E_2 = \frac{V}{d_s} = \frac{30000}{0.1} = 300000 \quad [\text{V/cm}]$$

となり，ガラスの絶縁破壊電界 250000 [V/cm] を越えるので，ガラス板も貫通破壊する．

例題 4.5 ギャップ長 d の平行平板電極間に置かれた固体誘電体（比誘電率 ε_s）の内部に，図 B(a) のような厚さ a，断面積 S の板状微小ボイド（空気：$a \ll d$）が存在する場合，その等価回路は図(b)のように表せる．ただし，C_c はボイドの静電容量，C_b はボイドと直列の部分（図(a)の領域 I）の静電容量，C_a は残りの部分（図(a)の領域 II）の静電容量を表す．いま，ボイド中の破壊電界強度を E_B とすると，ボイド中で絶縁破壊が起こるときの電極間電圧 V_S はどのよう示されるか．

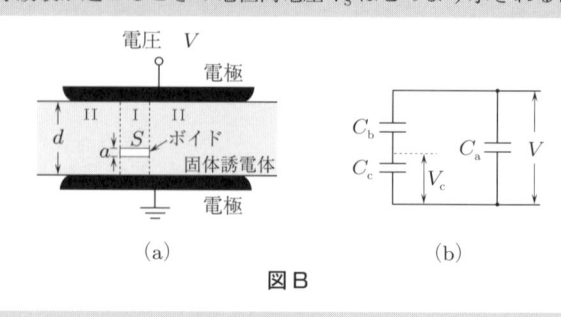

図 B

解 静電容量 C_b と C_c は,

$$C_\mathrm{b} = \frac{\varepsilon_0 \varepsilon_\mathrm{s} S}{d-a}, \qquad C_\mathrm{c} = \frac{\varepsilon_0 S}{a} \qquad (\text{ただし, } \varepsilon_0 : \text{空気(真空)の比誘電率})$$

で表される. また, 電極間電圧が V のときのボイドにかかる電圧 V_c は,

$$V_\mathrm{c} = \frac{C_\mathrm{b}}{C_\mathrm{b} + C_\mathrm{c}} V = \frac{1}{1 + \dfrac{d-a}{\varepsilon_\mathrm{s} a}} V$$

となる. したがって, ボイド中で絶縁破壊が起こる電極間電圧 V_s は, 次式で表される.

$$V_\mathrm{s} = \left(1 + \frac{d-a}{\varepsilon_\mathrm{s} a} \right) a E_\mathrm{B}$$

4.2.3 固体誘電体の代表的な絶縁破壊理論

固体誘電体の絶縁破壊理論は, **熱的破壊**(thermal breakdown)と**電気的破壊**(electrical breakdown)の二つに大別できる.

(1) 熱的破壊

通常の固体誘電体は, その内部に絶縁抵抗が低い何らかの弱点部が存在し, 完全に均質性のものではないので, 電圧が印加されると局部的な弱点部に電流が集中して流れ, 発熱により温度が上昇し, 絶縁抵抗がいっそう低下する. そのため, ますますその弱点部に電流が流れ, その相乗効果によって最終的には絶縁破壊に至る. これは, ワグナー(K. W. Wagner)[20]によって1922年に提唱された機構である.

固体誘電体試料の温度は発熱量と放熱量の平衡状態で定まり, 印加電圧をパラメータとして図4.27のような特性となる. 発熱量 H は温度とともに二次関数的に変化するが, 放熱量 D は直線的に変化する. 図において印加電圧が低く発熱量の曲線が H_1 のような場合, 交点 P_1 より右側の温度領域では放熱量が発熱量を上回るので温度は上昇せず, P_1 の温度を維持する. これに対して印加電圧が上昇し, H_3 のようになると,

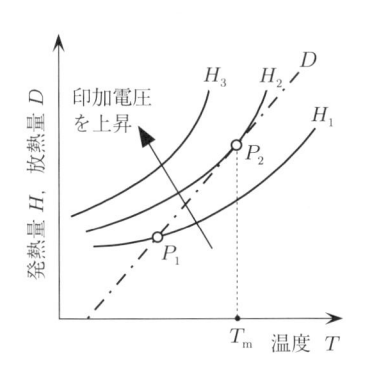

図 4.27 固体誘電体の発熱量と放熱量

発熱量が常に放熱量を上回るので，熱が蓄積され絶縁破壊に至る．したがって，発熱曲線と放熱曲線が接する点（H_2とDの接点）の温度T_mが限界温度となり，この条件が成り立つ電圧から絶縁破壊電圧が推定される．一般に絶縁破壊電圧は印加電圧の種類によって次のような関係がある．

（ⅰ） ゆっくり上昇する直流電圧の場合：試料の厚さと周囲温度の関数となる．

（ⅱ） 急峻に上昇するインパルス電圧の場合：試料の厚さにはあまり関係せず，周囲温度と破壊までの時間の関数となる．

（ⅲ） 交流電圧の場合：固体誘電体の誘電率や誘電損角は温度によって複雑に変化するが，誘電損による発熱が絶縁破壊の主な要因となる．

(2) 電気的破壊

固体誘電体内部の電界によって電子が加速され，結晶格子に衝突してさらなる電子を発生させ，電子なだれを起こして絶縁破壊に至る．このような考えに基づく機構は，ヒッペル（A. Von. Hippel）[21]やフレーリッヒ（H. Fröhlich）[22]らによって固体論的な立場から研究されてきた．絶縁破壊機構はいくつかに分類されるが，ここではその主なものとして**真性破壊**（intrinsic breakdown）と**なだれ破壊**（avalanche breakdown）の二つを説明する．

(A) 真性破壊 固体誘電体中の伝導電子は電界からエネルギーを得て，結晶格子と頻繁に衝突を繰り返し，そのエネルギーを失う．電子が電界から毎秒あたり得るエネルギーAは，電界強度E，電子の状態パラメータξ，格子温度T_lの関数として$A(E, \xi, T_l)$で表せる．また，電子が格子との衝突によって毎秒あたり失うエネルギーBは，ξとT_lの関数として$B(\xi, T_l)$で表せる．したがって，これらの平衡状態では両者が等しいので，

$$A(E, \xi, T_l) = B(\xi, T_l) \tag{4.24}$$

である．しかし，電界強度がある臨界値E_c，またはξがある臨界値を超えると，平衡状態は失われ，電子のエネルギーが増大して絶縁破壊に至る．このE_cが絶縁破壊電界となる．この場合，E_cは試料の寸法，形状，電圧波形などによらないので，その誘電体固有のものと考えられる．なお，伝導電子を一個の電子の平均的振る舞いで代表する場合は，これを**単一電子近似**（single-electron approximation）といい，Aは次式のように与えられる．

$$A = \frac{q^2 \tau E^2}{m} \tag{4.25}$$

ただし，qは電子の電荷量，mは電子の有効質量，τは電子の緩和時間（電子が格子に衝突してから次の衝突までの平均時間の半分）を表す．

(B) なだれ破壊 伝導電子が電界によって加速され衝突電離を起こすほどのエネルギーを得ると，衝突によって格子原子を電離し，これによって生じた新たな電子がまた加速され，次々と格子原子との衝突電離を繰り返して電子なだれが生じる．この電子なだれの大きさがある限界を超えると格子構造が壊れて絶縁破壊に至る．

フレーリッヒは，電子のエネルギーが格子原子の電離エネルギー W_m と一致するような電界を破壊電界強度と定めている．すなわち，単一電子近似において，絶縁破壊の条件は，電子のエネルギー W が電離エネルギー W_m と等しくなるような電界強度 E_B であるので，式(4.24)と式(4.25)より

$$E_B = \sqrt{\left(\frac{mB}{q^2 \tau}\right)_{W=W_m}} \tag{4.26}$$

となる．なお，この場合の絶縁破壊条件は，比較的低い温度に対するものである．

4.3 液体-固体複合構造で生じる放電現象

一般に，複合誘電体は気体，液体，固体の誘電体を互いに組み合わせた絶縁系を指し，数種類の材料を練り合わせたものや混合気体，または混合液体などは，複合誘電体として扱わない．

4.3.1 油中沿面放電現象

絶縁油中の固体誘電体表面においても，気体中と類似(3.4.1項(1)参照)の沿面放電が発生する．しかし，絶縁油の絶縁耐力は気体のそれよりはるかに大きいので，油中の沿面放電開始電圧や沿面フラッシオーバ電圧は，気体中のそれらよりきわめて高い．そのため，油中を進展する沿面ストリーマの先端電界強度も非常に高くなる．いったん沿面放電が起こると固体表面のトラッキングや固体の貫通破壊が生じやすいので，油入電力機器などの絶縁設計を行う際には，沿面放電や油中コロナが極力発生しないように留意しなければならない．そのためには，油中沿面放電の特性や沿面放電に付随した現象をよく把握する必要がある．

(1) 油中沿面放電の性質

絶縁油中に固体誘電体板を置き，片面に平板電極や棒電極などを背後電極として取り付け，これと対向して反対面上に針電極を設置し，インパルス電圧などを印加すると，針先端から進展する沿面放電が観測できる．このような油中沿面放電は基本的に油中ストリーマの進展現象にほかならないが，固体誘電体材料や厚さ，あるいは背後電極の形状や有無などによりその進展状況が異なる．油中沿面放電は気体中の沿面放電と類似した点も多いが，次に示すように顕著な相違点も多い．

第4章 液体中と固体中の放電現象

（ⅰ）油中沿面ストリーマの進展速度は，負極性ストリーマより正極性ストリーマが約2倍程度速く，約 1.5～2.5 [km/s] である．また，これらは気体中のストリーマ速度より約2桁程度遅い．

（ⅱ）油中沿面放電の様相は，印加電圧による極性効果が気体中の沿面放電より顕著に見られる．図 4.28 は，絶縁油中のポリエチレン電線表面で発生した沿面放電の一例である．正極性ストリーマは細いトリー状を示すが，負極性ストリーマはブッシュ状となる．また，油中沿面ストリーマの進展距離は，負極性ストリーマより正極性ストリーマのほうが長くなり，固体誘電体の固有静電容量が大きいほど伸びやすい．しかし，同じ印加電圧に対して，それらは気体中の進展距離より格段に短い．

（ⅲ）正極性ストリーマの進展は，固体誘電体表面の凹凸によってあまり影響されないが，負極性ストリーマの進展は顕著な影響を受ける．図 4.29 は，ポリエチレン電線表面にカミソリ刃で軸に沿って傷をつけた場合の沿面放電を示す．図 4.28 と比較すれば，正極性ストリーマはあまり変化していないのに対し，負極性ストリーマは傷に沿って進展し，その距離が長くなっていることがわかる．

(a) 正極性ストリーマ　　　(b) 負極性ストリーマ

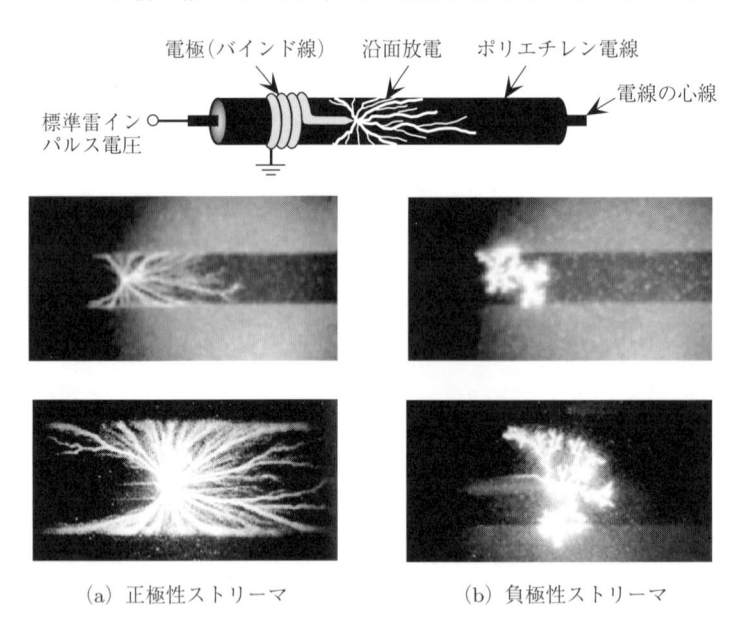

図 4.28　ポリエチレン電線表面の沿面放電の様相
（変圧器油中，印加電圧：標準雷インパルス電圧(1.2/50 [μs])）

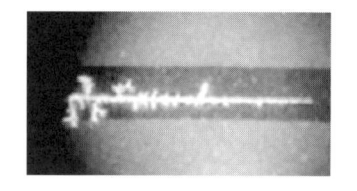

(a) 正極性ストリーマ   (b) 負極性ストリーマ

図 4.29 沿面ストリーマの進展に及ぼす固体表面状態の影響
（変圧器油中，印加電圧：標準雷インパルス電圧(1.2/50 [μs])）

(2) 沿面放電に伴う固体表面の帯電電荷

　気体または液体中の固体誘電体に，いったん沿面ストリーマが進展すると，固体表面にはストリーマの極性と同極性の電荷が蓄積される．この帯電電荷によって印加電圧を取り除いた後でも，固体表面には**表面電位**(surface potential)が現れる．この表面電位は 10 [kV] を超えることも稀でないので，電極に電圧が印加されていなくても，沿面放電の発生直後に固体表面を手で触れるときわめて危険である．

　図 4.30 は，絶縁油中のポリエチレン板上に沿面放電が発生したのち測定された表面電位分布の例である．図は，背後電極として直径 4 [mm] の接地した銅棒をポリエチレン板に取り付け，その対向位置に針電極を設置して負極性の標準雷インパルス電圧（波高値：−70 [kV]）を印加した場合のものである．

　このような帯電電荷が固体表面に存在する状態で沿面放電を発生させると，ストリーマの進展距離はその電荷に影響される．すなわち，帯電電荷と同極性のストリー

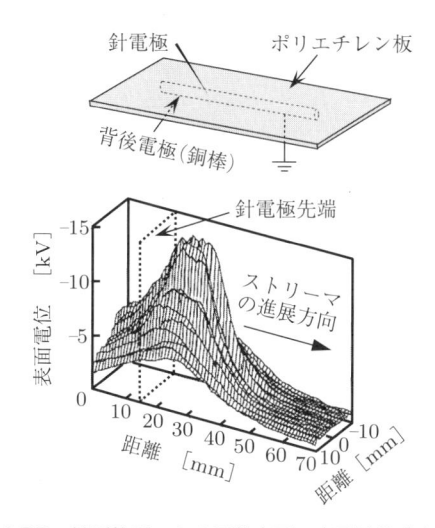

図 4.30 沿面放電による固体表面の表面電位分布例

マは進展が抑制されて，その距離が短縮されるが，異極性のストリーマは進展が助長され，より長く伸びるようになる．

4.3.2 絶縁油の流動帯電現象と火花放電

絶縁油の流動帯電とはどのような現象か，また，この現象がなぜ生じるのか．

液体誘電体が固体絶縁物と接触しながら流動すると，液体が帯電する現象を**流動帯電**(streaming electrification)という．一般に，絶縁油中には正，負同数のイオンが存在し，電気的には中性である．しかし，液体が固体絶縁物に接触して流動すると，正，負イオンの固体への吸着エネルギー差によって，固体絶縁物表面が負に帯電し，油中に残留正イオンが分布する．このようにして発生したイオンがどんどん蓄積され，イオン空間電荷による電界強度が油の絶縁破壊電界を越えると部分放電が生じ，これが進展して火花放電に至ることもある．

この現象は，絶縁性の高い油が乾燥した固体絶縁物と接触して流れるとき顕著に現れる．また，油の流量が増加すると空間電荷の発生も増大するので，油入変圧器などの高電圧大容量化に伴って問題となった．このため，これに関する研究はかなり進められ，現在は信頼性の高い製品が製造されるようになっている．

演習問題

4.1 気体誘電体中と液体誘電体中とでは，平等電界における電気伝導特性(電流と電圧の関係)にどのような相違点があるか説明せよ．

4.2 絶縁油中の針-平板電極における電気伝導特性について，空間電荷制限電流とは何かを説明せよ．

4.3 絶縁油中の針-平板電極に直流電圧を印加した場合の油中コロナについて，針電極の電圧極性による相違点を説明せよ．

4.4 絶縁油中の球ギャップにインパルス電圧を印加した場合，絶縁破壊電圧が不純物によってあまり影響されない理由を述べよ．

4.5 絶縁油中に気泡が発生すると，油の絶縁耐力は低下する．その理由を述べよ．

4.6 液体誘電体の絶縁破壊理論を2種類挙げ，簡単に説明せよ．

4.7 液体誘電体中と固体誘電体中とでは，平等電界における電気伝導特性(電流と電圧の関係)にどのような相違点があるか説明せよ．

4.8 固体誘電体中の部分放電を防止する対策について4種類挙げ，簡単に説明せよ．

4.9 固体誘電体の絶縁破壊電圧を測定する場合，端効果を防止する対策を述べよ(図a参照)．

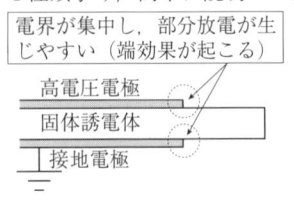

電界が集中し，部分放電が生じやすい（端効果が起こる）

高電圧電極
固体誘電体
接地電極

図a

4.10 固体誘電体の絶縁破壊理論を分類し，簡単に説明せよ．
4.11 油中の沿面放電現象について，正極性ストリーマと負極性ストリーマの相違点を説明せよ．
4.12 以下のことばを簡単に説明せよ．
（1）EHD 流動　　（2）誘電体損　　（3）誘電体吸収　　（4）OF 式
（5）トリーイング　（6）油中沿面放電　（7）絶縁耐力比　（8）衝撃比

第5章 高電圧の発生と高電圧絶縁試験

　近年，種々の分野に高電圧技術が浸透し，高電圧を利用した機器が頻繁に使用されている．また，送電系統の電圧もますます高電圧化している．そのため，高電圧機器は長期信頼性の確保，過電圧サージなどの異常電圧に耐え得る絶縁設計の観点から，交流，直流，インパルス高電圧によるさまざまな絶縁試験が行われる．
　一般に，高電圧機器は**安全率**(safety factor)といわれる考え方から，通常の運転電圧よりも高い電圧を加え，絶縁耐力を確かめる方法がとられる．しかし，加える電圧の大きさや電圧印加時間などを一義的に決めることは困難であり，現在はいろいろな経験に基づいて，機器が通常使用する電圧の約2倍を1分間印加することが一応の標準となっている．また，このような絶縁試験以外にも，通常の使用電圧より若干高い電圧で部分放電などの有無を調べ，より合理的な絶縁設計に努力がはらわれている．これらの高電圧試験あるいは放電研究には，高電圧の発生と測定の技術が必要不可欠である．

この章の目標
　交流，直流，インパルス高電圧の発生方法とその測定法，また主な絶縁試験法を理解する．

5.1 高電圧の発生法

　機器の絶縁試験や放電研究などを行うためには，高電圧の発生装置が必要となる．

5.1.1 交流高電圧の発生

　通常，電力機器は送配電系統から供給される商用周波数(50 [Hz]または60 [Hz])の交流電圧で運転されるので，交流電圧絶縁試験はなるべくひずみ率の少ない 45～65 [Hz]の交流電圧を使用することになっている．

(1) 試験用変圧器

　(A) 試験用変圧器の構造　商用周波数の交流高電圧発生装置として**試験用変圧器**(testing transformer)がある．これは主として供試絶縁物に高電圧を印加し，その絶縁耐力を調べるための変圧器である．図5.1はその概観例である．一般の**電力用変圧器**(power transformer)よりも発生電圧が高く，高電圧側の定格電流を 0.1～1 [A]程度に抑えてあるので，その容量も比較的小さい(数百キロボルトアンペア以下)のが特徴である．通常は一端を接地して用いる．また，短時間定格(30分～1時間程度)

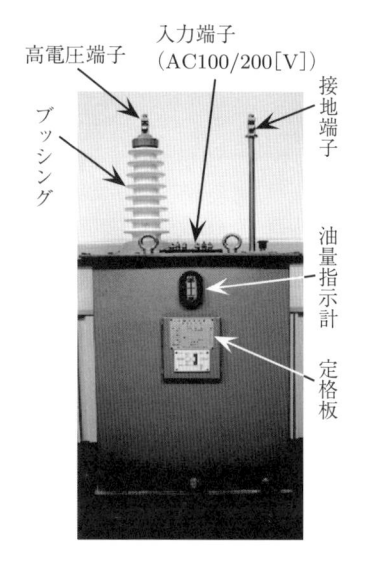

図 5.1 試験用変圧器
(容量 50 [kVA], 二次電圧 50 [kV], 二次電流 0.1 [A]])

であるので冷却の点では比較的問題にならないが, 電気絶縁の面から油入式がほとんどである.

試験用変圧器は電気絶縁を主体とした構造になっており, 鉄心に一次巻線と二次巻線が巻かれるが, その方法には図 5.2 に示すような**外鉄形円板巻線方式**(core type

(a) 外鉄形円板巻線方式　　(b) 内鉄形円筒巻線方式

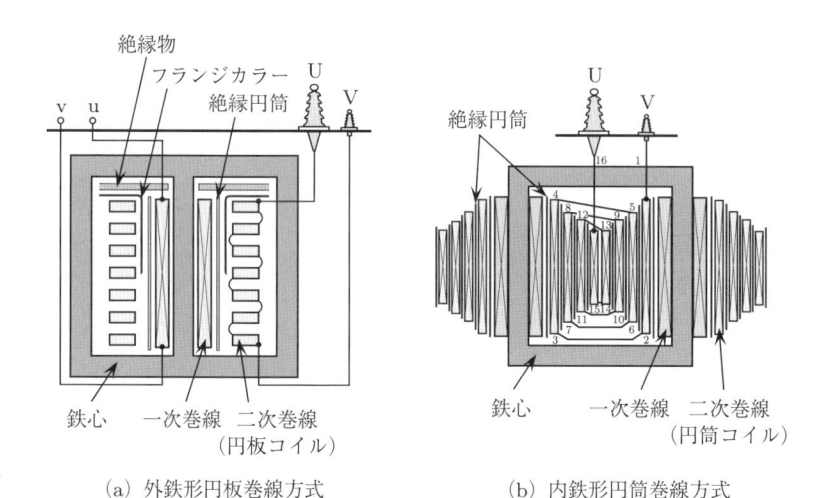

図 5.2 試験用変圧器の巻線方式

disc winding)と**内鉄形円筒巻線方式**(core type layer winding)がある．前者は発生電圧が 150 [kV] 程度以下の場合に使用される．後者はこれ以上の電圧で使用する場合の方式であり，二次巻線が円筒形に巻かれ，外側ほど高電圧として各層間は絶縁円筒で絶縁されている．この方式では，発生電圧 500 [kV] 程度までのものが製造されている．

（B）試験用変圧器の縦続接続法　試験用変圧器は発生電圧が単器 500 [kV] を超えると，絶縁距離が増大すると供に重量も急激に増加して不経済になる．このため，これ以上の電圧が必要な場合は 2 台以上の変圧器を**縦続接続**(cascade connection)する方式が採用される．図 5.3 は 2 段縦続接続の場合を例として示す．この場合は試験用変圧器 T_1 と T_2 にそれぞれ出力電圧 V の $1/2$ が発生する．変圧器 T_1 の二次巻線 S_1 の一部を励磁巻線として利用し，この電圧 V_1 で変圧器 T_2 の一次巻線 P_1 を励磁する．このとき，両変圧器の二次巻線は直列に接続されており，T_2 の外箱には $V/2$ が発生するので，T_2 は絶縁架台に載せて大地から絶縁されている．このようにすれば，T_1 と T_2 自体の発生電圧が定格に応じた値で済む．さらに高い電圧が必要な場合は，試験用変圧器の数を増やして縦続接続すればよいが，下段の変圧器は上段変圧器の励磁巻線容量が加算されるので，下段の変圧器ほど一次側巻線の容量を大きくする必要がある．

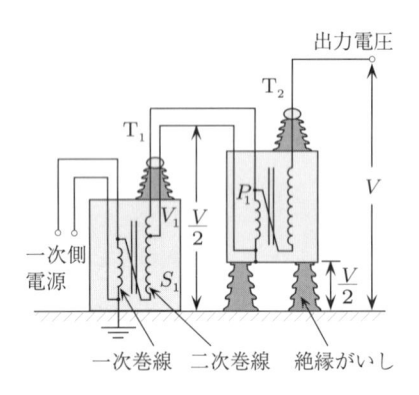

図 5.3　試験用変圧器の縦続接続

例題 5.1　3 台の試験用変圧器 T_1，T_2，T_3 を 3 段縦属接続した場合，出力端子電圧を V とすると，T_2 と T_3 の絶縁架台にはそれぞれどれだけの電圧が加わるか．

解　各段の変圧器には出力電圧の $1/3$ ずつが発生するので，T_2 と T_3 の絶縁架台（外箱）にはそれぞれ $(1/3)V$ と $(2/3)V$ が加わる．

(C) **コンデンサブッシング** 電力用変圧器や試験用変圧器などの高電圧部分を機器のタンクから引き出すためには,電気絶縁を施す必要があり,その方法として分割絶縁方式を用いた**コンデンサブッシング**(condenser bushing)が広く用いられる[1]。これは図5.4に示すように,円柱導体の周りに絶縁紙などの誘電体と金属箔を交互に巻きつけ,多層のコンデンサを形成させたものである.いま,円柱導体の中心から r の位置にある金属箔の軸方向長さを l とすれば,金属箔間の静電容量が金属箔の面積 $2\pi rl$ に比例することから,r と l を適当に調整して各金属箔間の電位を制御できる.したがって,このような構造をとることにより,軸方向と半径方向の電位分布が改善されフラッシオーバ電圧が上昇し,ブッシングの直径も小さくできる.

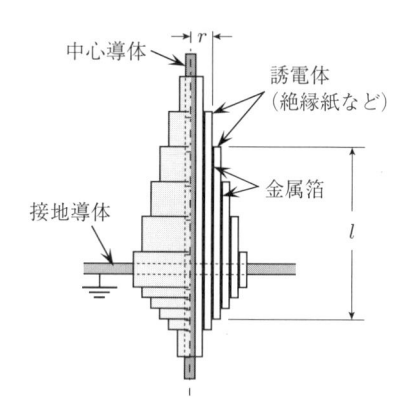

図5.4 コンデンサブッシング

(2) 直列共振法

コンデンサやケーブルなどのような静電容量の大きい供試物の絶縁試験には,共振現象を利用して高電圧を発生させる方法が用いられる.図5.5は,直列共振を利用した高電圧発生回路を示す.試験用変圧器の高電圧側(二次側)と供試物(静電容量 C)の間に可変リアクトル(インダクタンス L)を接続し,L を変化させて C と直列共振させることにより,供試物の両端に変圧器の出力電圧よりも高い電圧が発生する.この

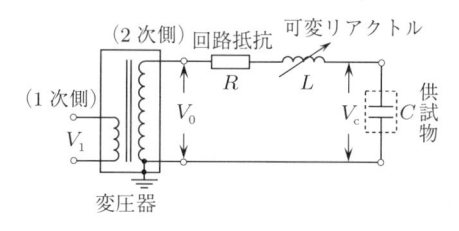

図5.5 直列共振を利用した高電圧発生回路

場合，リアクトルの両端にも供試物と同程度の電圧が加わるので，耐電圧の十分大きいリアクトルを使用するか，またはリアクトルを何台かに分けて絶縁する必要がある．

このような直列共振法の利点としては，次のようなことが挙げられる．
（ⅰ）電源の基本周波数に対して共振させるので，発生電圧の波形ひずみが少ない．
（ⅱ）供試物に貫通破壊やフラッシオーバが発生すると，共振条件が自動的に外れて短絡電流がリアクトルのインピーダンスによって制限されるので，供試物の損傷を極力抑えることができる．

しかし，部分放電が発生する場合や漏れ電流が大きい場合などでは共振条件が定まらず，出力電圧が変動するので注意が必要である．

例題 5.2　図 5.5 の回路において L と C が共振状態にある．このとき，C 両端の電圧 V_c は変圧器の二次電圧 V_0 の何倍となるか．ただし，回路抵抗 R，電源の角周波数 ω，L との間には，$\omega L/R = 30$ の関係があるとする．

解　L と C が共振状態であるので，$\omega L = 1/\omega C$ となる．そのとき，回路に流れる電流 I_0 は $I_0 = V_0/R$ であり，C の両端電圧 V_c は次のようになる．

$$V_c = \frac{1}{\omega C} I_0 = \omega L I_0 = \frac{\omega L}{R} V_0 = 30 V_0$$

ゆえに，V_c は V_0 の 30 倍である．

5.1.2　直流高電圧の発生

直流高電圧の発生装置としては，変圧器と整流装置を組み合わせた「整流形直流高電圧発生装置」と静電気を利用した「静電的直流高電圧発生装置」が実用的である．

(1) 整流素子を用いた高電圧発生法

従来，高電圧の整流装置には**ケノトロン**(kenotron)といわれる二極整流管が用いられてきたが，半導体技術の発達に伴い，近年はもっぱら**半導体整流器**(semi-conductor rectifier)が使用されるようになった．半導体整流器にはシリコン整流素子が広く用いられるが，単体の逆耐電圧（整流素子に加えられる逆方向電圧の最大値）は数百〜数千ボルト（最近は，さらに大きな逆耐電圧の素子も製造されている）であるので，

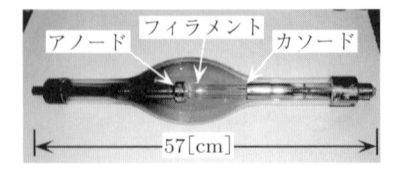

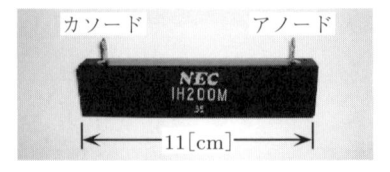

(a) ケノトロン　　　　　　(b) 高電圧半導体整流器

図 5.6　ケノトロンと高電圧半導体整流器

普通は多数の素子を直列に接続して使用する．図5.6は，ケノトロンと半導体整流器の一例を示す．

(A) 基本整流回路　基本整流回路としては，**半波整流回路**(half wave rectifier circuit)と**全波整流回路**(full wave rectifier circuit)がある．

図5.7は，半波整流回路とその出力電圧波形を示す．図(a)において，整流器Dに流れる電流は順方向(矢印の方向)のみであるので，負荷抵抗R_Lには一方向の電流(直流電流)が流れ，その両端に正極性の直流電圧V_dが得られる．負極性の電圧を得るには整流器を逆に接続すればよい．また，V_dの時間的変化を少なくするための**平滑回路**(smoothing circuit)としてコンデンサCが接続される．無負荷状態(負荷に電流が流れない状態：$R_L=\infty$)では，コンデンサCの両端電圧は変圧器の二次電圧波高値V_mとほぼ等しい一定値となり，負荷が接続された状態ではCの充電電荷がR_Lを通して放電する．これらは変圧器二次電圧の半周期ごとに起こるので，図(b)のように平滑された直流電圧V_dには脈動が生じる．この脈動の程度は，直流電圧V_dの最大値をV_{d1}，最小値をV_{d2}，平均値をV_aとして，$(V_{d1}-V_{d2})/V_a$で表される．これを**脈動率**(pulsation factor)または**リプル率**(ripple factor)という．図において，V_{d1}からV_{d2}に至る時間tは，Cに充電された電荷がR_Lを通して放電していく時間であり，Cの放電電荷と放電電流の平均値I_aとの関係は，$C(V_{d1}-V_{d2})=I_a t=(V_d/R_L)t$($C$：コンデンサの静電容量，$R_L$：負荷の抵抗値)となる．また，時間$t$は電源の周波数$f$の逆数$1/f$にほぼ等しい．したがって，脈動率は次式のように表すことができる．

$$\frac{V_{d1}-V_{d2}}{V_a}=\frac{(I_a t/C)}{I_a R_L}=\frac{t}{CR_L}\approx\frac{1}{fCR_L} \tag{5.1}$$

式(5.1)はfとCが大きいほど脈動率が小さい(直流電圧の変動が小さい)ことを表している．

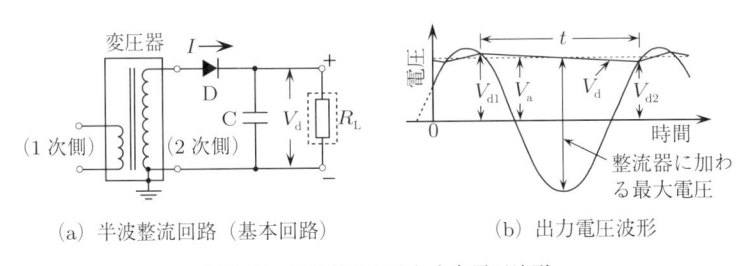

(a) 半波整流回路(基本回路)　　(b) 出力電圧波形

図5.7　半波整流回路と出力電圧波形

なお，図からわかるように，整流器には直流電圧の約2倍の逆方向電圧が加わるので，整流器の逆耐電圧はこの電圧以上のものを使用しなければならない．もし一個の

逆耐電圧が低い場合は，複数個の素子を直列に接続して用いる．この場合は，各素子の特性のバラツキによる電圧分担を均一にするために，抵抗やコンデンサを各素子と並列に接続する．

図5.8は，全波整流回路とその出力電圧波形を示す．図(a)は4個の整流素子を使用してブリッジ回路を構成したものであり，変圧器の二次電圧が全波整流される．回路動作の原理は半波整流回路と同様であるので，詳しい説明は省略するが，図(b)に示すように直流電圧 V_d は，変圧器の二次電圧波高値とほぼ等しくなる．また，脈動率は半波整流の場合の約半分になる．

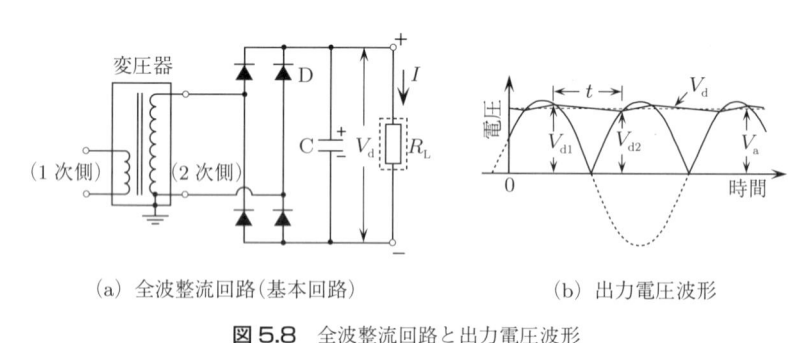

(a) 全波整流回路(基本回路)　　(b) 出力電圧波形

図5.8　全波整流回路と出力電圧波形

(B) 多段充電による整流回路　変圧器の二次電圧に対して，できるだけ高い直流電圧を発生させるために，種々の回路が提案されている．

図5.9の回路では，直流電圧 V_d が変圧器二次電圧(波高値) V_m の2倍の大きさとなる．図(a)は**デロン–グライナッヘル(Delon-Greinacher)回路**といわれ，二つのコンデンサ C_1 と C_2 が変圧器二次電圧の正と負の半サイクルでそれぞれ V_m に充電され，出力端子に $2V_m$ の直流電圧が発生する．また，図(b)は**ビラード(Villard)回路**といわれ，変圧器二次電圧の一つの半サイクルで C_1 が充電され，逆の半サイクルではこの充電電圧と変圧器の電圧との和で C_2 が充電されて，$2V_m$ の直流電圧が発生する．

(a) デロン–グライナッヘル回路　　(b) ビラード回路

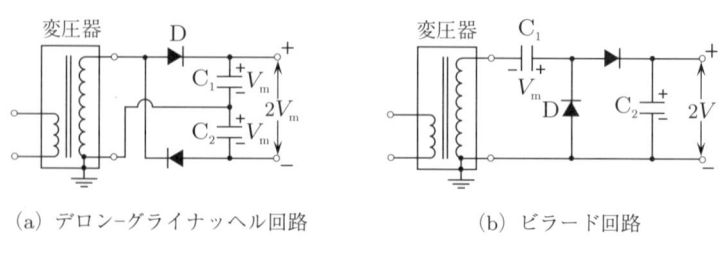

図5.9　倍電圧整流回路

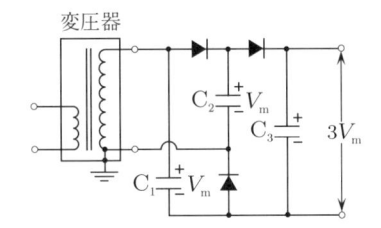

図5.10 3倍電圧整流回路(チンメルマン回路)

図5.10は，変圧器二次電圧(波高値)V_mの3倍の直流電圧V_dを発生する回路であり，**チンメルマン(Zimmermann)回路**または**ウィトカ(Witka)回路**といわれる．変圧器二次電圧の一つの半サイクルでC_1とC_2がそれぞれV_mに充電され，逆の半サイクルでは各コンデンサの充電電圧と変圧器の電圧がすべて直列となって，C_3が$3V_m$に充電される．

以上のような倍電圧整流回路や3倍電圧整流回路の原理をさらに拡張し，n個の整流素子とn個のコンデンサを用いて，nV_mの直流電圧を発生させる多段整流回路(**シェンケル(Schenkel)回路**)もある．しかし，多段整流回路は，耐電圧の非常に高いコンデンサが必要となり，技術的，経済的問題から実用的ではない．

(c) コッククロフト-ウォルトン回路 シェンケル回路の欠点を補った多段整流回路として，図5.11に示す**コッククロフト-ウォルトン(Cockcroft-Walton)回路**がある．これはビラード回路を拡張した形になっており，変圧器二次電圧波高値V_mのn

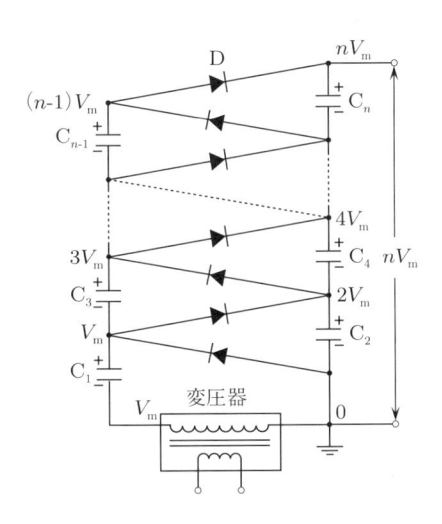

図5.11 コッククロフト-ウォルトン回路

倍の直流電圧が，整流器とコンデンサのn段の積み重ねによって発生できる．図5.11において，C_1は変圧器二次電圧の最初の半サイクルでV_mに充電され，次の半サイクルではこの充電電圧と変圧器の電圧V_mとの和でC_2が$2V_m$に充電される．このようにして，他のコンデンサもすべて$2V_m$に充電され，出力端子にはnV_mの直流電圧が発生する．

この回路は英国のコッククロフト(J. D. Cockcroft)とウォルトン(E. T. S. Walton)(ノーベル物理学賞受賞者(1951年))によって考案されたものである．彼らは，この方式によって約600[kV]の電圧を発生させ，これによって水素イオンを加速し，リチウム(Li)原子に衝突させて，初めて人工的に原子核を破壊することに成功した．当時の整流器にはケノトロンが使用されていたので，これを組み込むための構造は非常に複雑であったと思われる．しかし，現在では図5.11のように半導体整流素子が用いられるので，構造的にも単純化され，直流高電圧発生装置として広く使用されている．

(2) 静電的高電圧発生法

コロナ放電などによって発生した電荷を，機械的に運搬し高電圧電極に蓄積することによって，直流高電圧を発生させることができる．その代表的な装置として，図5.12に示す**バンデグラフ発電機**(van de Graaff genarator)がある．これは1931年，米国のバンデグラフ(R. J. van de Graaff)が原子核研究用の直流高電圧発生装置として考案したものである．

図において，上下2個の滑車P_1とP_2にかけられた絶縁性のよいベルトが，P_2の電動機によって循環駆動されている．また，AとBにコロナ櫛(金属針を櫛状になら

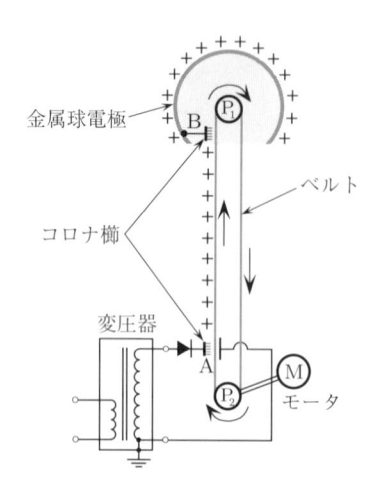

図5.12 バンデグラフ発電機の原理図

べたもの)を取り付け，Aのコロナ櫛に正の直流高電圧を印加すると，それと同極性の正電荷がコロナ放電によってベルトに吹き付けられる．この電荷はベルトに付着し，ベルトと供に上部の絶縁された金属球電極の内部に運び込まれる．しかし，金属球内部に接続されたコロナ櫛Bとの間で放電し，金属球表面はベルトの電荷と同極性に帯電する．このようにして，次々と電荷が金属球に運び込まれると，球電極の電位は次第に上昇し，非常に高い電圧が得られる．この場合，より高い電圧を得るためには，金属球電極の直径を大きくするかまたは装置全体を密閉し，高気圧のSF_6ガスなどを封入して，金属球表面のコロナ放電などによる電荷の漏洩を防ぐ必要がある．

5.1.3 インパルス高電圧の発生

雷サージや開閉サージなどの急峻な異常電圧に対する絶縁試験には，**インパルス電圧発生器**(impulse generator：I. G.)が使用される．そして，その発生波形としては，一般に標準雷インパルス電圧と開閉インパルス電圧(3.2.4項(1)参照)が用いられる．

(1) 基本回路

インパルス高電圧は，基本的に過渡現象論におけるLCR回路の自由振動解析[2]から得られる．図5.13は，インパルス高電圧発生器の代表的な基本回路である．最初，コンデンサCが充電用直流電源によって充電される．図中のR_pは高抵抗値をもつ充電抵抗であり，回路保護も兼ねている．Cの両端電圧がV_cに達したとき放電ギャップGが火花放電を生じるように調整しておくと，火花放電の瞬間(時間$t=0$)にスイッチが投入されたことになるので，Cに蓄えられた電荷はR_s，L，R_0を通して放電し，電流Iが流れる．この電流Iによって，R_0の両端子間にインパルス電圧V_0が発生する．なお，回路中のLはインパルス電圧の波頭長T_fを調整するためのインダクタンスであり，回路自身の漂遊インダクタンスも含めた値である．また，R_sは高周波振動を抑制するための**制動抵抗**(damping resistance)である．

放電ギャップGが$t=0$で火花放電したときの回路方程式は，

$$L\frac{dI}{dt}+(R_s+R_0)I+\frac{1}{C}\int_0^t I dt = V_c \tag{5.2}$$

となり，この式の両辺をtで微分して整理すると，次式の微分方程式が得られる．

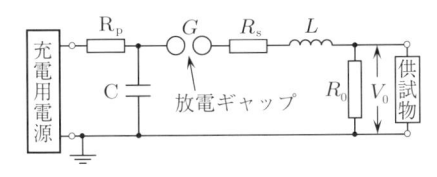

図5.13 インパルス電圧発生器の基本回路(LCR回路)

$$L\frac{\mathrm{d}^2 I}{\mathrm{d}t^2} + (R_\mathrm{s} + R_0)\frac{\mathrm{d}I}{\mathrm{d}t} + \frac{1}{C}t = 0 \tag{5.3}$$

初期条件 ($t=0$ のとき $I=0$, $\mathrm{d}I/\mathrm{d}t = V_\mathrm{c}/L$) を導入して式(5.3)を解くと，次の三つの条件に対応した回路電流 I が得られるので，R_0 の両端電圧 V_0 はオームの法則からそれぞれ次式のように与えられる．

$(R_\mathrm{s}+R_0) > \sqrt{4L/C}$ のとき

$$V_0 = IR_0 = V_\mathrm{c}\frac{R_0}{R}\frac{\alpha}{\beta}\left\{\varepsilon^{-(\alpha-\beta)t} - \varepsilon^{-(\alpha+\beta)t}\right\} \tag{5.4}$$

$(R_\mathrm{s}+R_0) = \sqrt{4L/C}$ のとき

$$V_0 = IR_0 = V_\mathrm{c}\frac{R_0}{R}2\alpha t\varepsilon^{-\alpha t} \tag{5.5}$$

$(R_\mathrm{s}+R_0) < \sqrt{4L/C}$ のとき

$$V_0 = IR_0 = V_\mathrm{c}\frac{R_0}{R}\frac{2\alpha}{\omega}\varepsilon^{-\alpha t}\sin(\omega t) \tag{5.6}$$

ただし，$R = R_\mathrm{s} + R_0$, $\alpha = R/2L$, $\beta = \{\alpha^2 - (1/LC)\}^{1/2}$, $\omega = \{(1/LC) - \alpha^2\}^{1/2}$ である．式(5.4), (5.5), (5.6)に対応した電圧波形を図示すると，それぞれ図5.14のようになる．実際のインパルス高電圧発生器では，単極性の電圧が必要であり，上記の式(5.4)と式(5.5)の条件がこれに対応するが，普通 L が小さく R が大きいので，式(5.4)の条件が標準波形の発生に用いられる．

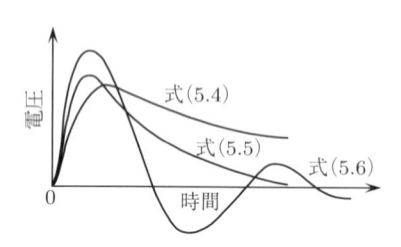

図5.14 インパルス電圧波形

インパルス高電圧発生器の基本回路には，図5.13のLCR回路の他に，図5.15に示すようなCR回路もある．これは波頭長調整用の L の代わりにコンデンサ C_0 を用いた回路となっており，波頭長 T_f は C_0 と制動抵抗 R_s によって調整される．なお，発生するインパルス電圧の解析は，上記と同様に回路方程式を解くことによって求められる．

これらのインパルス高電圧発生器において，インパルス電圧の波高値 V_p とコンデ

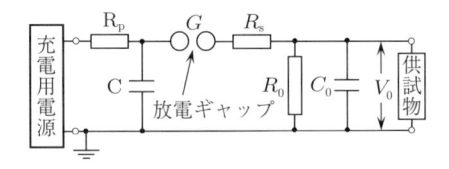

図 5.15 インパルス電圧発生器の基本回路 (CR 回路)

ンサの充電電圧 V_c との比 $\eta(=V_p/V_c)$ は，回路設計を行う上で考慮すべき重要な因子であり**利用率** (efficiency) とよばれる．利用率は次のように求められる．

たとえば，図 5.13 の回路で，式 (5.4) の条件を満足するインパルス電圧波形 (図 5.14 (式 (5.4)) の波形) の場合を考える．この波形の $t=0$ から波高値に達するまでの時間 t_p は，式 (5.4) に $dV_0/dt=0$ の条件を適用すると，

$$t_p = \frac{1}{2\beta} \ln\left(\frac{\alpha+\beta}{\alpha-\beta}\right) \tag{5.7}$$

のように得られるので，波高値 V_p は次式で与えられる．

$$V_p = V_c \frac{R_0}{R} \frac{\alpha}{\beta} \left\{ \left(\frac{\alpha+\beta}{\alpha-\beta}\right)^{-\frac{\alpha-\beta}{2\beta}} - \left(\frac{\alpha+\beta}{\alpha-\beta}\right)^{-\frac{\alpha+\beta}{2\beta}} \right\} \tag{5.8}$$

したがって，利用率 η は次のように表される．

$$\eta = \frac{V_p}{V_c} = \frac{R_0}{R} \frac{\alpha}{\beta} \left\{ \left(\frac{\alpha+\beta}{\alpha-\beta}\right)^{-\frac{\alpha-\beta}{2\beta}} - \left(\frac{\alpha+\beta}{\alpha-\beta}\right)^{-\frac{\alpha+\beta}{2\beta}} \right\} \tag{5.9}$$

ところで，インパルス高電圧発生器を設計する際，発生する電圧波形の波頭長 T_f と波尾長 T_t を与えて，回路定数や利用率を決定するためには，以上のようにかなり厄介な計算が必要となる．そこで，電気学会電気規格調査会標準規格[3]では，波頭長と波尾長の比 (T_t/T_f) に対する特定のパラメータをグラフ化し，このグラフから簡単に求める方法を与えている．

たとえば，図 5.13 の回路において雷インパルス発生装置を設計する場合，まず，コンデンサの静電容量 C の適当な値を選ぶ．次に，T_t/T_f を求めてこれに対応するパラメータ p, q, $\phi_{(k)}$ の値を図 5.16 から求めると，回路定数 L, $R_s + R_0$, 利用率 η は次式から決定される．

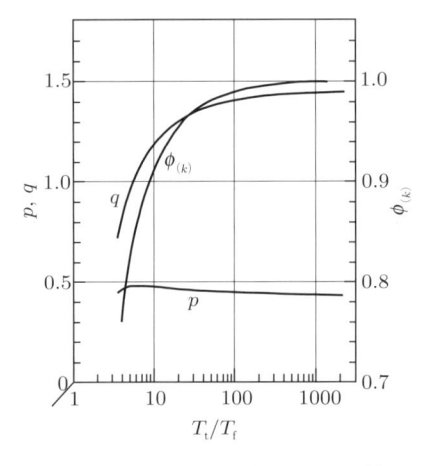

図5.16 p, q, $\phi_{(k)}$ と T_t/T_f の関係

$$\left. \begin{aligned} L &= \frac{p T_f T_t}{C} \\ R_s + R_0 &= \frac{q T_t}{C} \\ \eta &= \frac{R_0 \phi_{(k)}}{R_s + R_0} \end{aligned} \right\} \quad (5.10)$$

なお，R_s と R_0 の各々は利用率と制動効果を考慮して定める．

例題 5.3

図5.13のインパルス電圧発生器（LCR回路）において，標準雷インパルス電圧（1/50 [μs]）を発生させたい．$C=0.01$ [μF]，$R_s=400$ [Ω] であるとき，L，R_0 の値を求めよ．また，このときの利用率 η はどれだけか．

解 1/50 [μs]の標準雷インパルス電圧であるので，$T_t/T_f = 50$ である．このときの p と q の値は，図5.16より $p \approx 0.46$，$q \approx 1.40$ となる．したがって，

$$L = \frac{p T_f T_t}{C} \approx \frac{0.46 \times 50 \times 10^{-6} \times 1.0 \times 10^{-6}}{0.01 \times 10^{-6}} = 2300 \quad [\mu H]$$

$$R_s + R_0 = \frac{q T_t}{C} \approx \frac{1.40 \times 50 \times 10^{-6}}{0.01 \times 10^{-6}} = 7000 \quad [\Omega]$$

となる．ここで，$R_s = 400$ [Ω] であるので，$R_0 = 6600$ [Ω] となる．
また，図5.16より $\phi_{(k)} \approx 0.976$ となるので，利用率 η は次のようになる．

$$\eta = \frac{R_0 \phi_{(k)}}{R_s + R_0} \approx \frac{6600 \times 0.976}{7000} = 0.920$$

(2) 多段式インパルス電圧発生器

インパルス高電圧を発生する上で，前述の回路のように1個のコンデンサのみでは発生電圧に限度があるので，約数百キロボルト以上の電圧を発生させるためには多数のコンデンサを分割して充電する**多段式インパルス電圧発生器**(multi-stage impulse generator)が用いられる．コンデンサの充電方式には，直列充電方式，並列充電方式，直並列充電方式があるが，もっとも一般に使用されているのは倍電圧直列充電方式である．この方式の基本回路は，ドイツのマルクス(E. Marx)によって考案されたので**マルクス回路**(Marx circuit)といわれ，これによる多段式インパルス電圧発生器を**マルクス発生器**(Marx generator)ともよぶ．

図5.17(a)は，マルクス発生器の基本回路を示す(図では3段式の回路を示してある)．また，図(b)は実用されている多段式マルクス発生器の一例を示す．

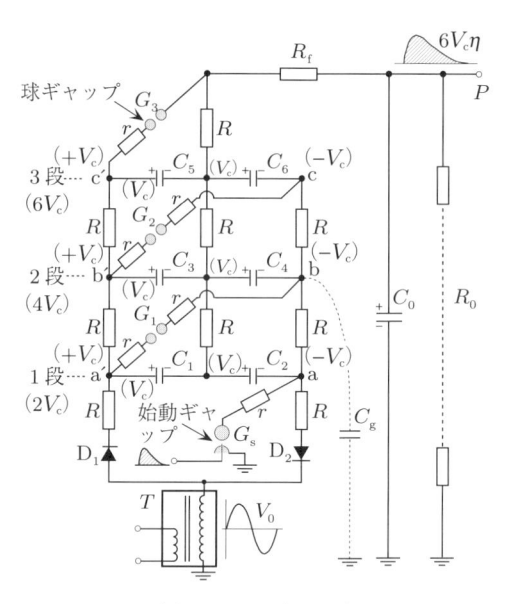

(a) 基本回路(3段式)   (b) 多段式マルクス発生器(発生電圧波高値(最大値)：1500[kV]，金沢工業大学)

図5.17 多段式インパルス電圧発生器(倍電圧直列充電方式)

図5.17(a)において，C_1, C_2, …, C_6 は主充電コンデンサ，R は充電抵抗，r は制動抵抗(発生波形の高周波振動を防止する)，R_0 は放電抵抗を表し，R_f と C_0 はそれぞれ波頭長を調整するための抵抗とコンデンサである．主充電コンデンサは各段ごとに二個が直列に接続され，格段にはそれぞれ球ギャップ G_1, G_2 が取り付けられている．

さらに，最上段には球ギャップ G_3 と並列に抵抗 R が接続され，R_0 を通して充電回路が形成されている．また，最下段には**始動ギャップ**(trigger gap)とよばれる一種の高速スイッチング機能をもつ球ギャップ G_s が取り付けられ，これを作動することによってインパルス電圧を発生させるための放電が開始する．

始動ギャップには，図5.18(a)に示すような有孔ギャップが一般的に用いられるが，図(b)の三球ギャップを用いてもよい．

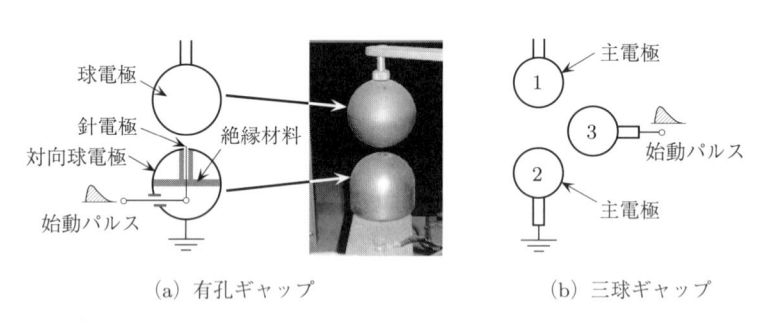

(a) 有孔ギャップ　　　　(b) 三球ギャップ

図5.18 始動ギャップ

有孔ギャップは一方の球電極に直径 1〜5 [mm] 程度の小孔を開け，その中に針電極を挿入した厚さ 1 [mm] 程度の絶縁管を設けておく．別の回路によって発生させた始動パルスをこの針電極に印加すると，まず針電極と有孔球電極との間で小さな放電が発生する．続いて，対向球電極との間に火花放電が誘発されて両球間が短絡される．また，三球ギャップの場合には球3に始動パルスを印加することにより主電極1と2の間に火花放電を誘発する．いずれの場合も主充電コンデンサが所定の充電電圧に達する前に火花放電しないよう，ギャップ長をわずかに大きく調整しておく必要がある．

図5.17(a)の回路動作を説明すると以下のようである．

（ⅰ） 試験用変圧器 T の二次側で発生する正弦波電圧 V_0（実効値）の正の半サイクルで，整流器 D_1 を通る充電電流が主充電コンデンサ C_1, C_3, C_5 を通して流れ，それぞれ図の極性で電圧 V_c ($=\sqrt{2}\,V_0$) に充電される．

（ⅱ） 同様に，正弦波電圧 V_0 の負の半サイクルでは，整流器 D_2 を通る充電電流が主充電コンデンサ C_2, C_4, C_6 を通して流れ，それぞれ図の極性で電圧 V_c に充電される．この時点で図中のa，b，c点の電圧は $-V_c$ であり，a′，b′，c′点の電圧は $+V_c$ である．

（ⅲ） 始動ギャップ G_s を火花放電させると，図中のa点は抵抗 r を通して接地され，電位が0となり，a′点の電圧は $2V_c$ に上昇する．

（ⅳ） b点と大地の間には漂遊容量 C_g が存在するので，始動ギャップの放電直後，

時定数 RC_g に相当する短時間は b 点の電位が $-V_c$ に保たれる．そのとき，b-a'間のギャップ G_1 には $3V_c$ の過電圧が加わり，G_1 の火花放電が起こる．

（v）同様に G_1 が放電すると，こんどは c-b' 間のギャップ G_2 に $5V_c$ の過電圧が加わり，G_2 に続いて G_3 が火花放電してすべてのギャップが火花連絡される．その瞬間に放電電流が一気に R_0 を通して流れ，出力端子 P に正極性のインパルス電圧（波高値 $6V_c$）が発生する．実際には利用率 η があるので，$6V_c\eta$ となる．普通 η の値は 0.9～0.98 程度である．

上記は正極性のインパルス電圧を発生する場合について説明したが，負極性のインパルス電圧を発生するには，図 5.17(a) の最下段に接続されている整流器 D_1 と D_2 をそれぞれ極性反転すればよい．また，もっと高い電圧を発生するには段数を増せばよい．図 5.17(b) では 1500 [kV] の多段式マルクス発生器を示したが 10000 [kV] の発生器もある．

なお，一般に使用される多段式インパルス電圧発生器において，主充電コンデンサの静電容量は 0.5～1.5 [μF] 程度，充電電圧は ±50～±150 [kV] 程度，充電抵抗は 20～30 [kΩ] 程度，制動抵抗は 5～20 [Ω] 程度に選ぶことが多い．

例題 5.4 図 5.17(a) のマルクス発生器において，段数が 10 段の場合に発生する出力電圧の波高値 V_p を求めよ．ただし，試験用変圧器 T の二次側で発生する正弦波電圧 V_0（実効値）は $V_0 = 50$ [kV] であり，利用率 η は 0.93 とする．

解 1 個のコンデンサに充電される電圧 V_c は，$V_c = \sqrt{2}\,V_0$ である．段数が 1 段増すごとに電圧は $2V_c$ ずつ増加するので，10 段では $20V_c$ の電圧となる．したがって，出力電圧の波高値 V_p は利用率 η を考慮して，次のようになる．

$$V_p = 20\sqrt{2}\ V_0 \eta = 20 \times \sqrt{2} \times 50 \times 10^3 \times 0.93 = 1315.2 \quad [\text{kV}]$$

5.2 高電圧の測定

高電圧試験や放電研究では，使用目的に応じて各種の高電圧発生装置が用いられるが，その際，発生する高電圧の大きさを正確に測定する必要がある．要求される測定精度はその目的によっても異なるが，一般に，高電圧試験では ±3 [％] 以内とされている．

5.2.1 交流高電圧の測定

(1) 計器用変圧器を用いる方法

電磁型計器用変圧器（electromagnetic type potential transformer：PT）とよばれる変圧器を用いて，高電圧を低い電圧に変換して測定する方法である．この変圧器を

使用すれば，高電圧を低電圧側に接続した電圧計，オシロスコープ，ディジタルレコーダなどで簡単に測定でき，測定精度もよいので，電力系統や高電圧試験などの電圧測定に広く使用されている．

(2) 高電圧コンデンサを用いる方法

耐電圧の高い複数個のコンデンサを用いて，高電圧を分圧することによって測定する方法であり，1000 [kV] 程度以上の電圧も測定可能である．

(A) 静電容量分圧法　図 5.19 は基本的な測定回路である．静電容量 C_1 の高電圧コンデンサと C_2 の低電圧コンデンサを直列に接続し，$C_2 \gg C_1$ とすれば，C_2 の端子電圧 V_2 が高入力インピーダンスの電圧計やオシロスコープなどで測定できるので，次式より高電圧側の電圧 V_1 が求められる．

$$V_1 = \frac{(C_1 + C_2) V_2}{C_1} \tag{5.11}$$

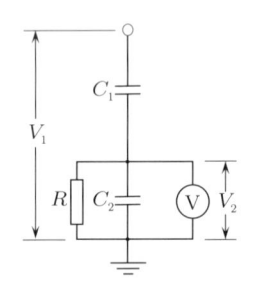

図 5.19　静電容量分圧器

この場合，分圧比 V_1/V_2 は周波数に無関係であるので，高調波の影響も少ない．しかし，C_1 が小さすぎると漂遊静電容量の影響を受けやすくなり，他の物体の接近などによって分圧比が変化するため，通常は 500 [pF] 程度以上のコンデンサを用いる（ただし，C_1 が静電遮へいされている場合には，これ以下の静電容量でもよい）．なお，図中の R はコロナ放電などの直流成分により，C_2 に電荷が蓄積するおそれのある場合に用いる漏れ抵抗であり，$R \gg 1/(\omega C_2)$（ω：交流電圧の角周波数）になるように選ばれる．

(B) コンデンサ型計器用変圧器　図 5.20 に示すように，静電容量分圧器の低電圧コンデンサ（静電容量 C_2）端子間に，インダクタンス L とインピーダンス $\dot{Z}$（巻数比 1 の変圧器と指示計器の組み合わせ）を接続すると，高電圧 $\dot{V}_1$ と $\dot{Z}$ 両端の低電圧 $\dot{V}_2$ の比は次の関係となる．

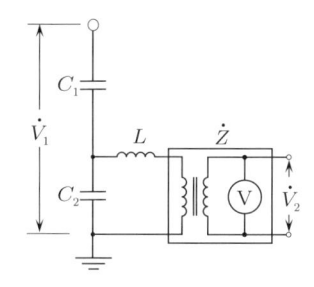

図 5.20 コンデンサ型計器用変圧器

$$\frac{\dot{V_1}}{\dot{V_2}} = \frac{C_1+C_2}{C_1} + \left(\frac{1-\omega^2 L(C_1+C_2)}{j\omega C_1 \dot{Z}}\right) \quad (5.12)$$

ただし，ω は交流電圧の角周波数である．ここで，L の値を $1-\omega^2 L(C_1+C_2)=0$（共振条件）が成り立つようにあらかじめ調整しておけば，式(5.12)は $\dot{Z}$ と無関係になるので，高電圧側の電圧が $\dot{V_1}=(C_1+C_2)\dot{V_2}/C_1$ より求められる．この方式で用いる変圧器を**コンデンサ型計器用変圧器**(capacitance potential device：PD)という．高電圧コンデンサ(C_1)としては，数百～10000 [pF]の油入紙絶縁方式(OF式)が用いられ，1000 [kV]程度のコンデンサまで製作されている．

(3) 球ギャップを用いる方法

同じ直径をもつ球-球電極の絶縁破壊電圧は，印加電圧の種類や周囲の湿度などにあまり影響されず，破壊電圧のバラツキも小さい．したがって，交流，直流，インパルス高電圧の測定に広く用いられている．測定法については高電圧試験の標準規格など[4]～[7]に詳しく記載されており，これに準拠してギャップ長を球直径の1/2以下で用いれば，±3 [%]以内の精度で測定できる．

球ギャップを用いた高電圧の基本的な測定法としては，直接測定法がある．これは球ギャップに電圧(交流または直流)を印加したのち，ギャップ長を徐々に減少させていき，全路破壊が生じたときのギャップ長を記録する方法である．絶縁破壊電圧 V_N は，ギャップ長と破壊電圧の定められた表(付録(I)参照)から読み取ることができる．表から求めた電圧値 V_N は，**標準大気状態**(standard atmospheric condition)，すなわち，温度 20 [℃]，気圧 1013 [mbar]，湿度 11 [g/m^3]，相対空気密度 $\delta=1$ の場合に相当する．このため，測定時の相対空気密度(3.2.3項(1)参照)が δ であれば，実際の電圧値 V_B (波高値)は次式から求められる．

$$V_B = \delta V_N \quad (5.13)$$

なお，球ギャップによる電圧測定では，破壊電圧の**不整現象**(mismatch phenomena)に注意しなければならない．不整現象とは，長時間(たとえば，1日以上)放置した球ギャップを使用して電圧を印加すると，最初の数回はきわめて低い電圧で火花放

電する現象をいう．これは，電極表面に電子を放出しやすい箇所ができるためと考えられている．したがって，電圧測定の際，最初の数回のデータは採用せず，安定した結果が得られるようになってから，3回程度の測定結果を平均して求める必要がある．

(4) 静電電圧計を用いる方法

電圧 V を加えた電極間には，V^2 に比例した吸引力が働く．この現象を利用して交流高電圧の実効値を測定する計測器を**静電電圧計**(electrostatic voltmeter)といい，普通 500 [V] 〜 50 [kV] 測定用のものが多いが，特殊なものでは 1000 [kV] 程度のものもある．図 5.21 はその原理(図(a))と概観例(図(b))を示す．

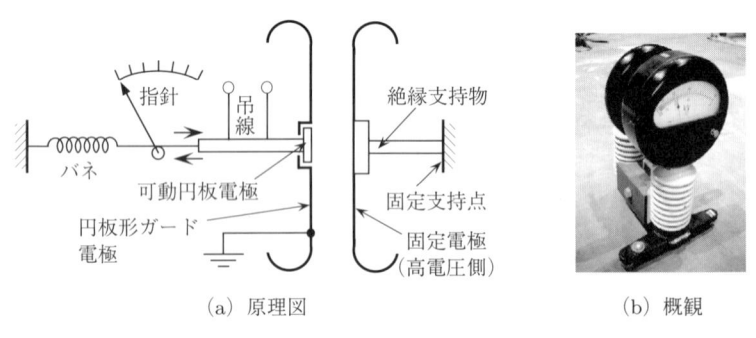

(a) 原理図　　(b) 概観

図 5.21　静電電圧計の原理と概観

円板形ガード電極の中央部分に可動円板電極を設け，高電圧側の固定電極に電圧を印加すると，可動電極が静電吸引力 F によって右方向へ移動するので，その運動を指針で示す構造になっており，内部インピーダンスはきわめて高い．指針計は電圧の実効値で目盛ってある．すなわち，吸引力は交流電圧の瞬時値の 2 乗に比例し，その平均値が指示されるので，電圧は実効値で得られる．また，ガード電極は，可動電極と固定電極の間の電界分布を均等にしてコロナ放電などの発生を防ぐと供に，可動電極の機械的保護も兼ねている．しかし，可動電極は吊線で支えられている構造上，機械的に弱いので丁寧に扱わなければならない．

なお，静電電圧計は直流高電圧の測定にも使用できる．脈動が大きい直流電圧でも，脈動率が 20 [%] 以下なら測定値を平均値として見なせる．

例題 5.5

相等しい静電容量 C をもつコンデンサ n 個を直列に接続し，静電容量分圧法によって高電圧 V を測定したい．いま，接地側コンデンサ 1 個の両端に静電電圧計を接続した場合，静電電圧計で測定される電圧 V_0 はどれだけか．ただし，静電電圧計の静電容量は C_0 とする．

解 直列接続したコンデンサ$(n-1)$個の合成静電容量C_1は，$C_1 = C/(n-1)$である．また，静電電圧計の接続によってCとC_0は並列接続になるので，その合成静電容量C_2は，$C_2 = C + C_0$である．したがって，電圧V_0は次式のように表される．

$$V_0 = \frac{C_1}{C_1 + C_2}V = \frac{C/(n-1)}{\{C/(n-1)\} + C + C_0}V = \frac{1}{n + \frac{C_0}{C}(n-1)}V$$

5.2.2 直流高電圧の測定
(1) 高電圧用高抵抗を用いる方法

高電圧用高抵抗が分圧器あるいは倍率器として用いられる．分圧器として用いる場合は，図5.22(a)のように高抵抗R_1(数百メガオーム以上)と低抵抗R_2を直列に接続する．R_2の端子電圧V_2を高入力インピーダンスの電圧計やオシロスコープなどで測定すれば，次式より高電圧側の電圧V_1が求められる．

$$V_1 = \frac{(R_1 + R_2)V_2}{R_2} \tag{5.14}$$

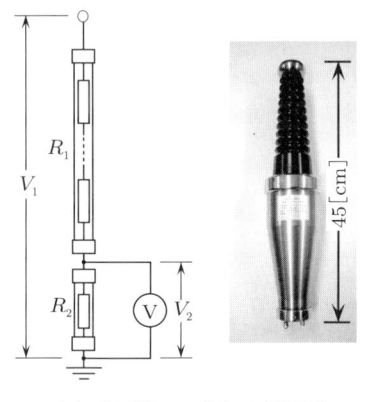

(a) 分圧器   (b) 高電圧プローブ

図5.22 高電圧抵抗による分圧器と高電圧プローブ

抵抗には電流Iが常時流れるためジュール熱(I^2R)が発生するので，抵抗を絶縁油などに浸し油冷して用いる場合もある．また，抵抗R_1は高抵抗であるので，その表面または抵抗の支持物を通して漏れ電流が流れる．この電流が大きいと，分圧比に影響するので注意が必要である．なお，最近では図5.22(b)のような**高電圧プローブ**(high-voltage probe)が市販されている．原理は図(a)と同様であるが，絶縁を確保するため内部にはSF$_6$ガスが封入されている．また，周波数応答もよい(DC～50

[MHz])ので，後述するインパルス高電圧の測定にもよく用いられる．

(2) 静電容量を可動電極で変化させる方法

電界中で電極を可動させ，静電容量の変化による充電電流を測定することによって，直流高電圧が求められる．

(A) 振動電圧計　図 5.23 は，**振動電圧計**(schwing voltmeter)の原理図を示す．円板形ガード電極 G の中央部分に可動円板電極 A を設け，高電圧側の固定電極 H との間の静電容量を C とする．また，可動電極 A は抵抗 r を通して接地されると供に，電磁コイルなどによって電界方向に一定振幅の周期的微小振動が与えられるようになっている．この振動による静電容量 C の変化量はあらかじめ測定されている．いま，電極 A と H の間に一定の直流電圧を加えると，電極 A に電荷 $Q = -CV$ が誘導され，C の変化量に応じて Q が変化するので，電極 A から充電電流 I が流れる．この電流 I は印加電圧 V によって決まるので，I を測定すれば V を求めることができる．

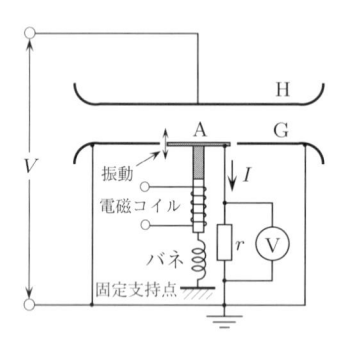

図 5.23　振動電圧計の原理図

(B) 回転電圧計　振動電圧計では可動電極を振動させて静電容量を変化させたが，**回転電圧計**(generating voltmeter)は電極を回転させて静電容量を変化させる．しかし，両者は原理的に同じである．図 5.24 は回転電圧計の原理図である．

円板形ガード電極 G の中央部分に半円筒形の回転電極 A と B が取り付けられ，整流子 S と 2 個のブラシを通して検流計に接続されている．回転電極 A と B を同期電動機により一定回転数で回転すると，高電圧側の固定電極 H と回転電極との間の静電容量 C は時間的に変化する．C の変化量はあらかじめ測定しておく．電極 H に一定の直流電圧 V を加えると，C の変化量に応じて検流計に充電電流 I が流れるので，この電流を測定すれば V を求めることができる．回転電圧計は 1000 [kV] 程度まで測定可能であり，±1 [%] 以内の測定精度を得ることもできる．

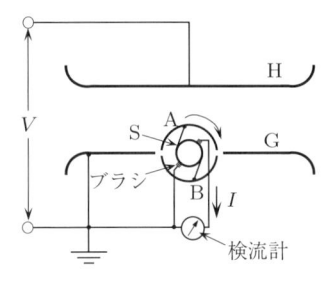

図 5.24 回転電圧計の原理図

5.2.3 インパルス高電圧の測定
(1) 分圧器を用いる方法
インパルス高電圧を適当な**分圧器**(divider)によって低い電圧に分圧すると，高電圧がオシロスコープなどで測定できる．電圧の波形と波高値が同時に得られて便利であるが，インパルス電圧はきわめて短時間に発生する過渡的な電圧であり，分圧器や測定回路に誤差の原因となる多くの因子が含まれやすい．このため，それらをできるだけ低減する工夫が必要である．

(A) **抵抗分圧器とシールド抵抗分圧器** **抵抗分圧器**(resistive divider)は，図 5.25 に示すように高抵抗 R_1 と低抵抗 R_2 を直列に接続したものであり，分圧比 V_2/V_1 は $R_2/(R_1+R_2)$ である．構造は簡単であるが，実際には抵抗体の残留インダクタンス L (抵抗自体がもつインダクタンス)や対地漂遊静電容量 C_g (大地と抵抗間の漂遊静電容量)などが存在し，電圧測定時に波形ひずみなどをもたらす原因となる．このような測定誤差を少なくするために，分圧器の抵抗 R_2 は残留インダクタンスの小さい無誘導抵抗が望ましい．無誘導抵抗としてはマンガニンなどの金属抵抗線を絶縁板や絶縁

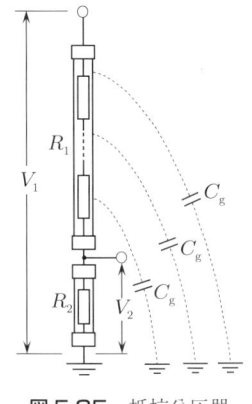

図 5.25 抵抗分圧器

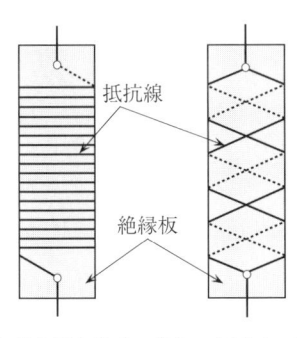

(a) 折り返し巻き　(b) エアトンペリー巻き

図 5.26 金属抵抗線の無誘導巻き方式

筒に巻きつけたものが広く用いられる．その巻き方には，図 5.26 に示すような**折り返し巻き**と**エアトンペリー巻き**がある．その他，ソリッド抵抗や電界液抵抗なども用いられる．

シールド抵抗分圧器(shielded resistive divider)は，前述の抵抗分圧器に**シールド電極**(shielding electrode)を取り付け，対地漂遊静電容量による測定誤差を低減しようとするものである．抵抗分圧器において，抵抗 R_1 の各部分と大地の間には対地漂遊静電容量 C_g が存在（図 5.25）するため，これを通して電流 I が流れ，測定電圧に波形ひずみが生じる．これを補償するために，図 5.27 に示すようなシールド電極を設ける．すなわち，シールド電極と抵抗体各部との間の漂遊静電容量 C_s を通して，抵抗体に電流 I' を流入させる．これによって，抵抗体から対地漂遊静電容量 C_g を通して大地へ流出する電流 I を補償し，対地漂遊静電容量がインパルス高電圧の測定に与える影響を低減できる．また，シールド電極の装着によって電界分布も均一化され，高電圧側で発生するコロナ放電の防止にも有用であるので，インパルス高電圧の測定には一般に広く利用されている．

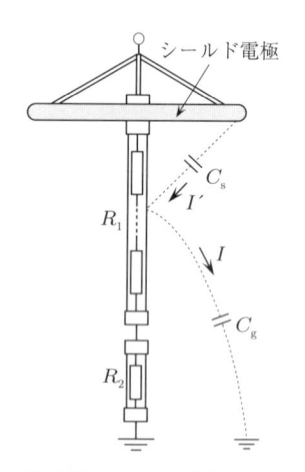

図 5.27 シールド抵抗分圧器

（B）測定回路 インパルス高電圧を測定する際，誘導による影響を避けるために，分圧器と測定器（オシロスコープなど）の距離を適当に離して行うのが普通である．その間を接続するのは，**高周波同軸ケーブル**(high frequency coaxial cable)である．図 5.28 は測定回路の一例を示す．分圧器（図 5.25，または図 5.27）によって分圧された電圧は同軸ケーブルを通して測定器に伝送される．いま，図の a-b 間にインパルス高電圧が印加されると，R_2 の端子間（c-b 間）にはこれと同じ波形の電圧 e_i が発生し，これがサージとして同軸ケーブルの心線を進行する．同軸ケーブルは分布定数回路を

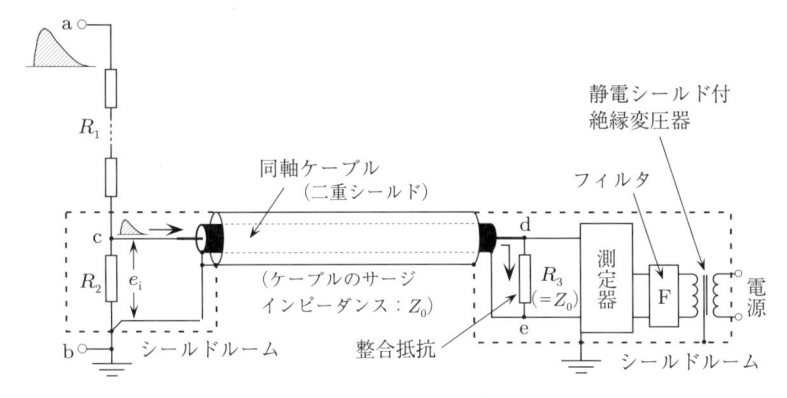

図 5.28 インパルス電圧測定回路の例

構成しており，ケーブルの終端にサージが到達すると，往復反射が生じて振動波形が現れる場合がある．これを防ぐため，ケーブル終端(d-e間)にはケーブルのサージインピーダンス Z_0(同軸ケーブルの種類によって定められている)と同じ値の抵抗 R_3 を接続する必要がある．この抵抗を**整合抵抗**(matching resistor)とよぶ．なお，測定回路に入射するノイズを防止するため，分圧器の低圧側や測定器などには十分な静電遮へい(シールド)を施し，測定器はフィルタや静電遮へい付絶縁変圧器を通して電源に接続する．さらに，同軸ケーブルは二重シールドとして，外側シールドをシールドケースへ，内側シールドを測定器の接地端子へ接続することが望ましい．

(2) 球ギャップを用いる方法

球ギャップの絶縁破壊電圧を利用する測定は，交流電圧の場合(5.2.1項(3)参照)と同様に，標準雷インパルス電圧や開閉インパルス電圧の波高値測定にも標準測定法の一つとして採用されている．標準雷インパルス電圧(1.2/50 [μs])に対する50％フラッシオーバ電圧 V_{B50} の値は，付録(I)から読み取ることができる．なお，この場合も実際の電圧値(波高値)は，表から求めた値に測定時の相対空気密度 δ を乗じて求められる．

(3) リヒテンベルグ図を用いる方法

沿面放電におけるリヒテンベルグ図(3.6.1項参照)の半径(または直径)を測定し，印加したインパルス電圧の波高値を求める方法であり，この測定装置を**クリドノグラフ**(Klydonograph)という．しかし，これらの図形の半径は沿面ストリーマが発生した瞬時の電圧値に関係し，波高値とは直接関係がないことが明らかにされている．クリドノグラフは，もともと送配電線における雷撃など偶発的に発生する異常電圧の現場記録器として開発されたものであり，測定精度はあまりよくない(±20 [％]程度)．しかし，操作が簡単で安価であること，電源が不要なことなどの利点がある．

5.3 インパルス放電電流の測定

インパルス電圧の印加により火花放電が生じると，立ち上がりの鋭い大きなインパルス電流が流れる．

(1) 分流器を用いる方法

インパルス電流を適当な波高値の電圧に変換する装置を**分流器**(current shunt)という．同軸円筒形分流器と折り返し形分流器の二種類が使用され，図 5.29 に示すような構造となっている．

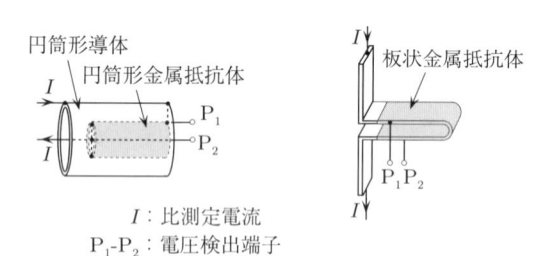

I：比測定電流
P_1-P_2：電圧検出端子

(a) 同軸円筒形分流器　　(b) 折り返し形分流器

図 5.29　インパルス電流測定用分流器

同軸円筒形分流器は，内円筒にマンガニンやニクロムなどの金属抵抗体が使用され，電流を金属外円筒によって反対方向に流れるようにして，残留インダクタンスを極力小さくしている．また，折り返し形分流器は電流が比較的小さい場合に用いられる．

測定回路としては，図 5.28 に示した回路において分圧抵抗 R_2 の代わりに，図 5.29 の分流器を接続する以外は同じである．

(2) 高周波変流器を用いる方法

高周波用の磁心(たとえば，フェライトなど)を用いた**変流器**(current transform-

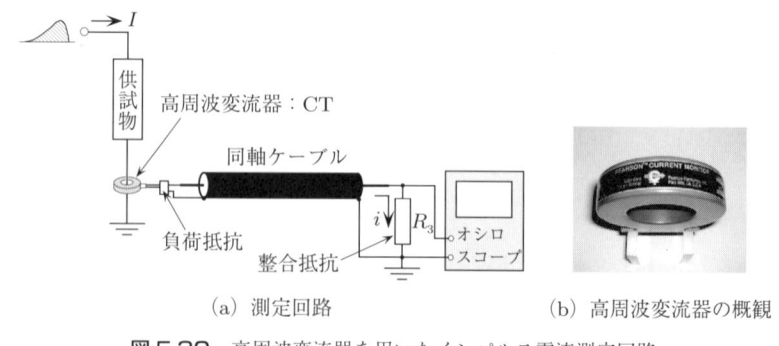

(a) 測定回路　　(b) 高周波変流器の概観

図 5.30　高周波変流器を用いたインパルス電流測定回路

er：CT)である．図 5.30(a)のように電流回路と絶縁して電流測定ができ，使用する上で非常に便利，かつノイズ対策にも有利である．図(b)に概観を示す．市販の変流器としては，電流測定範囲が 1 [A] ～ 500 [kA]，応答時間が 5 ～ 100 [ns]の各種がある．

(3) ロゴウスキーコイルを用いる方法

インパルス大電流(数百キロアンペア以上)の測定や大きな断面を流れるプラズマ電流を電流回路と絶縁して測定する場合には，**ロゴウスキーコイル**(Rogowski coil)が用いられる．ロゴウスキーコイルとは，図 5.31 に示すように巻かれたコイルであり，被測定電流が流れる導体の周囲に置かれる．電流回路とロゴウスキーコイルの相互インダクタンスを M とすれば，インパルス電流 $I_{(t)}$ が流れたとき，ロゴウスキーコイルの両端に発生する出力電圧の大きさ $E_{(t)}$ は次式のようになる．

$$E_{(t)} = M \frac{dI_{(t)}}{dt} \tag{5.15}$$

したがって，$E_{(t)}$ を時間で積分すれば電流 $I_{(t)}$ が求まる．図 5.31 では，発生した出力電圧 $E_{(t)}$ を積分器で積分し，増幅器を通してオシロスコープにより測定する．

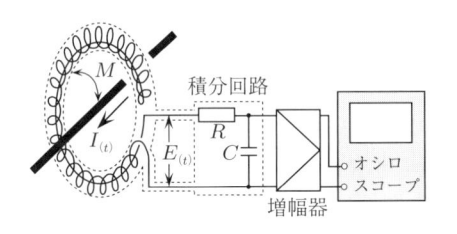

図 5.31 ロゴウスキーコイル

(4) 光応用計測法

近年の光半導体技術の進歩ととともに，電気-光変換技術や光-電気変換技術が発達し，高電圧測定にもこの技術が取り入れられるようになっている．光を応用した電流測定法はいろいろ開発されているが，ここでは，発光ダイオードを利用した電流-光変換法について説明する．

図 5.32 に示すように分圧器抵抗の高電圧側に発光ダイオードと適当な補償回路を接続する．発光ダイオードに絶縁性のライトガイドを取り付けて接地側の光電子増倍管(またはフォトダイオード)に導き，その出力電圧波形をオシロスコープなどで測定する．発光ダイオードは光量と電流(あるいは電圧)が比例する範囲で用いるので，その特性をあらかじめ測定しておけば，光電子増倍管の出力電圧波形からインパルス電流(あるいは電圧)を算出できる．この方法は応答性がよく，高電圧側の電流，電圧を

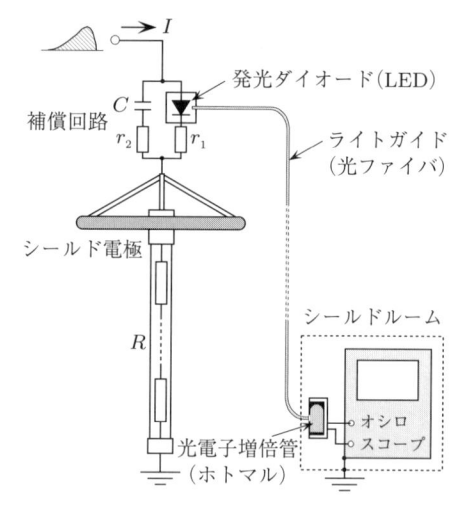

図5.32 発光ダイオードを利用した電流測定回路

接地側で測定でき，かつ光を利用するので電気的ノイズが入らないなどの特長がある．

5.4 高電圧絶縁試験

　高電圧絶縁試験は，常規運転電圧で長期使用される電気機器や電気工作物が絶縁性能を満たしているかどうかを確め，絶縁の信頼性を確保するために行う試験であり，**絶縁特性試験**(insulation characteristics test)と**絶縁耐力試験**(dielectric strength test)の二つに大別される[8]．これらの試験にはいずれも交流，直流，インパルス高電圧が使用されるが，各試験は目的に応じて表5.1のように分類される．

表5.1 高電圧絶縁試験の分類

高電圧絶縁試験	絶縁特性試験 (非破壊試験)	直流試験	絶縁抵抗試験		
			誘電吸収試験		
		交流試験	誘電正接($\tan\delta$)試験		
			部分放電(コロナ放電)試験		
	絶縁耐力試験	交流電圧 直流電圧 インパルス電圧	耐電圧試験		
			絶縁破壊試験	内部絶縁破壊試験	
				外部絶縁破壊試験 (フラッシオーバ試験)	乾燥フラッシオーバ試験
					注水フラッシオーバ試験
			汚損試験		

5.4.1 試験条件

電気機器や電気工作物の絶縁耐力は，外部条件(気圧，温度，湿度などの大気状態，あるいは他物体との離隔距離)や内部の絶縁処理状態によって影響される．したがって，絶縁試験は試験条件を明確に定めた上で行う必要がある．

(1) 被試験物の試験状態

絶縁試験は，被試験物をなるべく実際の使用状態に近づけて行うことが望ましいが，普通は常温，乾燥，清浄な状態で実施し，必要に応じて次で述べる大気補正を行う．また，周囲の他物体が被試験物のフラッシオーバ特性に及ぼす影響を避けるため，その遠隔距離は被試験物がフラッシオーバする距離の 1.5 倍以上とする．また，修理改造後のような機器や工作物の内部絶縁試験は，規定試験電圧の 70 [%] 程度の電圧値で実施するのが習慣である．

(2) 大気条件による補正

わが国の標準大気状態は，表 5.2 のように定められている．試験時の温度と圧力が標準大気状態と異なる場合のフラッシオーバ電圧は，次のような補正が必要である．

表 5.2 標準大気状態

温 度	20 [℃]
圧 力	101.3 [kPa] (1013 [mbar]) (0 [℃] における水銀柱の高さ 760 [mm] (760 [mmHg]) に相当)
湿 度	絶対湿度*: 11 [g/m³] (相対湿度：65 [%] に対応)

*絶対湿度：空気 1 [m³] 中の水蒸気の質量 [g]

相対空気密度 δ (3.2.3 項(1)参照)が $0.95 \leq \delta \leq 1.05$ の範囲における乾燥フラッシオーバ電圧は，δ に比例するものとして次式で補正する．

$$V_N = \frac{V_B}{\delta} \tag{5.16}$$

ただし，V_B は測定されたフラッシオーバ電圧 [kV]，V_N は標準大気状態におけるフラッシオーバ電圧 [kV] を表す．ここで，測定時の気圧と温度をそれぞれ P [mmHg] と t [℃] とすると，δ の値は式 (3.26) から求められる．

また，相対空気密度 δ が，$\delta < 0.95$，または $\delta > 1.05$ の場合には，δ の代わりに補正係数 k を用いて次式で補正する．

$$V_N = \frac{V_B}{k} \tag{5.17}$$

表 5.3 は，相対空気密度 δ と補正係数 k の値を示す．

なお，フラッシオーバ電圧に及ぼす湿度の影響は現在まだ不確定であるが，試験時の湿度は明確にしておく必要がある．

表5.3 相対空気密度 δ と補正係数 k

δ	k
0.70	0.72
0.75	0.77
0.80	0.81
0.85	0.86
0.90	0.91
0.95	0.95
1.05	1.05
1.10	1.09
1.15	1.13

5.4.2 絶縁特性試験(非破壊絶縁試験)

絶縁特性試験は,被試験物に直接的な損傷を与えることのない比較的低い電圧を印加して,絶縁の不良や劣化を早期に検出するための試験である.**非破壊絶縁試験**(non-destructive test)ともいわれる.絶縁の良否には以下に述べる各種絶縁特性試験の総合的な判定が必要である.

(1) 直流電圧による絶縁特性試験

(A) **絶縁抵抗試験**　誘電体表面の汚損や内部の吸湿状態を知るもっとも簡便な方法として,**絶縁抵抗**(insulation resistance)を測定する**メガ試験**(megger test)がある.通常は,測定電圧 $1 \sim 2$ [kV]のメガが使用される.機器の休止状態から再使用するときや絶縁耐力試験を行う際には,事前に必ず絶縁抵抗を測定し絶縁異常の有無を確認しておかなければならない.

判定基準の例を挙げると,回転機の電気子巻線に対する絶縁抵抗の標準的な許容限度は次式で示されている[9].

$$絶縁抵抗値\ R = \frac{定格電圧 [V]}{定格出力 [kW\ または\ kVA] + 1000} \quad [MΩ] \quad (5.18)$$

また,変圧器類に対しては,従来の経験から 10 [MΩ]以上またはそれ相当の絶縁抵抗が必要とされている.

(B) **誘電吸収試験**　被試験物に直流電圧を印加すると 4.2.1 項(2)-(A)で示したように,電流はパルス的な充電電流に続いて,時間とともに徐々に減少する吸収電流が観測され,最終的には誘電体固有の漏れ電流に落ち着く.誘電体の劣化や吸湿による電流の変化は,吸収電流よりも漏れ電流において著しい増加が見られるので,劣化や吸湿の程度は,式(5.19)のように定義される**成極指数**(polarization index:PI)と**漏れ指数**(leakage index:LI)の測定によって判断できる.

$$\left.\begin{array}{l}\text{成極指数 PI} = \dfrac{I_1(\text{電圧印加 1 分後の電流})}{I_{10}(\text{電圧印加 10 分後の電流})} \\[2ex] \text{漏れ指数 LI} = \dfrac{I_{10}(\text{電圧印加 10 分後の電流})}{I_{D10}(\text{放電開始 10 分後の電流})}\end{array}\right\} \quad (5.19)$$

とくに誘電体が吸湿すると，漏れ電流が著しく増加するので，成極指数が減少し，漏れ指数が増加する．たとえば，回転機コイルで，成極指数が 1.5 以下，漏れ指数が 30 以上に達すると吸湿しているものと判断される．

(2) 交流電圧による絶縁特性試験

被試験物に交流電圧を印加すると誘電体損が生じる（4.2.1 項 (1) 参照）．誘電体損はボイドや不純物などの存在によって増加することから，被試験物の誘電正接 ($\tan(\delta)$) を測定すれば，その絶縁状態を知ることができる．この試験法を **誘電正接試験**（dielectric loss tangent test），または **$\tan \delta$ 試験** という．

誘電体損は，式 (4.20) で示したように電圧 V の 2 乗と $\tan(\delta)$ の積に比例するが，$\tan(\delta)$ は誘電体内にボイドなどが存在しなければ，電圧によって変化しない．しかし，ボイドが存在する場合の $\tan(\delta)$ は，電圧の上昇によってボイド放電（4.2.2 項 (1) 参照）が起こり始めると，図 5.33 に示すように増加する．$\tan(\delta)$ が増加し始める電圧は，$\tan(\delta)$ 増加開始電圧といわれ，ボイド放電が開始する電圧と見なされる．また，$\tan(\delta)$ の増加分 $\Delta\tan(\delta)$ はボイド放電の強さを示し，ボイドの含有率に依存する．$\tan(\delta)$ は，一般に誘電体の温度上昇や吸湿によっても増加する場合が多い．

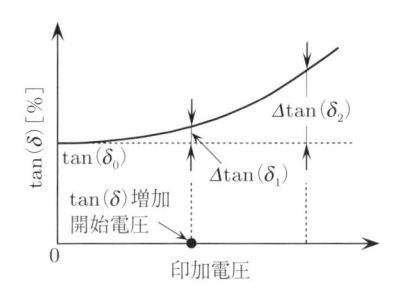

図 5.33 ボイドが存在する場合の $\tan(\delta)$ と印加電圧の関係

$\tan(\delta)$ の測定には，**シェーリングブリッジ**（Schering's bridge）が用いられるが，現場用としては **タンデルタメータ**（$\tan \delta$ meter）がある．図 5.34 は，シェーリングブリッジ回路の代表例を示す．純抵抗とコンデンサからなるブリッジ調整要素（R_1，R_2，C），標準高電圧コンデンサ C_s，接地平衡回路（L_{sh}，R_{sh}，C_{sh}）からなり，被試験

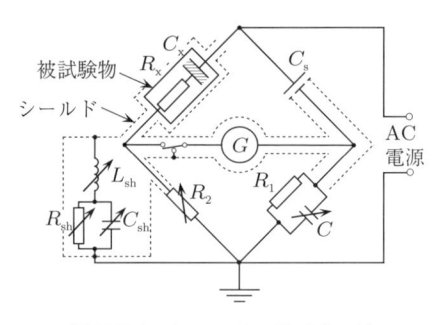

図 5.34 シェーリングブリッジ

物は静電容量 C_x と抵抗 R_x の直列回路と見なしてブリッジの平衡をとると，$\tan(\delta)$ は次式で与えられる．

$$\tan(\delta) = \omega R_1 C \tag{5.20}$$

ただし，ω は電源の角周波数である．なお，被試験物が一端接地となっている場合には，ブリッジの接地を逆にした逆シェーリングブリッジが使用される．

(3) 部分放電試験

これは，被試験物の内部で生じるボイド放電や表面で生じる部分放電(コロナ放電)を測定して，絶縁不良や絶縁劣化を診断する試験である．被試験物に部分放電が発生すると，電源回路に急峻なパルス性電流が流れるので，適当なインピーダンスによりこれをパルス電圧として検出できる．ボイド放電については，被試験物の外部で測定した放電開始電圧と見かけの電荷量との積から，放電エネルギーが求められる．

5.4.3 絶縁耐力試験

絶縁耐力試験には，**耐電圧試験**(withstand voltage test)と**破壊電圧試験**(breakdown voltage test)がある．

耐電圧試験は，電気機器や電気工作物に通常の運転電圧より高い電圧を印加して，絶縁の安全性を確認する試験であり，通常の商用試験として行われる．

一方，破壊電圧試験は，被試験物に高電圧を印加して絶縁破壊または沿面フラッシオーバを生じさせ，絶縁耐力の限界を調べる試験であり，機器の合理的な絶縁設計や研究調査のために行われることが多い．

(1) 交流電圧による絶縁耐力試験

通常は周波数 45～65 [Hz] の正弦波電圧を使用して試験を行うが，回転機の巻線間絶縁耐力などを試験する際は，500 [Hz] 程度までの電圧を使用してもよい．電圧波形がひずんでいる場合には，ひずみ率(基本波を除いた残留分)を 5 [%] 以内にしなければならない．一般の絶縁耐力試験では，試験用変圧器が用いられる．電圧の印加

方法には目的に応じて次の三種類がある．

(ⅰ) **定印法**：試験電圧の1/2以下の電圧を加え，それから試験電圧まで電圧計が読み取れる範囲でなるべく早く上昇させ，その電圧を規定の時間印加したのち速やかに降下させる方法．

(ⅱ) **上昇法**：電圧を十分低い値から定められた上昇速度で絶縁破壊が起こるまで上昇させる方法．

(ⅲ) **突印法**：所定の試験電圧を突然加え，その電圧を規定の時間印加したのち，速やかに電圧を降下させる方法．この方法は比較的特殊な場合に適用される．

(A) 交流耐電圧試験　そのほとんどが定印法による電圧印加法で実施され，通常，被試験物は運転状態の温度に保たれるのが，**交流耐電圧試験**(AC voltage withstand test)である．加える電圧の大きさや電圧印加時間は，一般に運転電圧の約2倍の電圧値で1分間の耐電圧試験が実施される（電力用機器の試験電圧値については付録(II)を参照）．また，1分間の耐電圧試験によって長期運転に不安がある場合は，1分間の試験電圧より低い電圧で長時間印加する**長時間交流耐電圧試験**(long time AC voltage test)が実施される．さらに，ブッシングなどのような外部絶縁に対しては，乾燥時の試験に加えて，降雨時の絶縁耐力を調べる**注水交流耐電圧試験**(wet AC withstand voltage test)が実施され，規定の試験電圧を10分間加えてフラッシオーバしないことを確認している．

(B) 交流破壊電圧試験　通常，上昇法による電圧印加法で実施され，目的に応じて定印法や突印法も用いられるのが，**交流破壊電圧試験**(AC breakdown voltage test)である．たとえば，ケーブルの絶縁破壊試験などでは，定印法の変形として段階的に電圧を上昇させる方法がとられる．また，1線地絡事故のような，電力系統で発生する短時間の商用周波異常電圧に対する絶縁耐力を調べる場合には，突印法が用いられる．一方，上昇法を用いたブッシングなどの沿面フラッシオーバ電圧を測定する**交流フラッシオーバ試験**(AC flashover test)では，乾燥と注水状態で試験される．さらに，ブッシングの塩じん汚損などによるフラッシオーバ電圧の低下を調べる，**人工塩じん汚損交流電圧試験**(artificial pollution test)も実施される．

(2) 直流電圧による絶縁耐力試験

静電容量が大きい電力コンデンサや電力ケーブルなどでは電圧印加時の充電電流が大きいため，交流電圧やインパルス電圧では絶縁耐力試験を実施することが困難である．このような場合には直流高電圧が用いられ，所定の直流電圧を10分間印加して試験を行っている．

(3) インパルス電圧による絶縁耐力試験

電力系統に接続される電力機器や電気工作物は，雷や開閉サージによるインパルス

過電圧に対しても十分な絶縁信頼性をもつことが必要である．この場合の絶縁耐力試験には，「標準雷インパルス電圧(±1.2/50 [μs])」と「標準開閉インパルス電圧(±250/2500 [μs])」の二種類(3.2.4(1)参照)が主に用いられるが，フラッシオーバ電圧試験や電圧–時間特性試験などには，種々のインパルス電圧波形も用いられる．

(A) インパルス耐電圧試験　被試験物に所定のインパルス電圧を印加し，絶縁破壊が生じないことを確かめるために行われるのは，**インパルス耐電圧試験**(impulse withstand voltage test)である．この場合の試験電圧は，主に雷インパルス電圧(電圧値については付録(II)参照)が使用されるが，絶縁階級500L号と500H号の機器(付録(II)参照)では開閉インパルス電圧も用いられる．

(B) インパルス破壊電圧試験　電力機器やケーブルに使用する絶縁材料，機器の内部絶縁，各種の気中ギャップなどの絶縁破壊を調べるのは，**インパルス破壊電圧試験**(impulse breakdown voltage test)である．

インパルス破壊電圧試験としては，次の三種類が定められている．

(ⅰ)　**50%フラッシオーバ試験**(50% flashover test)：放電率が50 [%]の絶縁破壊電圧(波高値)を測定する試験(3.2.4項(2)参照)．

(ⅱ)　**衝撃破壊試験**(impulse voltage breakdown test)：インパルス電圧の波高値を徐々に上昇させ，被試験物が絶縁破壊する最低電圧を求める試験．

(ⅲ)　**電圧–時間特性試験**(V–t curve test)：被試験物に同一波形で波高値の異なる雷インパルス電圧を印加し，それぞれの電圧波形に対して波高値 V と全路破壊までの時間 t の関係を測定する試験(3.2.4項(5)参照)．

演習問題

5.1　試験用変圧器の特徴について述べよ．

5.2　1000 [kV]級の商用周波高電圧発生器として，試験用変圧器の多段従属接続法がよく用いられる．その理由を述べよ．

5.3　直流高電圧を発生できるコッククロフト–ウォルトン回路(図 a)の動作原理を説明せよ．

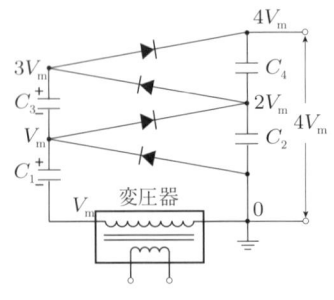

図 a　四段のコッククロフト–ウォルトン回路

5.4 多段式インパルス発生器(マルクス回路)で，負極性のインパルス電圧を発生させるための方法と回路動作を説明せよ．

5.5 交流高電圧を測定するためのコンデンサ型計器用変圧器について，その原理を説明せよ．

5.6 静電電圧計の動作原理を説明せよ．

5.7 振動電圧計の動作原理を説明せよ．

5.8 インパルス高電圧を測定するための抵抗分圧器にシールド電極を取り付ける理由を述べよ(図b参照)．

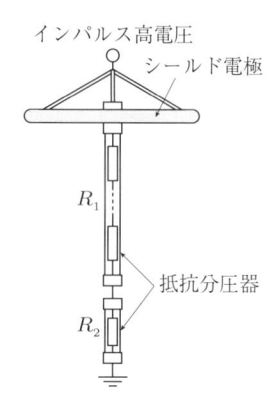

図b

5.9 発光ダイオードを利用したインパルス電流の測定回路を示し，その原理を説明せよ．

5.10 絶縁特性試験と絶縁耐力試験の相違について説明せよ．

5.11 被試験物の誘電正接試験($\tan\delta$試験)について簡単に説明せよ．

5.12 交流電圧による絶縁耐力試験では，電圧の印加方法に3種類ある．各々について説明せよ．

5.13 インパルス破壊電圧試験を三つ挙げ，簡単に説明せよ．

5.14 以下のことばを簡単に説明せよ．
 (1) コンデンサブッシング　　(2) 始動ギャップ　　(3) 無誘導抵抗
 (4) 整合抵抗　　　　　　　(5) 高周波変流器　　(6) 標準大気状態
 (7) シェーリングブリッジ

第6章 高電圧の応用

　高電圧技術の分野は，電力輸送システムを支える重要な技術基盤であり，従来から雷害防護対策をはじめ種々の変電機器や電気工作物，高電圧の発生と計測法などには，高電圧工学の知識が随所に応用されている．また，これとは別に高電圧技術は，身の回りのものも含めて，環境，計測，エレクトロニクス，医療，新素材・材料など，いわゆるハイテク産業分野にもきわめて広範囲に応用されており，目覚しい発展を遂げている．

　一般に，高電圧工学を応用するには，「絶縁破壊がまったく生じないことを要求する立場」と「絶縁破壊の何らかの状態を利用する立場」の二通りがある．たとえば，「送配電系統，電力機器・電気工作物などの絶縁強調」，「新素材・材料開発とその応用」，「荷電粒子ビームの応用」などは前者の立場をとるが，「静電気応用」，「プラズマの応用」などでは後者の立場をとる．多岐の分野でこれまでに開発された高電圧応用装置はきわめて多く，現在なお新しい開発研究が推進されている．

この章の目標
　気体の代表的な応用技術を知る．液体については，主に実用化の可能性を秘めた応用技術を知ることにより，高電圧工学と応用技術との関わりとその重要性を理解する．

6.1 気体中の応用技術

　第3章と第5章で説明したように，電気機器や電気工作物などの絶縁耐力を確保し，もっとも経済的で信頼性のある絶縁設計，すなわち**絶縁強調**(coodination of insulation)を主眼として考案された各種の装置，あるいは放電観測法，高電圧の発生と測定法などはすべて高電圧の応用技術と見なせる．

6.1.1 静電気応用
(1) 電気集塵

　電気集塵(electric precipitation)とは，気体中に浮遊している塵などの微粒子を電気的な方法で除去することをいい，工業的利用装置を「電気集塵装置」とよぶ[1],[2]．図6.1は電気集塵の原理を示す．接地した平行平板電極(集塵電極)間に複数個の線状電極をおもりで吊るし，これに負極性の直流電圧を加えてコロナ放電を起こすと，周囲に電子が放出される．そこへ微粒子を含んだ気体を通過させると，微粒子は電子付着により負に帯電するため，クーロン力が働き集塵電極面に吸引され集積する．した

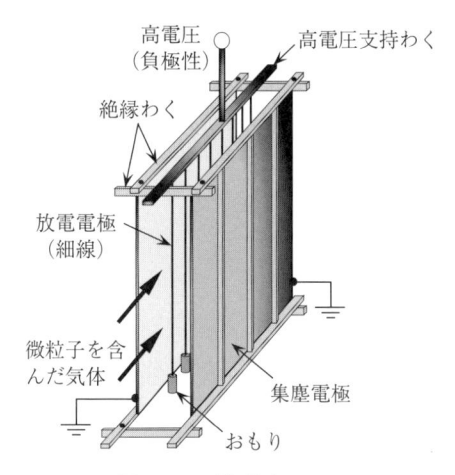

図6.1 電気集塵の原理

がって，気体中の微粒子が取り除かれて清浄化される．必要に応じて集塵用フィルタなどを併用すれば，集積した微粒子は定期的に回収できる．線状電極に負極性の電圧を印加する理由は，負性コロナが進展しにくく，絶縁破壊電圧が正極性電圧の場合より高いためである(3.2.3項(2)参照)．なお，平板電極の代わりに円筒電極を用い，線状電極の間で同様の集塵効果を得ることもできる．

電気集塵装置は，1906年に米国のコットレル(F. G. Cottrell)が初めて工業的に実施したので，**コットレル集塵装置**ともいわれ，今日，工場の排煙処理や家庭の空気清浄器などに広く用いられている．

例題 6.1
電気集塵装置内の気体流れが不均一の場合，集塵性能に及ぼす影響について述べよ．

解 (1) 流速の速い部分や流れにじょう乱が生じると，集塵電極にいったん捕集された微粒子が再飛散して集塵効率を低下させる．
(2) 流速の速い部分では集塵効果が低下し，これを流速の遅い部分で補うことができないので，全体として集塵効率は低下する．
(3) 気体流れのじょう乱が大きいと，微粒子を含む気体が集塵部分以外も通過するため，集塵効率の低下する．
(4) 流速の遅い部分では，放電電極(線状電極)に微粒子が吸着し，コロナ放電特性が悪化するため集塵効率が低下する．
(5) 流速が極端に遅い部分では，水分や酸などの蓄積によって集塵電極の腐食につながる．
(6) 気体流れの速度分布が不均一であると，温度差や集塵量の偏析などによってコロナ放電特性が悪化し，集塵効率が低下する原因となる．

(2) 静電塗装

ノズルから噴射する霧状の塗料粒子に電気集塵と同じ原理で負の電荷を与えると，粒子はクーロン力によって接地(または正電位)側の被物体(金属)に吸引され，その表面に強固に付着する．このようにして金属性物体の表面を塗装する方法を**静電塗装**(electrostatic coating)**法**という[1],[2]．

静電塗装法は，

（ⅰ）塗料粒子が四散しないので，塗料の無駄がない
（ⅱ）普通の吹付け塗装に比べて，均一で強固な塗装ができる
（ⅲ）連続操作が可能であるので，工程を自動化できる
（ⅳ）所要床面積が少なくて済む

などの利点があり，自動車，家電製品，運搬機械，その他の塗装に広く用いられている．

例題 6.2 静電塗装を行う際に安全対策として留意すべき事項を列挙せよ．

解 (1)高電圧による感電事故の防止対策を十分にとる(たとえば，高電圧周囲に安全枠を設け，ドアにはインタロックスイッチなどを取り付ける．また，必ず高電圧印加の注意標示をする)．
(2)接地工事を確実に行う(接地抵抗の定期的点検を行い，経時変化によって接地抵抗が増加していないかを調べる必要がある)．
(3)被塗装物の接地は確実に行う．
(4)高電圧装置の残留電荷による感電事故の防止対策をとる(たとえば，電源内部に放電用抵抗器，または残留電荷放電器などを取り付ける)．
(5)作業者が帯電しないよう，静電服や静電靴を着用する．また，付近の金属物体が帯電しないよう十分な接地を施す．
(6)室内の換気を十分よくして，シンナーなどの濃度上昇を極力抑える．また，塗装室内に洗浄溶剤などはいっさい置かない(液体塗料は引火性の強い溶剤などを使用するので，気中に溶剤蒸気が存在すると火花放電などの発生によって爆発，火災の危険性がある．塗料に使用される溶剤の最小発火エネルギーは $0.2 \sim 0.4$ [mJ] 程度と考えられる)．
(7)高電圧装置には過電流高速遮断器を設け，火花放電を極力避ける．また，高電圧出力端子には高抵抗を直列接続し，火花放電が発生しても放電エネルギーは最小限に抑えられるようにする．さらに，塗装ガンと被塗装物の距離は，火花放電が発生しないような距離に保つ必要がある．
(8)操作関係者の安全教育を徹底すると供に，室内には適当な消化設備を設ける．

(3) 電子写真

電気集塵の原理を応用して，光導電性をもつ絶縁材料と特殊な微粉末を乾式の静電的方法で処理することにより，印刷または転写したい像が被印刷物上に得られる．これは**電子写真**(xerography)といわれ[1],[2]，さまざまな方法が開発されている．図6.2

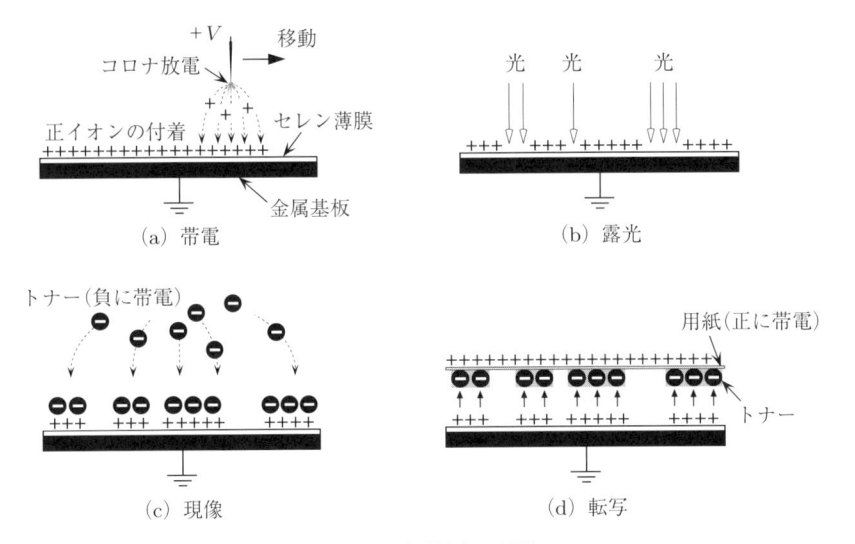

図 6.2 電子写真の原理

はその原理の一例を示す．

被印刷物に像が得られるまでのプロセスは以下のようである．

(ⅰ) 帯電（図(a)）：暗箱中に，光導電性材料であるセレンを蒸着した金属板をコロナ放電にさらして，その表面に一様な正電荷を付着させる．

(ⅱ) 露光（図(b)）：この金属板上を部分的に露光すると，その部分のセレンは導電性を帯びて正電荷が失われる．

(ⅲ) 現像（図(c)）：この状態で負に帯電させたトナー（着色微粉末）を振りかけると，正電荷が残っている部分だけにトナーが付着する．

(ⅳ) 転写（図(d)）：この面に用紙を重ねて正の電荷を与えると，トナーが用紙に移動するので，これを加熱してトナーを定着させると転写が完了する．

電子写真技術は，複写機として広く使用されている．

(4) 静電選別

電気的性質（誘電率や導電率）が異なる粒子の混合物を静電界中に通すと，粒子はその電気的性質に応じてそれぞれ異なった運動をし，また，この運動による帯電電荷量も異なる．この性質を利用して粒子を選別する方法は**静電選別**(electric separation)といわれ[1]，鉱石の選別，穀類・食品・植物種子の選別，薬品の処理など広い範囲で利用されている．

(5) 静電植毛

静電界中に細長い繊維を入れると，それらは電界方向に配列する性質がある．この性質を利用し，たとえば，平行平板電極の一方に線状繊維を置き，片方に接着剤を塗

布したベース板を取り付けて，電極間に直流電圧(数十キロボルト)を加えると，線状繊維は電界方向に均一な分布でベース板表面に付着する．これは**静電植毛**(electric flocking)**法**といわれ[1],[2]，人工芝やビロードなどの製造に用いられている．

(6) 航空機の通信障害対策と除電

上空を高速で飛行する航空機は，水滴や氷片などと衝突して帯電する．そのため航空機自身の電位が上昇し，機体の尖った箇所で強いコロナ放電が発生する．コロナ放電は電磁波を放射するので，通信系統や運行信号に重大な障害を及ぼす．これを避けるため，図 6.3 に示すように，翼の後部などに長さ 150 [mm] 程度の細い棒電極を多数取り付け，機体の電位があまり高くならないうちに弱いコロナ放電を起こさせて，電荷を気中に放出している．このような電極棒を**放電端子**(discharger)とよび[3]，すべての航空機に取り付けられている．

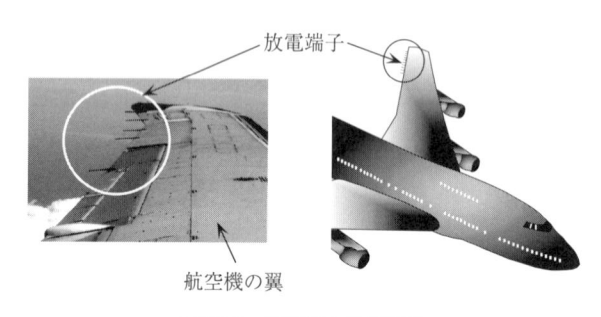

図 6.3 航空機の放電端子

6.1.2 無声放電(バリア放電)の応用

無声放電(バリア放電)の特長は，放電電流が小さく，放電時に気体温度があまり上昇しないことである．そのため，気体放電を利用しようとする装置に適合する．

(1) オゾナイザ

図 3.38 で示したような無声放電の電極間に空気または酸素を通過させると，多量のオゾン(O_3)が生成される．オゾン発生装置は「オゾナイザ」(3.4.2 項参照)といわれ[3]，無声放電方式の他に電解法，光化学反応法，高周波放電法などがあるが，なかでも無声放電方式はオゾン生成効率も高く，もっとも多く利用されている．しかし，実用装置のオゾン生成効率は一般に低く，理論効率 100 [%] に対して，乾燥空気で 5 [%] 程度，酸素を原料とするときは 10 [%] 程度である．オゾンは熱分解しやすいため，オゾナイザの放電電力をあまり高められないことなどから，従来，オゾン生成効率の向上が課題となっている．

オゾンは 3.4.2 項でも述べたように，優れた殺菌力，消臭力，脱色力などの性質を

もつので，上水道の水の殺菌・消臭，汚水の浄化・殺菌，パルプの脱色などに用いられている．一方，地球周囲を取り巻くオゾン層の破壊をオゾナイザで修復する可能性を検討した報告もある．この場合，直径 50 [m]のヘリウムガスバルーンを用い，太陽光電池を電源とした発生器で 1 [%]のオゾン層を修復するためには，日本領土面積を対象として 2 万個のバルーンが必要となり，まだ，夢の技術の一つであろう．

(2) プラズマディスプレイ

　気体放電を利用した画像表示装置は，**プラズマディスプレイ**(plasma display)といわれ，現在，長寿命で発光効率の高い大型壁掛けテレビの実現を目指して研究が進められている[1],[3]．

　図 6.4 は，画像表示用パネルの一例を示す．図(a)のように，多数の線状電極を平行に設けた 2 枚のガラス板の電極面を内側にし，ある距離の放電空間を隔てて電極が直交するように重ねる．そこに発光用ガス(たとえば，ネオン(Ne)と少量のキセノン(Xe)の混合ガス)を封入する．このようなパネルを**プラズマディスプレイパネル**(plasma display panel：PDP)といい，直交する特定の線電極に電圧を加えて交点の部分に気体放電を起こさせ，その発光により画像を表示する．このようなパネルは，直流(DC)型と交流(AC)型に大別される．直流型のパネルは，電極が放電空間に露出している．一方，交流型のパネルは，図(b)のように，少なくとも一方の表面が誘電体で被覆され，無声放電によって強く発光させる．

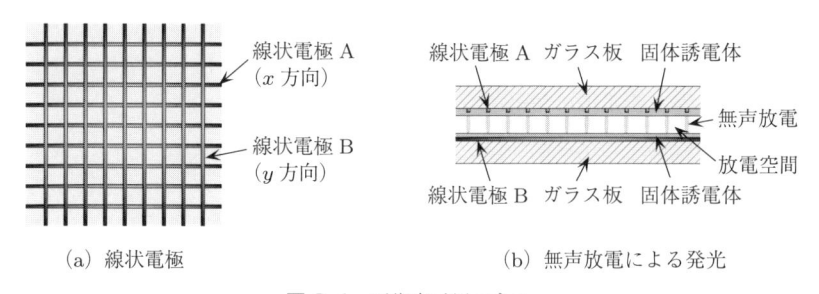

(a) 線状電極　　　　　(b) 無声放電による発光

図 6.4 画像表示用パネル

6.1.3 変電機器応用
(1) ガス遮断器

　送電系統の線間短絡や地絡事故などの発生時に備えて電気回路を開閉できる装置を**遮断器**(circuit breaker)という．そのなかでも**ガス遮断器**(gas circuit breaker)は，SF_6 ガス中に設けられた可動接点の運動によって回路の開閉を行うものであり，図 6.5 にその基本構造を示す[1],[3]．

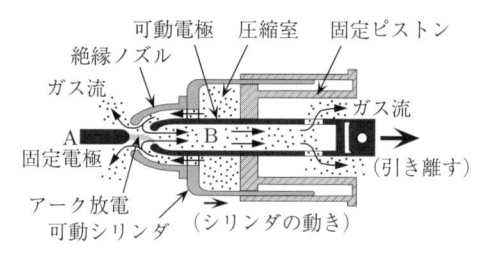

図 6.5 ガス遮断器の基本構造(パッファ式)

通常の状態では固定電極 A と可動電極 B は接触して通電されているが，異常時には B の可動電極が高速で右方向に引かれ，A の固定電極から引き離されて回路が遮断される．その際，A と B の接点間では大電流アーク放電が発生するが，可動電極 B を引き離すと圧縮室のガス圧力が高まり，ノズルを通してガスが噴出しアーク放電を吹き消すようになっている．また，SF_6 ガスを封入することによって，アーク放電を速やかに消滅させることができ(3.5.3 項参照)，電極の消耗を防げる．SF_6 ガスは絶縁耐力も大きい(空気の約 3 倍)ので，遮断機の電気絶縁にも有利である．

(2) 真空遮断器

真空遮断器(vacuum circuit breaker)は，図 6.6 に示すような真空バルブから構成され，その内部は 10^{-7} [mmHg] 程度に排気されている．接点間の絶縁耐力は数十キロボルト毎ミリメートル以上である．通電中に接点を開くと，接点間でアーク放電が生じる．これによって金属蒸気が発生するが，アーク柱の外側は高真空であるため金属蒸気の激しい拡散によって電流が減少し，接点間が高真空に復帰するので電流は遮断される．図中のシールドは拡散した金属蒸気をその面で凝結させ，真空容器内部の汚損を防止している．真空遮断器は，高速遮断，小型軽量，操作が簡単で機械的寿命が長い，火災の危険性がない，騒音が少ないなどの利点がある．主に 70 [kV] 以下の系統で用いられている．

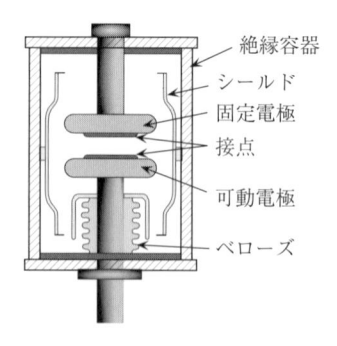

図 6.6 真空遮断器の構造

(3) ガス絶縁開閉装置

母線，遮断器，避雷器，計器用変圧器などの高電圧機器を円筒状の接地金属容器内にまとめて密閉し，それらの機器と接地金属間に圧縮したSF_6ガスを封入して絶縁した構造の開閉装置を**ガス絶縁開閉装置**(gas insulated switchgear：**GIS**)という[1]．ガス絶縁開閉装置は，次のような利点がある．

(ⅰ) 従来型の開閉装置に比べて，変電所の据付面積を大幅に縮小できる．
(ⅱ) 高電圧部が接地された金属容器内に収納された構造であるので感電の心配がなく，絶縁媒体も不燃性のSF_6ガスを使用しているので，火災の危険性がない．
(ⅲ) 完全な密封構造であるので，外部雰囲気の影響を受けず，絶縁物の汚損・劣化がほとんどない．

66 [kV] 級以上の送配電用変電所やビル・工場の受変電設備として広く用いられている．しかし，いったん絶縁系統などに故障が生じると，保守・点検が困難であるので，製作には高度な高電圧技術を必要とする．

6.1.4 荷電粒子ビーム応用

電子ビームを利用した応用装置は数多くあるが，ここでは，頻繁に使用されている画像用電子管と電子顕微鏡に焦点を当てる．

(1) 画像用電子管

この電子管は，**電子ビーム**(electron beam)を蛍光面に当てて発光させ，これによって画像を表示させるものである．代表的なものとしては，テレビ，パソコン，オシロスコープなどに使用されている**ブラウン管**である．カラーテレビ用では電子の加速に約 20 [kV] の直流電圧が用いられているので，高電圧回路の電気絶縁が十分でないと，湿気などにより漏電火災の原因となる．

その他の電子管としては，**X 線管**や**大出力電磁波発信管**などがある．X 線管は，陰極からの電子ビームを高電界で加速し，タングステン(W)，モリブデン(Mo)などの陽極金属に衝突させて X 線を発生させる．電子の加速電圧は，医療診断用 X 線管で 25 ～ 150 [kV] 程度，工業用 X 線管で 100 ～ 500 [kV] 程度である．また，大出力電磁波発信管は，加速した電子の運動エネルギーを，電磁界の作用によって高周波エネルギーに変換するものであり，テレビ放送などに用いられている．電子の加速電圧は，数十～数百キロボルトの直流電圧が用いられる．

(2) 電子顕微鏡

電子顕微鏡(electron microscope)は，高速の電子ビームを用いて試料の大きさや，結晶構造などを拡大して観測する装置である[3]．電子の加速用直流電源には脈動率(リプル)が小さく安定したものが要求される．通常，20 [kHz] 程度の周波数電圧で充電

されるコッククロフト-ウォルトン回路(5.1.2項(1)-(C)参照)が用いられる．現在，電子加速電圧3[MV]級の電子顕微鏡も開発されている．

一方，高速の電子ビームやイオンビームを固体表面に入射し，固体から放出される粒子のエネルギーや質量などを測定すれば，固体を構成する元素や深さ方向の分布，いわゆる表面分析ができる．

さらに，電子ビームやイオンビームの照射位置をコンピュータ制御して物質の表面に図を描かせることも可能であり，産業面で広く用いられている．また，ビームの直径を10[nm]程度以下に絞って微細加工することもでき，たとえば，大規模集積回路(LSI)などの製造には不可欠な技術となっている．

6.2 液体の応用技術

第4章で述べたように，液体誘電体は高い電気絶縁耐力と流動性をもつので，電気絶縁効果と冷却効果の両者を油入電力機器などに応用することがほとんどであった．しかし，液体の種類はきわめて多いのでそれらの特長をいかせば，絶縁材料としてのみならず，さまざまな応用の可能性が考えられる．

6.2.1 電気流体力学(EHD)の応用

荷電粒子の輸送に液体の流動を利用する技術や電気流体力学(EHD)現象を利用した液体の駆動技術は，さまざまな分野への応用が期待される．

(1) 高電圧発生装置への応用

荷電粒子を液体の流れによって運び，その電荷を収集電極に蓄積して高電圧を発生させることが可能である．これは**電気流体力学発電**(electrohydrodynamic(EHD) power generation)といわれ，図6.7にその原理図を示す．原理的には，電荷をベルトに載せて運ぶバンデグラフ発電機(5.1.2項(2)参照)と似ているが，ベルトの代わりに液体を利用するものである．

図6.7において，電磁ポンプなどにより絶縁性の液体を循環し，循環パイプの一部に設けられた電荷注入器Aから電荷を注入すると，電荷は液体によって運ばれ，収集電極Bに蓄積されて静電的高電圧が発生する．この方法では電荷が液体体積中に分布するので，大量の電荷を運ぶことができる．電荷の注入法としては，針-平板電極による電界放出などが用いられるが，注入された電荷の移動，電荷の効率的な収集，絶縁液体の選定など考慮すべき課題も多い．

(2) ポンピング現象の応用

液体中に注入または存在する電荷(主にイオン)が電界からクーロン力を受けて移動

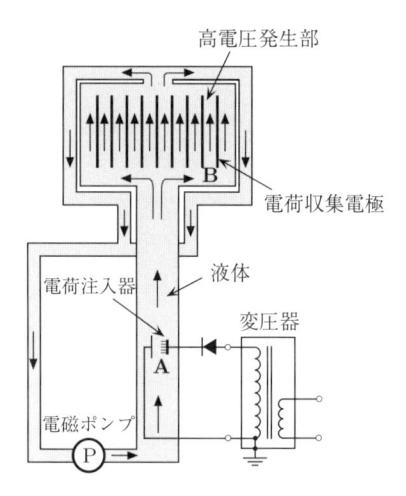

図6.7 電気流体力学発電の原理

するとき，周囲の液体粒子（中性分子）を引きずりながら移動するため，液体に電気流体力学流動（EHD流動）が発生する（4.1.1項(2)-(B)参照）．多量のイオンを連続的に移動させるとこの流動は次第に速度を増す．この現象は，**電気流体力学(EHD)ポンピング**（electrohydrodynamic（EHD）pumping）とよばれる．一般に，電界 *E* が存在する液体には，次式で示される体積力 *F* が働く．

$$F = qE - \frac{E^2}{2}\mathrm{grad}\,\varepsilon + \mathrm{grad}\left\{\frac{E^2}{2}\rho\left(\frac{\partial \varepsilon}{\partial \rho}\right)_T\right\} \tag{6.1}$$

ただし，q は電荷密度，ε は液体の誘電率，ρ は液体の質量密度，T は温度を表す．式(6.1)の第1項は液体中の自由電荷に働くクーロン力である．また，第2項は ε の空間的変化によって液体に作用する力，第3項は一定温度の液体が電界強度の空間的変化などによる力の作用の下に歪みを受け，ρ と共に ε が変化するときに生じる力（電歪力）を表す．第2項と第3項は，物理的に誘電体の分極電荷に働く力を表す．すなわち，不平等電界中において，液体分子の分極電荷に働くクーロン力は電界の強い部分の電荷のほうにより強い力が働き，液体粒子は電界の強いほうに引かれて流動が発生する．結局，EHDポンピングの発生には，自由電荷に働く力，または ε のグラディエントによる力のいずれかが必要であるが，基本的にどの力が支配的であるかを明確にすることが重要である．

EHDポンピングを生じさせるメカニズムとしては，次の三つが考えられている．
(ⅰ) **イオンドラッグポンピング**（ion-drag pumping）[4]～[6]
(ⅱ) **誘導ポンピング**（induction pumping）[7],[8]
(ⅲ) **純伝導ポンピング**（pure conduction pumping）[9]～[12]

それぞれ液体中の電荷発生プロセスとポンピング力の発現機構に相違がある．すなわち，イオンドラッグポンピングは，電界放出，電界電離，コロナ放電などに基づいて，鋭利な電極先端から液体中に注入されたイオンが電界によりクーロン力を受け，中性分子とのエネルギー変換によって生じる流動現象であり，激しい液体ジェットとなる．しかし，このメカニズムには電荷の注入機構が含まれるので，液体の劣化が問題である．

誘導ポンピングは，誘導電荷と電界との相互作用によって発生する流動現象である．誘導電荷は液体導電率の不均一性によって生じ，この不均一性は不平等な温度分布，あるいは性質の異なる液体界面の存在などによって起こる．したがって，一定温度の均質な液体中で生じる流動は小さい．

純伝導ポンピングは，液体分子または不純物分子の解離と再結合反応が電界によって不平衡化し，電極付近に形成されるヘテロチャージ層と電極との間に働く引力に起因した圧力によって生じる流動現象である．このメカニズムでは液体の劣化がほとんどなく，一定温度の均質液体でも激しい液体ジェットが生じる．図 6.8 は，純伝導ポンピングによって生じた液体ジェットの代表例である．この場合は弱解離性の液体を使用する必要があるが，液体ポンピングを利用する立場から他のメカニズムに比べて利点が多い．

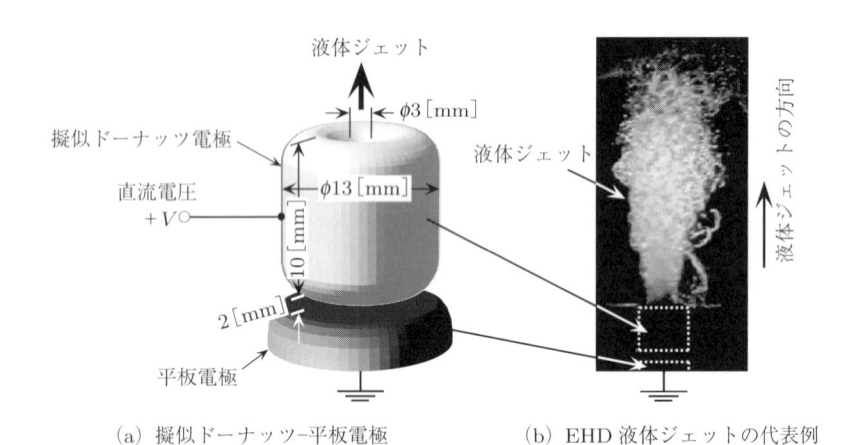

(a) 擬似ドーナッツ-平板電極　　(b) EHD 液体ジェットの代表例

図 6.8　純伝導ポンピングによる代表的な液体ジェット
（作動液体：HFC43-10，印加電圧：DC 3 [kV]）

液体ポンピング現象は，EHD ヒートパイプ，EHD ポンプ，熱エネルギー変換装置，冷却促進装置，各種アクチュエータ，マイクロポンプなど，幅広い工業的応用が期待される．一般に，EHD ポンピング技術を用いた装置は，単純構造，軽量，非機械的

であり，音響ノイズや振動がまったくない．また，電気的な流動制御が可能，かつ省エネルギー化が実現できるなどの特長があり，新しい液体制御技術として注目される．

(3) 液体噴射現象の応用

液体に同極性の電荷をある程度以上与えると，静電反発力(クーロン力)によって液体が微小な荷電液滴に分裂する．この性質を利用して，印字用塗料の溶解液(インク)を用紙に吹付け文字や図形を描かせることが可能であり，プリンタに利用されている．これは**インクジェットプリンタ**(ink-jet printer)とよばれる[1]．図 6.9 にその原理の一例を示す．インクをポンプでノズル内に送り込み，針電極などの電荷注入電極によりインクに電荷を与える．このインクをノズル前面に置かれた加速電極によって静電気的に引き出すと，インクは一定電荷をもった微小液滴となってノズル先端から飛び出す．この液滴の運動方向を偏向電極の電界によって制御し，紙面に噴射して画像を描かせる．不要なインクは回収して再度利用する．この方式は電界制御方式といわれるが，その他，インク液滴の生成や制御の仕方により，電荷制御方式，オンデマンド方式，インクミスト方式などがある．電荷制御方式は，ノズル内のインクをピエゾ圧電素子などで加振することによりノズルから液滴として噴出したのち，荷電電極で電荷を与え，偏向電極でその運動方向を制御する方式である．オンデマンド方式は，インク液滴を必要なときだけピエゾ圧電素子などで噴出する方式である．また，インクミスト方式は，コロナ放電によるイオン場内にインクミストを流し，イオンの流れを電界で制御する方式である．これらの装置の性能を向上するには，液体の粘度，抵抗率，ノズルの形状などの検討が重要である．

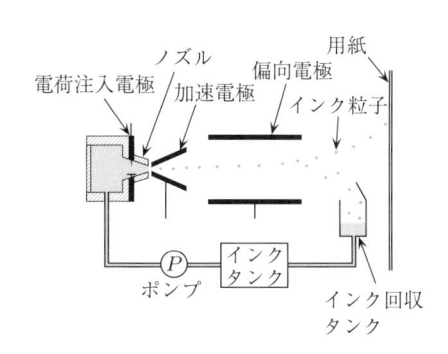

図 6.9　電界制御方式インクジェットプリンタの原理

6.2.2 電気レオロジー(ER)流体の応用

電界の印加・除去によって見かけの粘度が可逆的に大きく変化する流体を**電気レオロジー(ER)流体**(electrorheological fluid：ERF)といい，この特異な現象を ER 効

果(ER effect)とよぶ．電気レオロジー流体は機能性知的材料の一つとして注目され，**分散系**(disperse system)と**均一系**(homogeneous system)の二つに大別できる．ここでは，ER 効果の発現メカニズムについて述べ，ER 流体の応用技術を考える．

分散系 ER 流体(ER fluid of disperse system)は，絶縁性の液体(分散媒)に帯電していない小さな固体粒子(粒径 1～50 [μm]程度)を適当な濃度(普通，10～40 [wt%])で分散した懸濁液からなる．粒子の誘電率は分散媒のそれより大きい．この流体中に一対の平行平板電極を配置し，直流電圧を印加すると，その直後に粒子は電界方向に整列してつながり，電極間は図 6.10 に示すような粒子の鎖状コラムによって架橋される．この鎖状構造は流体のせん断に対する抵抗力となり，**降伏応力**(yield stress)が現れ，その結果，液体のせん断応力(または見かけの粘度)が 100～1000 倍にも上昇，いわゆる ER 効果が発現する．電界を除去すれば，元の液体粘度に戻る．

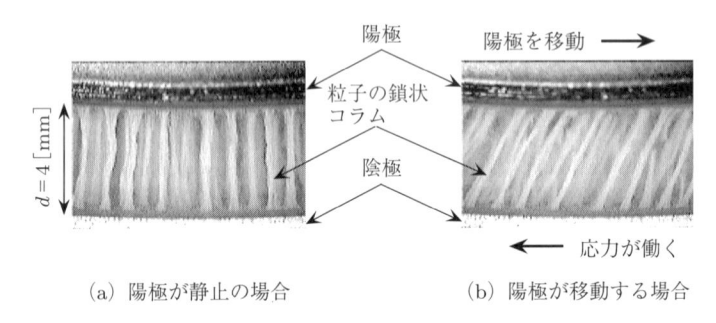

(a) 陽極が静止の場合　　(b) 陽極が移動する場合

図 6.10　分散系 ER 流体の粒子鎖状構造
($E=1$[kV/mm]，分散媒：ジメチルシリコーン油，分散質：有機無機複合粒子(藤倉化成))

図 6.11 は，分散系 ER 流体のせん断速度 $\dot{\gamma}$($\dot{\gamma}=du/dy$(u：流速，y：流れに垂直な距離))とせん断応力 τ の概念的な関係を示す．電界 $E=0$ の場合には**ニュートン流体**(Newtonian fluid)として $\tau \propto \dot{\gamma}$ の関係を示すが，$E>0$ の場合には**ビンガム塑性体**

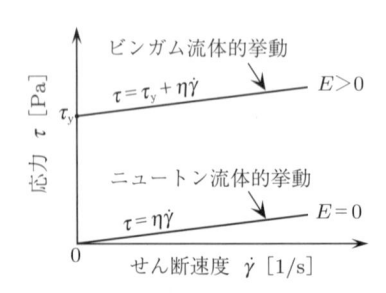

図 6.11　分散系 ER 流体の流動特性(概念図)

(Bingham body)として振る舞い，$\tau = \tau_y + \eta \dot{\gamma}$ (τ_y：降伏応力，η：分散媒の粘度)の関係に移行し，外部応力が τ_y を超えてはじめて流動する．一般に，$\tau_y \propto E^2$ の関係が成り立つとされているが，実際の流体では必ずしもこの関係を満足するとは限らない．

ER効果の発現メカニズムとしてもっとも一般的な理論は，「粒子の分極に基づく粒子相互作用説[13],[14]」である．すなわち，分散媒と固体粒子との誘電率不一致によって各粒子に双極子が発生し，電界方向に配列した双極子間引力によって電極間に粒子の鎖状構造が形成され，せん断に対する降伏応力が現れるとするものである．しかし，この理論から導出される応力値は，一般に実験値よりかなり小さい．そのため，ER効果の増強に関して，「分散媒中のイオンが粒子表面に選択吸着されて電気二重層を形成し，電界の印加により電気二重層のひずみと重なりが生じて，粒子間引力が強化される[15],[16]」，「電界の作用で凝集した粒子間の水の染み出し架橋により粒子の凝集力が強化される[17],[18]」，「直流電界の下での電気伝導に起因して粒子間引力が強化される[19]〜[21]」などの説が提案されている．

このように分散系ER流体は，固体粒子の電界による振る舞いがER効果を発現させる源となるので，ER効果が十分に発現できる粒子材料の開発と分散媒との整合性が盛んに研究されている．

一方，**均一系ER流体**(ER fluid of homogeneous system)は，固体粒子を含まず単一液体自身がER効果を発現するものであり，代表には各種の**液晶**(liquid crystal)が挙げられる[22]．その流動特性は，図6.12に示すように電界を印加しても降伏応力をもたず，せん断速度 $\dot{\gamma}$ に対するせん断応力 τ (または粘度)は単調に増加する．このような液晶系の流体は電界の有無にかかわらず，**非ニュートン流体**(non-Newtonian fluid)として振る舞うが，その程度は液晶の種類によって異なる．液晶は液体と結晶性固体の両方の性質をもつ物質であり，棒状分子の集合体がほぼ一定方向(これをダイレクターという)に配向している．その分子配列によってネマチック液晶とスメクチック液晶に大別され，いずれもER効果を示す．通常，せん断応力は無電界時($E = 0$ の場合)の10倍程度であるが，高分子液晶などでは非常に高い応力を示す．

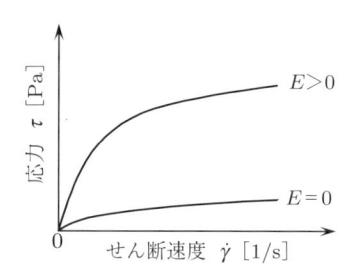

図6.12 均一系ER流体の流動特性(概念図)

以上のように，電気レオロジー流体は電界によってその粘度を可逆的に制御できることから，近年の産業機器分野，OA・AV 機器分野，家電分野，医療環境分野などきわめて広い範囲の工業的応用が期待される．とくに，振動制御系においては，従来の防振バネ，防振ゴムなどのようなパッシブ制御要素から電気的制御が可能なアクティブ制御要素としての応用が注目される．

6.2.3 その他の応用技術
(1) 高エネルギー粒子，放射線検知器としての応用

通常，液体中の電子は不純物などに捕獲されて負イオンになりやすいため，電子として存在する寿命はきわめて短い．しかし，液体の不純物を極力除去した超高純度の液体では，電子が不純物に捕獲されるまでの時間を非常に長くでき，その時間内に電子を長距離までドリフトさせることができる．たとえば，比較的大きな電子移動度をもつ希ガス液体(液体アルゴン，キセノンなど)やテトラメチルシランなどを超高純度化すると，電子はその寿命中にメートルオーダのドリフトが可能である．このような超高純度液体に高エネルギーの電子などが入射すると，電極間で電離した電子やイオンの飛跡を区別して検出でき，それらの位置や種類などを調べる検知器として利用できる[23]．また，液体中に X 線や紫外線などの放射線で電離可能な液体を混入しておけば，放射線検知器としての応用も可能となる．

(2) ディスプレイとしての応用

テレビやパソコンなどの画像表示器として頻繁に実用されている液晶ディスプレイは，電界による液晶の複屈折性などを利用したものである．物質の電界による光学的性質としてはこの他にも光の吸収，反射，屈折，回折，散乱などがあり，液体もこのような性質をもつのでディスプレイに利用できる可能性がある．たとえば，液体の滑らかな表面状態に何らかの方法で局部的なじょう乱を与えると光の散乱が生じるので，これを利用すれば反射型のディスプレイに応用できる[23]．また，透明固体層と液体の組み合わせによる屈折率の相違，液体-固体相転移による光学的性質の変化，電界制御による液体-液晶間の相転移や混合液体の相分離などを利用した画像表示法なども将来的には可能である．

演習問題

6.1 電気集塵装置の原理を簡単に説明し，実際の使用に対する問題点を述べよ．
6.2 電子写真の原理について，例を挙げて簡単に説明せよ．
6.3 航空機に用いられている放電端子の役割を説明せよ．
6.4 パッファ式ガス遮断器の基本構造を示し，その動作を簡単に説明せよ．
6.5 EHD ポンピングとはどのような現象かを述べ，そのメカニズムを 3 つ挙げて簡単に説明せよ．

6.6 電気レオロジー(ER)流体とはどのような流体かを説明し，その基本的な流動特性について簡単に説明せよ(図 a 参照)．

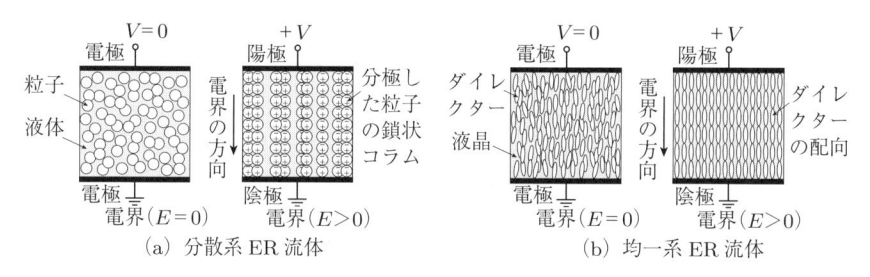

(a) 分散系 ER 流体　　　(b) 均一系 ER 流体

図 a　ER 流体の構造(原理図)

付録

(I) 標準球ギャップの絶縁破壊電圧([kV, 波高値])

(1球接地：+，-は高電圧側電極の極性)

【大気条件：温度20[℃]，気圧1013[mbar]】

球直径[cm] ギャップ長[cm]	2 +	2 -	5 +	5 -	6.25 +	6.25 -	10 +	10 -	12.5 +	12.5 -	15 +	15 -
0.05			2.8									
0.10			4.7									
0.15			6.4									
0.20			8.0		8.0							
0.25			9.6		9.6							
0.30	11.2	11.2	11.2	11.2								
0.40	14.4	14.4	14.3	14.3	14.2	14.2						
0.50	17.4	17.4	17.4	17.4	17.2	17.2	16.8	16.8	16.8	16.8	16.8	16.8
0.60	20.4	20.4	20.4	20.4	20.2	20.2	19.9	19.9	19.9	19.9	19.9	19.9
0.70	23.2	23.2	23.4	23.4	23.2	23.2	23.0	23.0	23.0	23.0	23.0	23.0
0.80	25.8	25.8	26.3	26.3	26.2	26.2	26.0	26.0	26.0	26.0	26.0	26.0
0.90	28.3	28.3	29.2	29.2	29.1	29.1	28.9	28.9	28.9	28.9	28.9	28.9
1.0	30.7	30.7	32.0	32.0	31.9	31.9	31.7	31.7	31.7	31.7	31.7	31.7
1.2	(35.1)	(35.1)	37.8	37.6	37.6	37.5	37.4	37.4	37.4	37.4	37.4	37.4
1.4	(38.5)	(38.5)	43.3	42.9	43.2	42.9	42.9	42.9	42.9	42.9	42.9	42.9
1.5	(40.0)	(40.0)	46.2	45.5	45.9	45.5	45.5	45.5	45.5	45.5	45.5	45.5
1.6			49.0	48.1	48.6	48.1	48.1	48.1	48.1	48.1	48.1	48.1
1.8			54.5	53.0	54.0	53.5	53.5	53.5	53.5	53.5	53.5	53.5
2.0			59.5	57.5	59.0	58.5	59.0	59.0	59.0	59.0	59.0	59.0
2.2			64.0	61.5	64.0	63.0	64.5	64.5	64.5	64.5	64.5	64.5
2.4			69.0	65.5	69.0	67.5	70.0	69.5	70.0	70.0	70.0	70.0
2.6			(73.0)	(69.0)	73.5	72.0	75.5	74.5	75.5	75.0	75.5	75.5
2.8			(77.0)	(72.5)	78.0	76.0	80.5	79.5	80.5	80.5	80.5	80.5
3.0			(81.0)	(75.5)	82.0	79.5	85.5	84.0	85.5	85.0	85.5	85.5
3.5			(90.0)	(82.5)	(91.5)	(87.5)	97.5	95.0	98.0	97.0	98.5	98.0
4.0			(97.5)	(88.5)	(101)	(95.0)	109	105	110	108	111	110
4.5					(108)	(101)	120	115	122	119	124	122
5.0					(115)	(107)	130	123	134	129	136	133
5.5					(139)	(131)	145	138	147	143
6.0					(148)	(138)	155	146	158	152
6.5					(156)	(144)	(164)	(154)	168	161
7.0					(163)	(150)	(173)	(161)	178	169
7.5					(170)	(155)	(181)	(168)	187	177
8.0							(189)	(174)	(196)	(185)
9.0							(203)	(185)	(212)	(198)
10							(215)	(195)	(226)	(209)
11									(238)	(219)
12									(249)	(229)

(注) (1) +欄の数値：正極性インパルス電圧による．
(2) -欄の数値：交流電圧，正・負直流電圧，負極性インパルス電圧による．
(3) インパルス電圧に対しては，50%フラッシオーバ電圧を示す．
(4) 太線枠内はインパルス電圧測定時に照射が必要であることを示す．
(5) ( )内はギャップ長が球直径の1/2以上の場合に精度が落ちる．
(6) 湿度に対する補正はしない．できるだけ標準状態に近い湿度(11[g/m^3])での測定が望ましい．

付　録

球直径[cm]	25		50		75		100		150		200	
ギャップ長[cm]	+	−	+	−	+	−	+	−	+	−	+	−
1.0	31.7	31.7										
1.2	37.4	37.4										
1.4	42.9	42.9										
1.5	45.5	45.5										
1.6	48.1	48.1										
1.8	53.5	53.5										
2.0	59.0	59.0	59.0	59.0	59.0	59.0						
2.2	64.5	64.5	64.5	64.5	64.5	64.5						
2.4	70.0	70.0	70.0	70.0	70.0	70.0						
2.6	75.5	75.5	75.5	75.5	75.5	75.5						
2.8	81.0	81.0	81.0	81.0	81.0	81.0						
3.0	86.0	86.0	86.0	86.0	86.0	86.0	86.0	86.0				
3.5	99.0	99.0	99.0	99.0	99.0	99.0	99.0	99.0				
4.0	112	112	112	112	112	112	112	112				
4.5	125	125	125	125	125	125	125	125				
5.0	138	137	138	138	138	138	138	138	138	138		
5.5	151	149	151	151	151	151	151	151	151	151		
6.0	163	161	164	164	164	164	164	164	164	164		
6.5	175	173	177	177	177	177	177	177	177	177		
7.0	187	184	189	189	190	190	190	190	190	190		
7.5	199	195	202	202	203	203	203	203	203	203		
8.0	211	206	214	214	215	215	215	215	215	215		
9.0	233	226	239	239	240	240	241	241	241	241		
10	254	244	263	263	265	265	266	266	266	266	266	266
11	273	261	287	286	290	290	292	292	292	292	292	292
12	291	275	311	309	315	315	318	318	318	318	318	318
13	(308)	(289)	334	331	339	339	342	342	342	342	342	342
14	(323)	(323)	357	353	363	363	366	366	366	366	366	366
15	(337)	(337)	380	373	387	387	390	390	390	390	390	390
16	(350)	(350)	402	392	411	410	414	414	414	414	414	414
17	(362)	(362)	422	411	435	432	438	438	438	438	438	438
18	(374)	(374)	442	429	458	453	462	462	462	462	462	462
19	(385)	(385)	461	445	482	473	486	486	486	486	486	486
20	(395)	(395)	480	460	505	492	510	510	510	510	510	510
22			510	489	545	530	555	555	560	560	560	560
24			540	515	585	565	600	595	610	610	610	610
26			(570)	(540)	620	600	645	635	655	655	660	660
28			(595)	(565)	660	635	685	675	700	700	705	705
30			(620)	(585)	695	665	725	710	745	745	750	750
32			(640)	(605)	725	695	760	745	790	790	795	795
34			(660)	(625)	755	725	795	780	835	835	840	840
36			(680)	(640)	785	750	830	815	880	875	885	885
38			(700)	(655)	(810)	(775)	865	845	925	915	935	930
40			(715)	(670)	(835)	(800)	900	875	965	955	980	975
45					(890)	(850)	980	945	1060	1050	1090	1080
50					(940)	(895)	1040	1010	1150	1130	1190	1180
55					(985)	(935)	(1100)	(1060)	1240	1210	1290	1260
60					(1020)	(970)	(1150)	(1110)	1310	1280	1380	1340
65							(1200)	(1160)	1380	1340	1470	1410
70							(1240)	(1200)	1430	1390	1550	1480
75							(1280)	(1230)	1480	1440	1620	1540
80									(1530)	(1490)	1690	1600
85									(1580)	(1540)	1760	1660
90									(1630)	(1580)	1820	1720
100									(1720)	(1660)	1930	1840
110									(1790)	(1730)	(2030)	(1940)
120									(1860)	(1800)	(2120)	(2020)
130											(2200)	(2100)
140											(2280)	(2180)
150											(2350)	(2250)

(II) 試験電圧

公称電圧 [kV]	最高電圧 [kV]	絶縁階級 [号]	試験電圧値[kV] 雷インパルス耐電圧試験	開閉インパルス耐電圧試験	商用周波耐電圧試験 (実効値)
3.3	3.45	3A	45	—	16
		3B	30		10
6.6	6.9	6A	60	—	22
		6B	45		16
11	11.5	10A	90	—	28
		10B	75		28
22	23	20A	150	—	50
		20B	125		50
		20S	180		50
33	34.5	30A	200	—	70
		30B	170		70
		30S	240		70
66	69	60	350	—	140
		60S	420		140
77	80.5	70	400	—	160
		70S	480		160
110	115	100	550	—	230
		100S	660		230
154	161	140	750	—	325
187	195	140S	900		325
220	230	170	900	—	395
		170S	1080		395
275	287.5	200	1050	—	460
		200S	1260		460
500	525	500L	1550	1175	750
	550	500H	1800	1175	750

(注)(1)公称電圧:電線路を代表する線間電圧.(2)最高電圧:平常時に電線路に発生する最大の線間電圧.(3)絶縁階級:電力機器,設備の絶縁耐力を示す階級であり,耐えるべき試験電圧の組み合わせで表される(たとえば,170号は900[kV]の雷インパルス電圧と395[kV]の交流電圧に耐える絶縁である).また,記号 A:一般用,B:雷サージの危険が少ない場合,S:電力線搬送用結合コンデンサおよび避雷器の保護範囲外で使用するコンデンサ型計器用変圧器に適用することを表す.500L は避雷器の近くに設置され雷サージからよく保護されている機器に適用,500H はそうでない機器に適用する.(4)雷インパルスおよび開閉インパルス試験電圧:避雷器の保護レベルに裕度を考慮して定める.(5)商用周波試験電圧:一般に,最高電圧運転時における 1 線地絡時の健全相電位上昇に 2 倍の安全率を乗じて定める(たとえば,154[kV]以下の有効接地系統機器:(最高電圧/$\sqrt{3}$)×$\sqrt{3}$×2,275[kV]の機器:(287.5×$\sqrt{3}$)×1.4×2,500[kV]の機器:1.4の代わりに1.25を用いる.ただし,$\sqrt{3}$,1.4,1.25:1線地絡時の電位上昇倍率.(6)187[kV]以上は有効接地系統を対象とする.(7)公称電圧 500[kV]では,最高電圧が 525[kV]と 550[kV]の系統があるが,試験電圧は同一である.

演習問題略解

第1章

1.1 [解] ロゴウスキー電極を使用する．1.2.1 項(1)参照．

1.2 [ヒント] 一球が接地された場合の最大電界強度 $E_{E\max}$ は，式(1.10)と表1.1の η_2 を用いて計算せよ．

[解]　$E_{E\max} = 1.273 \times 10^5$ [V/m]

両球が絶縁された場合の最大電界強度 $E_{I\max}$ は，式(1.10)と表1.1の η_1 を用いて計算し，$E_{E\max}$ との比をとる．

[解]　$\dfrac{E_{I\max}}{E_{E\max}} = \dfrac{1.039 \times 10^5}{1.273 \times 10^5} = 0.82$ [倍]

1.3 [ヒント] 球と平板間ギャップの電界強度は，絶縁した二つの球の中央(図1.7の $M-N$)に導体平面を置いた場合を考えればよい．したがって，電界の最大値 $E_{\max}$ は，平面に面した球のもっとも近い点(図1.7の P 点)で生じる．その値は，$d = 2h$, $V = 2V$ を式(1.10)に代入し，η の値として表1.1の $d/a = 2h/a$ に対応する η_1 を選んで計算する．

[解]　$E_{\max} = 1.604 \times 10^5$ [V/m]

1.4 [ヒント] 同軸円筒電極の場合：内部円筒電極表面の電界強度 E_i は，式(1.12)より，外部円筒電極表面の電界強度 E_o は，式(1.11)の $r = r_2 (= 0.1$ [m]) として計算する．

[解]　$E_i = 1.553 \times 10^5$ [V/m]，$E_o = 3.107 \times 10^4$ [V/m]

同心球電極の場合：内球表面の電界強度 E_i は，式(1.14)より，外球表面の電界強度 E_o は，式(1.13)の $r = R_2 (= 0.1$ [m]) として計算する．

[解]　$E_i = 3.125 \times 10^5$ [V/m]，$E_o = 1.25 \times 10^4$ [V/m]

1.5 [ヒント] 同軸円筒電極と同心球電極の最大電界強度は，それぞれ式(1.12)と式(1.14)で与えられるので，両者を等しいとして条件を求める．

[解]　$\dfrac{R_1}{r_1} = \dfrac{R_2}{R_2 - R_1} \ln\left(\dfrac{r_2}{r_1}\right) \approx \ln\left(\dfrac{r_2}{r_1}\right)$

1.6 [ヒント] 求める電界強度を E_c とし，式(1.15)に $r = 0.05$ [m]，$l = 1.0$ [m]，$x = l/2 = 0.5$ [m]，$V = 50000$ [V] を代入して計算せよ．

[解]　$E_c = 3.39 \times 10^4$ [V/m]

1.7 [ヒント] 最大電界強度 $E_{\max}$ は，式(1.18)の $r = 0.02$ [m]，$h = 0.4$ [m]，$V = 10000$ [V] を代入して計算せよ．

[解]　$E_{\max} = 1.425 \times 10^5$ [V/m]

平板表面の電界強度 E_o は，式(1.15)に $l = 2h$，$V/2 = V$，$x = h - r$ を代入して整理すると，

$$E_\mathrm{o} = \frac{2V}{\left\{r\sqrt{\left(\dfrac{h}{r}\right)^2-1}\right\}\ln\left\{\dfrac{h}{r}+\sqrt{\left(\dfrac{h}{r}\right)^2-1}\right\}}$$

が得られるので，この式に $r=0.02$ [m]，$h=0.4$ [m]，$V=10000$ [V] を代入して計算せよ．

[解]　$E_\mathrm{o} = 1.357 \times 10^4$ [V/m]

1.8　[ヒント]　$r_0 \ll d$ の条件が成り立つので，$E_{\max}$ は式(1.22)に，$E_{\min}$ は式(1.23)に，それぞれ数値を代入すれば求められる．

[解]　$E_{\max} = 5.984 \times 10^6$ [V/m]，$E_{\min} = 2.992 \times 10^4$ [V/m]

$$E_{\max}/E_{\min} = 200 \text{ [倍]}$$

1.9　[ヒント]　例題1.8において，平行平板電極間が3層の誘電体で満たされた場合を考えよ．
[解] 電束密度 D は連続的で等しいので，

$$D = \varepsilon_1 E_1 = \varepsilon_2 E_2 = \varepsilon_3 E_3$$

また，$V = V_1 + V_2 + V_3 = E_1 d_1 + E_2 d_2 + E_3 d_3$ より，各層の電界強度は次のようになる．

$$E_1 = \frac{V}{d_1 + \dfrac{\varepsilon_1}{\varepsilon_2}d_2 + \dfrac{\varepsilon_1}{\varepsilon_3}d_3} = \frac{\dfrac{1}{\varepsilon_1}}{\dfrac{1}{\varepsilon_1}d_1 + \dfrac{1}{\varepsilon_2}d_2 + \dfrac{1}{\varepsilon_3}d_3}V$$

$$= \frac{\dfrac{1}{2}}{\dfrac{1}{2}\times 2\times 10^{-3} + \dfrac{1}{4}\times 1\times 10^{-3} + \dfrac{1}{5}\times 3\times 10^{-3}} \times 30000 = 8.11\times 10^6 \quad \text{[V/m]}$$

同様に計算すれば，

$$E_2 = 4.05 \times 10^6 \text{ [V/m]}, \quad E_3 = 3.24 \times 10^6 \text{ [V/m]}$$

が得られる．
各層の電位差は次のようになる．

$$V_1 = E_1 d_1 = 8.11 \times 10^6 \times 2.0 \times 10^{-3} = 16.22 \quad \text{[kV]}$$

同様に計算すれば，

$$V_2 = 4.05 \text{ [kV]}, \quad V_3 = 9.72 \text{ [kV]}$$

が得られる．

1.10　[ヒント]　式(1.35)を参照して，各層(I)と(II)の分担電圧 V_1 と V_2 を考えよ．
[解]　各層(I)，(II)の分担電圧 V_1，V_2 は次のように与えられる．

$$V_1 = E_1 a \ln\left(\frac{b}{a}\right), \quad V_2 = E_2 b \ln\left(\frac{c}{b}\right)$$

したがって，ケーブルが耐え得る最大の電位差 $V_{\max}$ は，次のようになる．

$$V_{\max} = V_1 + V_2 = E_1 a \ln\left(\frac{b}{a}\right) + E_2 b \ln\left(\frac{c}{b}\right)$$

1.11 [ヒント] 例題1.9において，同心円筒電極間が3層の誘電体で満たされた場合を考えよ．

[解] 放射距離 $r = 6$ [mm]，7.5 [mm]，9.5 [mm] の点の電界強度をそれぞれ E_1，E_2，E_3 とする．まず，以下の K の値を求める．

$$K = \sum_{n=1}^{3}\left\{\frac{1}{\varepsilon_n}\ln\left(\frac{r_{n+1}}{r_n}\right)\right\} = \frac{1}{\varepsilon_1}\ln\left(\frac{r_2}{r_1}\right) + \frac{1}{\varepsilon_2}\ln\left(\frac{r_3}{r_2}\right) + \frac{1}{\varepsilon_3}\ln\left(\frac{r_4}{r_3}\right)$$

$$= \frac{1}{2}\ln\left(\frac{7\times10^{-3}}{5\times10^{-3}}\right) + \frac{1}{4}\ln\left(\frac{8\times10^{-3}}{7\times10^{-3}}\right) + \frac{1}{5}\ln\left(\frac{11\times10^{-3}}{8\times10^{-3}}\right) = 0.2653$$

したがって，

$$E_1 = \frac{V}{\varepsilon_1 \times r \times K} = \frac{5000}{2 \times 6 \times 10^{-3} \times 0.2653} = 1.57 \times 10^{6} \quad [\text{V/m}]$$

同様に計算すれば，

$$E_2 = 6.28 \times 10^{5} \text{ [V/m]}, \quad E_3 = 3.97 \times 10^{5} \text{ [V/m]}$$

が得られる．

第2章

2.1 [解] 2.1.1項(i), (ii), (iii)参照．

2.2 [解] 2.1.1項(ii)参照．

2.3 [解] (1)2.1.2項(1)参照，(2)2.2.2項参照，(3)2.2.2項参照，(4)2.2.3項参照，(5)2.2.4項参照，(6)2.3.1項(1)参照，(7)2.3.1項(1)参照，(8)2.3.1項(1)参照，(9)2.3.1項(1)参照，(10)2.3.2項参照，(11)2.3.2項参照，(12)2.3.3項参照．

2.4 [ヒント] 1 [kgf/cm^2] = 98.0665 [kPa] である．また，2.1.2項(2)参照．

[解] ① 1013.25, ② 1013250, ③ 7600, ④ 10132.5, ⑤ 10.33

2.5 [ヒント] 1 [mmHg] = 133.3 [Pa] である．また，式(2.10)より $n = P/kT$ である．

[解] $n = \dfrac{133.3 P_0}{1.38 \times 10^{-23} \times 273} = 3.54 \times 10^{22} P_0$ [個/m^3]

2.6 [ヒント] 式(2.10)より，温度20 [℃] (293 [K]) のときの気体粒子密度 n を求め，この n 値に対応した温度0 [℃] (273 [K]) のときの圧力 P_0 [mmHg] を計算する．

[解] 温度 $T = 20$ [℃] のときの n は，$n = \dfrac{133.3 P_0}{kT} = 1.648 \times 10^{23}$ [個/m^3]

ゆえに，$T = 0$ [℃] のときの圧力 P_0 [mmHg] は，次のようになる．

$$P_0 = \frac{kTn}{133.3} = \frac{1.38 \times 10^{-23} \times 273 \times 1.648 \times 10^{-23}}{133.3} = 4.66 \quad [\text{mmHg}]$$

2.7 [ヒント] O_2 ガスの分子量 $m = 32$ は，1 [mol] の重量 [g] であるので，O_2 ガス分子の質量 m_g は，

$$m_{\mathrm{g}} = \frac{m\,(\text{分子量})}{N_{\mathrm{A}}\,(\text{アボガドロ数})} = \frac{32 \times 10^{-3}}{6.023 \times 10^{23}} = 5.313 \times 10^{-26} \quad [\mathrm{kg}/\text{個}]$$

となる.
また,$1\,[\mathrm{atm}] = 101325\,[\mathrm{N/m^2}]$, $20\,[\mathrm{℃}] = 293\,[\mathrm{K}]$, $k = 1.3806 \times 10^{-23}\,[\mathrm{J/K}]$(ボルツマン定数)である.

[解] 式(2.10)より,分子数密度:$n_{\mathrm{d}} = 2.505 \times 10^{25}\,[\text{個}/\mathrm{m^3}]$
式(2.12)より,最大確率速度:$u_{\mathrm{p}} = 390.2\,[\mathrm{m/s}]$
式(2.13)より,平均速度:$\bar{u}_{\mathrm{m}} = 440.3\,[\mathrm{m/s}]$
式(2.14)より,実効速度:$u_{\mathrm{eff}} = 477.9\,[\mathrm{m/s}]$

2.8 (1)[ヒント] $1\,[\mathrm{mmHg}] = 133.3\,[\mathrm{N/m^2}]$, $0\,[\mathrm{℃}] = 273\,[\mathrm{K}]$であるので,$N_2$ガスの分子数密度$n_{\mathrm{g}}$は,$n_{\mathrm{g}} = \dfrac{P}{kT} = 3.54 \times 10^{22}\,[\text{個}/\mathrm{m^3}]$となる.

[解] 式(2.19)より,$l_{\mathrm{g}} = 4.403 \times 10^{-5}\,[\mathrm{m}] = 44.03\,[\mathrm{\mu m}]$

(2)[ヒント] $760\,[\mathrm{mmHg}] = 101325\,[\mathrm{N/m^2}]$, $0\,[\mathrm{℃}] = 273\,[\mathrm{K}]$であるので,$N_2$ガスの分子数密度$n_{\mathrm{g}}$は,$n_{\mathrm{g}} = \dfrac{P}{kT} = 2.69 \times 10^{25}\,[\text{個}/\mathrm{m^3}]$となる.

[解] 式(2.20)より,$l_{\mathrm{e}} = 3.278 \times 10^{-7}\,[\mathrm{m}] = 0.328\,[\mathrm{\mu m}]$

2.9 [ヒント] Ne原子の電離電圧V_{i}は表2.4より,$V_{\mathrm{i}} = 21.6\,[\mathrm{eV}]$である.いま,Ne原子は準安定状態にあり,すでにエネルギー準位の高い位置(準安定電圧$V_{\mathrm{m}} = 16.6\,[\mathrm{eV}]$)にあるので,衝突電離に必要なエネルギーは,式(2.28)より,$m_{\mathrm{e}} u_{\mathrm{e}}^2/2 \geq e(V_{\mathrm{i}} - V_{\mathrm{m}})$となる.また,電子の電荷量は,$e = 1.6 \times 10^{-19}\,[\mathrm{C}]$,電子の質量は,$m_{\mathrm{e}} = 9.11 \times 10^{-31}\,[\mathrm{kg}]$である.電離に必要な電子の速度$u_{\mathrm{e}}$は,次のようになる.

[解] $u_{\mathrm{e}} \geq \sqrt{\dfrac{2e(V_{\mathrm{i}} - V_{\mathrm{m}})}{m_{\mathrm{e}}}} \approx 1.33 \times 10^6\,[\mathrm{m/s}]$

2.10 [解] 2.3.4項参照.

第3章

3.1 (1) [解] 3.1.1項(2)-(A)参照. (2) [解] 3.1.1項(2)-(B)参照.
3.2 [解] 3.1.2項(1)参照.
3.3 [解] 3.1.2項(2)-(B)参照.
3.4 [解] 3.2.1項(1),(2)参照.
3.5 [解] 3.2.2項(1),(2)参照.
3.6 [解] 3.2.3項(1)参照.
3.7 [解] 3.2.3項(1),(2)参照.
3.8 [解] 3.2.3項(2)参照.
3.9 [解] 3.3.2項(2)参照.
3.10 [解] (1)3.2.4項(1)参照,(2)3.2.4項(1)参照,(3)3.2.4項(2)参照,(4)3.2.4項(4)参照,(5)3.2.4項(4)参照,(6)3.2.4項(5)参照,(7)3.3.2項(3)参照,(8)3.4.1項参照,(9)3.4.1項(2)参照,(10)3.4.2項参照.

演習問題略解　195

3.11 [解] 3.4.1項(1)参照.
3.12 [解] 3.5.3項参照.
3.13 [解] 3.6節を参照し，3種類を選択して説明せよ．

第4章
4.1 [解] 3.1.1項(1), 4.1.1項(1)参照.
4.2 [解] 4.1.1項(2)-(A)参照.
4.3 [解] 4.1.2項(1)-(i), (ii)参照.
4.4 [解] 4.1.2項(2)-(A)参照.
4.5 [解] 4.1.2項(2)-(B)参照.
4.6 [解] 4.1.3項参照.
4.7 [解] 4.1.1項(1), 4.2.1項(2)-(B)参照.
4.8 [解] 4.2.2項(1)参照.
4.9 [解] 4.2.2項(2)-(A)参照.
4.10 [解] 4.2.3項参照.
4.11 [解] 4.3.1項(1)参照.
4.12 [解] (1)4.1.1項(2)-(B)-(b)参照, (2)4.2.1項(1)参照, (3)4.2.1項(2)-(A)参照, (4)4.2.2項(1)参照, (5)4.2.2項(1)参照, (6)4.3.1項(1)参照, (7)4.2.2項(2)-(E)参照, (8)4.2.2項(2)-(E)参照.

第5章
5.1 [解] 5.1.1項(1)-(A)参照.
5.2 [解] 5.1.1項(1)-(B)参照.
5.3 [解] 5.1.2項(1)-(C)参照.
5.4 [解] 5.1.3項(2)参照　[ヒント]図5.17(a)中の整流器 D_1, D_2 を極性反転して発生電圧を考えよ．
5.5 [解] 5.2.1項(2)-(B)参照.
5.6 [解] 5.2.1項(4)参照.
5.7 [解] 5.2.2項(2)-(A)参照.
5.8 [解] 5.2.3項(1)-(A)参照.
5.9 [解] 5.3項(4)参照.
5.10 [解] 5.4項参照.
5.11 [解] 5.4.2項(2)参照.
5.12 [解] 5.4.3項(1)参照.
5.13 [解] 5.4.3項(3)-(B)参照.
5.14 [解] (1)5.1.1項(1)-(C)参照, (2)5.1.3項(2)参照, (3)5.2.3項(1)-(A)参照, (4)5.2.3項(1)-(B)参照, (5)5.3項(2)参照, (6)5.4.1項(2)参照, (7)5.4.2項(2)参照.

第6章
6.1 [解] 6.1.1項(1)参照.
6.2 [解] 6.1.1項(3)参照.
6.3 [解] 6.1.1項(6)参照.
6.4 [解] 6.1.3項(1)参照.
6.5 [解] 6.2.1項(2)参照.
6.6 [解] 6.2.2項参照.

参考文献

第1章

(1) E. Kuffel and W. S. Zaengl: High Voltage Engineering, Fundamentals, Pergamon Press, Oxford(1984)
(2) 電気学会：高電圧工学，電気学会(1971)
(3) 後藤憲一・山崎修一郎：電磁気学演習，共立出版(1997)
(4) H. Steinbigler: Electrotechnische Zeitschrift Ausgabe A, Bd. 90, H. 25, 663(1969)
(5) 村島定行：代用電荷法とその応用，森北出版(1983)
(6) 河野照哉・宅間 薫：数値電界計算法，コロナ社(1980)
(7) W. L. Lama and C. F. Gallo: J. Appl. Phys., Vol. 19, No. 1, 103(1974)
(8) H. Prinz(増田閃一・河野照哉 訳)：電界計算法，朝倉書店(1974)

第2章

(1) B. H. Flowers and E. Mendoza(大川章哉・近久芳昭 訳)：物質の性質 I；ミクロな立場より，共立出版(1974)
(2) 電気学会，電気材料，電気学会(1991)
(3) 電気学会：放電ハンドブック(上巻)：電気学会(1998)
(4) 八田吉典：気体放電，近代科学社(1960)
(5) 林 泉：プラズマ工学，朝倉書店(1987)
(6) W. Schottky: Ann. Phys.(Leipzig), Vol. 44, 1011(1914)
(7) R. H. Fowler and L. Nordheim: Proc. Roy. Soc. A, Vol. 119, 173(1928)
(8) T. H. Stern, B. S. Gossling and R. H. Fowler: Proc. Roy. Soc. A, Vol. 124, 699(1929)
(9) B. Halpern and R. Gomer: J. Chem. Phys., Vol. 51, No. 3, 1048(1969)

第3章

(1) 林 泉：高電圧プラズマ工学，丸善(1996)
(2) J. S. Townsend: Phil. Mag., Vol. 1, No. 6, 198(1901)
(3) L. B. Loeb: Fundamental Processes of Electrical Discharges in Gases, J. Wiley & Sons (1939)
(4) 大重 力・原 雅則：高電圧現象，森北出版(1973)
(5) F. G. Dunnington: Phys. Rev., Vol. 38, 1535(1931)
(6) H. Raether: Naturwiss, Vol. 22, 73(1949)
(7) H. Raether: Z, Phys., Vol. 107, 91(1937)
(8) L. B. Loeb and J. M. Meek: J. Appl. Phys., Vol. 11, 438(1940)
(9) J. M. Meek: Phys. Rev., Vol. 57, 722(1940)
(10) J. M. Meek and J. D. Graggs: Electrical Breakdown of Gases, Clarendon Press, Oxford (1953)
(11) 大木正路：高電圧工学，槇書店(1984)
(12) 本田侃士：気体放電現象，東京電機大学出版局(1976)
(13) 中野義映：大学課程 高電圧工学，オーム社(1991)
(14) W. W. Dolan and W. P. Dyke: Phys. Rev., Vol. 95, 327(1954)
(15) T. H. Lee: J. Appl. Phys., Vpl. 30, 166(1959)

(16) 電気学会：電気工学ハンドブック，電気学会(1978)
(17) F. W. Peek: Dielectric Phenomena in High-Voltage Engineering, McGraw-Hill Book(1929)
(18) 電気学会：放電ハンドブック(上巻)，電気学会(1998)

第4章

(1) R. Hanaoka, R. Ishibashi and M. Kasama: T. IEE Japan, Vol. 113-A, No. 7, 518(1993)
(2) H. Yamashita and H. Amano: IEEE Trans. Elect. Insul., Vol. EI-20, No. 2, 155(1985)
(3) R. Ishibashi and R. Hanaoka: IEEE Trans. Elect. Insul., Vol. EI-17, No. 6, 522(1982)
(4) 花岡良一・石橋鐐造・高嶋 武：電気学会論文誌 A，Vol. 106，No. 8，358(1986)
(5) B. Halpern and R. Gomer: J. Chem. Phys., Vol. 51, No. 3, 1031(1969)
(6) T. Takashima, R. Hanaoka, R. Ishibashi and A. Ohtsubo: IEEE Trans. Elect. Insul., Vol. 23, No. 4, 645(1988)
(7) R. Hanaoka, R. Ishibashi and M. Kasama: T. IEE Japan, Vol. 113-A, No. 2, 113(1993)
(8) 坂本三郎・田頭博昭：新高電圧工学，朝倉書店(1986)
(9) 電気学会：放電ハンドブック，電気学会(1974)
(10) 中野義映：大学課程 高電圧工学，オーム社(1991)
(11) 鈴木松雄・藤岡良介：電気学会論文誌，Vol. 61，266(1941)
(12) K. C. Kao: Nature, Vol. 208, 279(1965)
(13) P. K. Watson: J. Elect. Chem. Soc., Vol. 107, 1023(1960)
(14) A. H. Sharbaugh: 電気学会 第3回電気絶縁材料シンポジウム，予稿集，153(1970)
(15) 電気学会：誘電体現象論，電気学会(1981)
(16) 家田正之・新田義孝：電気絶縁材料の化学，培風館(1983)
(17) 大木正路：高電圧工学，槇書店(1984)
(18) 吹田徳雄：電気学会論文誌，Vol. 71，277(1951)
(19) F. W. Peek: Dielectric Phenomena in High-Voltage Engineering, McGraw-Hill book(1929)
(20) K. W. Wagner: T. A. I. E. E., Vol. 41, 283(1922)
(21) A. von. Hippel: Phys. Rev., Vol. 70, 685(1946)
(22) H. Fröhlich: Proc. Roy. Soc., A, Vol. 188, 521(1947)

第5章

(1) E. Kuffel and W. S. Zaengl: High Voltage Engineering, Fundamentals, Pergamon Press, Oxford(1984)
(2) 吉岡芳夫・作道訓之：過渡現象の基礎，森北出版(2005)
(3) JEC-187: 電気学会電気規格調査会標準規格(1973)
(4) JEC-0201: 交流電圧絶縁試験，電気規格調査会(1988)
(5) IEC-52: Recommendation for voltage measurement by means of sphere-gaps(one sphere earthed), IEC; International Electrotechnical Commission,(1989)
(6) IEC-60-1: High-voltage test techniques(1989)
(7) IEC-213: インパルス電圧電流測定法，電気規格調査会(1982)
(8) 電気学会：高電圧試験ハンドブック，電気学会(1983)
(9) JIS-C-4004: 回転電気機械通則(1971)

第6章

(1) 電気学会：電気工学ハンドブック(新版)，電気学会(1988)
(2) 高分子学会：静電気ハンドブック，地人書館(1970)
(3) 林 泉：高電圧プラズマ工学，丸善(1996)
(4) O. M. Stuetzer: J. Appl. Phys., Vol. 31, 136(1960)
(5) P. Atten and M. Haidara: IEEE Trans. Elect. Insul., Vol. 20, No. 2, 187(1985)
(6) R. Hanaoka, R. Ishibashi and M. Kasama: T. IEE Japan, Vol. 113-A, No. 2, 113(1993)

参考文献

(7) J. R. Melcher: Phys. Fluid, Vol. 9, 1548(1966)
(8) J. S. Yagoobi, J. C. Chato, J. M. Crowley and P. T. Krein: ASME J. Heat Transfer, Vol. 111, 664(1989)
(9) 花岡良一・高田新三・村雲正敏・安齋秀伸：電気学会論文誌 A, Vol. 121-A, No. 3, 224(2001)
(10) P. Atten and J. S. Yagoobi: IEEE Trans. DEI, Vol. 10, No. 1, 27(2003)
(11) 花岡良一・中道裕之・高田新三・深見 正：電気学会論文誌 A, Vol. 114, No. 5, 399(2004)
(12) 花岡良一・中道裕之・高田新三・深見 正：静電気学会誌, Vol. 28, No. 6, 316(2004)
(13) A. Ogawa and S. G. Mason: J. Colloid Interface Sci., Vol. 47, 568(1974)
(14) L. Marshall, C. F. Zukoski and J. W Goodwin: J. Chem. Soc., Faraday Trans. 1, Vol. 85, No. 9, 2785(1989)
(15) D. Klass and T. W. Martinek: J. Appl. Phys., Vol. 38, No. 1, 67(1967)
(16) D. Klass and T. W. Martinek: J. Appl. Phys., Vol. 38, No. 1, 75(1967)
(17) H. See, H. Tamura and M. Doi: J. Phys. D: Appl. Phys, Vol. 26, 746(1993)
(18) H. Tamura, H. See and M. Doi: J. Phys. D: Appl. Phys, Vol. 26, 1181(1993)
(19) N. Felici, J. N. Foulc and P. Atten: Eds: R. Tao and G. D. Roy, World Scientific Publishing, Singapore, 139(1994)
(20) P. Atten, C. Boissy and J. N. Foulc: J. Electrostatics, Vol. 40 & 41, 3(1997)
(21) 花岡良一・高田新三・村雲正敏・桜井宏治・安齋秀伸：電気学会論文誌 A, Vol. 121-A, No. 2, 136(2001)
(22) 小山清人・木村 浩：液晶, Vol. 3, No. 3, 168(1999)
(23) 吉野勝美・山下久直・鎌田 譲・室岡義広：液体エレクトロニクス, コロナ社(1996)

索引

あ行

アーク放電　45, 73
アークホーン　89
アストン暗部　71
アボガドロ定数　32
アボガドロの法則　32
RF放電　95
α作用　59
安全率　138
暗流　55

ER効果　183
硫黄　98
イオン性伝導　121
イオンドラッグポンピング　110, 181
異常グロー放電　73
η作用　62
移動度　39
イメージインテンシファイア　100
イメージコンバータカメラ　100
陰極暗部　72
陰極グロー　71
陰極降下　74
陰極点　67
インクジェットプリンタ　183
インパルス耐電圧試験　170
インパルス電圧　80
インパルス電圧発生器　147
インパルス破壊電圧試験　170
インパルス比　81

ウィスカー　96
ウィトカ回路　145
ウィルソン霧箱　65
渦雷　87
雲間放電　87
運動量　39
雲内放電　87

エアトンペリー巻き　160
液晶　185
液体窒素　107
液体の応用技術　180
液体噴射現象の応用　183
液体噴流　110
液体誘電体　103
X線管　179
エネルギー準位　28
鉛丹　98
円筒-平板電極　11
沿面コロナ　91
沿面ストリーマ　91
沿面フラッシオーバ　90
沿面放電　90

OFケーブル　124
OF式　124
オゾナイザ　94, 176
折り返し巻き　160

か行

解析関数　16
外鉄形円板巻線方式　139
外部光電効果　48
階段状先駆放電　88
回転電圧計　158
回転フィルム型高速度カメラ　101
開閉インパルス電圧　80
開閉サージ　80
解離　105
ガウスの定理　3
火炎コロナ　95
架橋ポリエチレン　125
架空地線　89
核外電子　27
ガス遮断器　177
ガス絶縁開閉装置(GIS)　179
化成　96
画像用電子管　179
過電圧　80
荷電粒子　1
荷電粒子ビーム応用　179

ガード電極　121
壁電荷　93
完全電離プラズマ　47
貫通破壊　123
γ作用　61

希ガス　31
帰還雷撃　88
気体定数　32
基底状態　28
起電力　4
気泡破壊説　117
規約波頭長　80
規約波尾長　80
逆フラッシオーバ　89
ギャップ長　5
キャリア　121
球ギャップ　5
球-球電極　5
吸収電流　120
球-平板電極　5
境界条件　6
極性効果　68
均一系　184
均一系ER流体　185
近似ロゴウスキー電極　5

空間電荷効果　65
空間電荷制限電流　106
空孔　122
クリドノグラフ　161
クルックス暗部　72
グロー放電　71
クーロン力　2

形成遅れ　82
継続時間　81
ケノトロン　142
原子　26
原子核　27
原子番号　27
原子分子過程　41

高周波同軸ケーブル　160
高周波放電　94

高真空　96
合成絶縁油　103
高電圧絶縁試験　164
高電圧プローブ　157
高電界電気伝導　105
降伏応力　184
鉱油系絶縁油　103
交流耐電圧試験　169
交流破壊電圧試験　169
交流フラッシオーバ試験　169
国際単位系　33
固体誘電体　103
コッククロフト−ウォルトン回路　145
コットレル集塵装置　173
固有破壊強度　126
コロナ風　70
コロナ放電　67
コンディショニング効果　96
コンデンサ型計器用変圧器（PD）　155
コンデンサブッシング　141

さ行

再結合　46
最大確率速度　35
サージ　80
酸化亜鉛形避雷器　90

シェーリングブリッジ　167
シェンケル回路　145
磁気量子数　29
試験用変圧器　138
仕事関数　48
自続放電　67
実効速度　35
始動ギャップ　152
CVケーブル　125
弱電離プラズマ　47
遮断器　177
自由行程　37
縦続接続　140
自由電子　28
充電電流　120
主量子数　28
シュリーレン法　101
ジュール　29
準安定原子　42
準安定準位　42

準安定状態　42
準安定電圧　42
純伝導ポンピング　181
衝撃破壊試験　170
上昇法　169
状態方程式　32
衝突断面積　36
衝突電離　43
衝突頻度　37
初期電子　48
ショットキー欠陥　122
ショットキー効果　50
ショットキーの式　50
シリコーン油　104
試料体積効果　127
シールド抵抗分圧器　160
シールド電極　160
真空遮断器　178
人工塩じん汚損交流電圧試験　169
真性破壊　132
針端ギャップ　13
針端曲率半径　14
シンチレーション　92
振動数条件　28
振動電圧計　158

ストリーマ　65
ストリーマコロナ　69
ストリーマパルス　69
ストリーマ理論　65
スピン量子数　29
寸法効果　126

正イオン　1, 42
正規グロー放電　73
成極指数　166
整合抵抗　161
正針コロナ　68
静電界　2
静電気応用　172
静電植毛法　176
静電選別　175
静電電圧計　156
静電塗装法　174
静電容量分圧法　154
制動抵抗　147
絶縁　8
絶縁強調　172
絶縁耐力試験　164, 168
絶縁抵抗　166
絶縁抵抗試験　166
絶縁特性試験　164, 166

絶縁破壊　55
絶縁破壊電圧　55
絶縁物　18
前期グロー放電　73
先駆放電　87
前線雷　87
全波整流回路　143
全路破壊　55

双極子モーメント　115
双曲面　14
相似則　41
相対空気密度　76
層流　110
速度分布　34
ソーヤー−タワー回路　93

た行

大出力電磁波発信管　179
体積漏れ電流　121
耐電圧試験　168
太陽風　47
タウンゼントの第1電離係数　59
タウンゼントの火花条件　63
多重雷撃放電　88
多段式インパルス電圧発生器　151
単一電子近似　132
単一雷撃放電　88
端効果　126
端　子　4
$\tan \delta$　120
$\tan \delta$ 試験　167
タンデルタメータ　167

地球温暖化係数　98
注水交流耐電圧試験　169
長ギャップ放電　85
長時間交流耐電圧試験　169
直撃雷　89
直列共振法　141
チンメルマン回路　145

定印法　169
抵抗分圧器　159
低電界電気伝導　105
デロン−グライナッヘル回路　144
電　圧　4
電圧−時間特性　84

電圧-時間特性試験　170
電位　2
電位差　2
電荷　1
電界　1
電界強度　2
電界電離　53
電界の強さ　2
電界放出　50
電荷重畳法　110
電気影像法　6
電気集塵　172
電気的破壊　132
電気的負性気体　46
電気伝導　55
電極　4
電極面積効果　127
電気力線　3
電気流体力学(EHD)の応用　180
電気流体力学発電　180
電気流体力学(EHD)ポンピング　181
電気流体力学流動　109
電気レオロジー(ER)流体　183
電子顕微鏡　179
電子写真　174
電子親和力　46
電子性伝導　121
電子の破壊説　117
電子なだれ　42
電子の衝突電離係数　59
電子ビーム　179
電子付着　46
電子放出　48
電子ボルト　29
電源　4
電磁型計器用変圧器(PT)　153
電束　4
電束密度　4
電場　1
電離　42
電離エネルギー　28
電離確率　43
電離電圧　28
電離度　47
電力用変圧器　138

等角写像法　16
統計的遅れ　82
同軸円筒電極　9

同心球電極　9
等電位面　3
導電率　47
突印法　169
トラッキング　92
トリー　124
トリーイング　124
トリガーギャップ　99
トリチェルパルス　70
ドリフト　39
ドリフト速度　39
トンネル効果　51

な行

内鉄形円筒巻線方式　140
なだれ破壊　133
ナビエ-ストークスの方程式　110

二次電子放出　49, 61
ニュートン流体　184

熱運動　34
熱的破壊　131
熱電子放出　49
熱電離　45
熱雷　87

は行

背後電極　91
媒質効果　126
パウリの排他律　30
破壊前駆機構　55
破壊前駆現象　55
破壊電圧試験　168
波高値　80
バーストパルス　69
パッシェンの法則　64
パッシェン曲線　64
波頭長　81
バリア放電　92, 176
針-針電極　13
針-平板電極　13
バルク電流　123
ハロゲン　46
バンデグラフ発電機　146
半導体整流器　142
半波整流回路　143

光応用計測法　163
光電子　48
光電子増倍管　101
光電子放出　48

光電離　46
飛行時間法　40
非自続放電　67
非ニュートン流体　185
非破壊絶縁試験　166
火花電圧　55
火花の遅れ　82
火花放電　55
比誘電率　3
標準開閉インパルス電圧　81
標準大気状態　155, 165
標準雷インパルス電圧　80
平等(または準平等)電界分布　5
表面電位　135
表面電荷図　98
表面放電　90
表面漏れ電流　121
避雷器　90
避雷針　89
ビラード回路　144
ビンガム塑性体　184

ファウラー-ノルドハイムの式　52
ファラデー暗部　72
負イオン　1, 46
V-Q リサージュ法　93
V-t 曲線　84
フェルミ準位　48
不活性気体　31
複合誘電体　90
負グロー　72
負グローコロナ　70
不純物　103
負針コロナ　68
不整現象　155
付着係数　62
物質の三状態　26
不平等電界分布　9
部分放電　67
部分放電試験　168
ブラウン管　179
ブラシコロナ　69
プラズマ　47
プラズマ振動　47
プラズマディスプレイ　177
プラズマディスプレイパネル(PDP)　177
フラッシオーバ　55

索引

フラッシオーバ試験　170
フラッシオーバ電圧　55, 81
プランク定数　27
フレンケル欠陥　122
プロトン　27
分圧器　159
分光器　101
分散系　184
分散系ER流体　184
分子　26
分子パラコル　115
分流器　162

平滑回路　143
平均自由行程　37
平均速度　35
平行円筒電極　11
平行平板電極　5
β作用　61
ヘテロ電荷　109
ペニング効果　44
変圧器油　104
変電機器応用　177
変流器（CT）　162

ポアソンの方程式　3
ボーア半径　28
ボイスカメラ　101
ボイド放電　123
方位量子数　29
放電　26
放電端子　176
放電率　81
捕捉　94
払子コロナ　69
ホモ電荷　109
ポリ塩化ビフェニル（PCB）　104

ボルツマン定数　32

ま行

膜状コロナ　69
マクスウェルの速度分布関数　34
マルクス回路　151
マルクス発生器　151

水トリー　125
脈動率　143

無声放電　92, 176

メガ試験　166

漏れ指数　166
漏れ電流　121

や行

矢先先駆放電　88

有限差分法　110
誘電吸収試験　166
誘電正接　120
誘電正接試験　167
誘電損角　120
誘電体　18
誘電体吸収　121
誘電体損　120
誘電分極　119
誘電率　3
誘導ポンピング　181
誘導雷　89
油中沿面放電現象　133
油中コロナ　112

陽極暗部　73
陽極グロー　73

陽極降下　74
陽極点　74
陽光柱　72, 74
陽子　27

ら行

雷インパルス電圧　80
雷雲　86
雷撃　87
雷サージ　80
雷放電　86
ラウエプロット　82
落雷　86
ラプラスの方程式　3
乱流　111

理想気体　32
リーダ　85
リーダコロナ　85
リーダチャネル　85
リチャードソン-ダッシュマンの式　49
リヒテンベルグ図　98
リプル率　143
流動帯電　136
量子化条件　28
利用率　149
臨界圧力　97

冷陰極放出　51
励起　41
励起エネルギー　29
励起状態　28
励起電圧　29
連続の式　110

ロゴウスキーコイル　163
ロゴウスキー電極　5

著者略歴

花岡　良一（はなおか・りょういち）
- 1950 年　石川県生まれ
- 1980 年　金沢大学大学院工学研究科電気工学専攻修了
- 1988 年　金沢工業大学電気系講師
- 1989 年　金沢工業大学電気系助教授
- 1993 ～ 1994 年
　　　　　米国マサチューセッツ工科大学（MIT）客員研究員
- 1996 年　金沢工業大学電気系教授
- 2023 年　金沢工業大学研究支援機構特任教授
　　　　　工学博士（東京工業大学）

高電圧工学　　　　　　　　　　　　　　　　　　　© 花岡良一　2007

2007 年 1 月 30 日　第 1 版第 1 刷発行　　【本書の無断転載を禁ず】
2024 年 7 月 31 日　第 1 版第 7 刷発行

著　　者　花岡良一
発 行 者　森北博巳
発 行 所　森北出版株式会社
　　　　　東京都千代田区富士見 1-4-11（〒 102-0071）
　　　　　電話 03-3265-8341／FAX 03-3264-8709
　　　　　https://www.morikita.co.jp/
　　　　　日本書籍出版協会・自然科学書協会　会員
　　　　　JCOPY ＜（一社）出版者著作権管理機構 委託出版物＞

落丁・乱丁本はお取替えいたします　　　印刷／双文社印刷・製本／協栄製本

Printed in Japan／ISBN978-4-627-74251-2

MEMO

MEMO

[新しい視野を提供する]
森北出版

http://www.morikita.co.jp/